住房和城乡建设部"十四五"规划教材

中等职业教育土木建筑大类专业"互联网＋"数字化创新教材

建 筑 CAD

文 华 主 编
鲁艳蕊 周俊义 张 硕 副主编

中国建筑工业出版社

图书在版编目（CIP）数据

建筑 CAD/文华主编；鲁艳蕊，周俊义，张硕副主编. —北京：中国建筑工业出版社，2023.3（2024.2重印）

住房和城乡建设部"十四五"规划教材　中等职业教育土木建筑大类专业"互联网＋"数字化创新教材

ISBN 978-7-112-27883-1

Ⅰ．①建…　Ⅱ．①文…②鲁…③周…④张…　Ⅲ.①建筑设计-计算机辅助设计-AutoCAD软件-中等专业学校-教材　Ⅳ.①TU201.4

中国版本图书馆 CIP 数据核字（2022）第 162991 号

本教材共分为 12 个项目，包括：认识软件、台阶的绘制、窗户的绘制、门的绘制、详图的绘制、楼梯大样图的绘制、卫生间大样图的绘制、样板文件的绘制、平面图的绘制、立面图的绘制、剖面图的绘制、图形输出。每个项目由三维教学目标、思维导图、任务组成，每个任务又由任务描述与分析、方法与步骤、项目总结、提升演练组成。教材培养学生分析及看图的能力，使学生熟练地运用 AutoCAD 软件命令完成图形的绘制。

本教材适合具有建筑工程基础的工程技术人员、大中专院校师生以及对 AutoCAD 软件感兴趣的读者，只要具备一定的基础知识，都可以用本教材来学习掌握建筑 CAD。

为了便于本课程教学，作者自制免费课件资源，索取方式为：1. 邮箱：jckj@cabp.com.cn；2. 电话：(010) 58337285；3. QQ 交流群：796494830。

责任编辑：司　汉　李　阳
责任校对：董　楠

住房和城乡建设部"十四五"规划教材
中等职业教育土木建筑大类专业"互联网＋"数字化创新教材

建　筑　CAD
文　华　主　编
鲁艳蕊　周俊义　张　硕　副主编

＊

中国建筑工业出版社出版、发行（北京海淀三里河路 9 号）
各地新华书店、建筑书店经销
霸州市顺浩图文科技发展有限公司制版
河北鹏润印刷有限公司印刷

＊

开本：787 毫米×1092 毫米　1/16　印张：13½　插页：9　字数：387 千字
2023 年 2 月第一版　　2024 年 2 月第三次印刷
定价：45.00 元（赠教师课件）
ISBN 978-7-112-27883-1
(40008)

版权所有　翻印必究
如有印装质量问题，可寄本社图书出版中心退换
（邮政编码 100037）

出版说明

党和国家高度重视教材建设。2016年，中办国办印发了《关于加强和改进新形势下大中小学教材建设的意见》，提出要健全国家教材制度。2019年12月，教育部牵头制定了《普通高等学校教材管理办法》和《职业院校教材管理办法》，旨在全面加强党的领导，切实提高教材建设的科学化水平，打造精品教材。住房和城乡建设部历来重视土建类学科专业教材建设，从"九五"开始组织部级规划教材立项工作，经过近30年的不断建设，规划教材提升了住房和城乡建设行业教材质量和认可度，出版了一系列精品教材，有效促进了行业部门引导专业教育，推动了行业高质量发展。

为进一步加强高等教育、职业教育住房和城乡建设领域学科专业教材建设工作，提高住房和城乡建设行业人才培养质量，2020年12月，住房和城乡建设部办公厅印发《关于申报高等教育职业教育住房和城乡建设领域学科专业"十四五"规划教材的通知》（建办人函〔2020〕656号），开展了住房和城乡建设部"十四五"规划教材选题的申报工作。经过专家评审和部人事司审核，512项选题列入住房和城乡建设领域学科专业"十四五"规划教材（简称规划教材）。2021年9月，住房和城乡建设部印发了《高等教育职业教育住房和城乡建设领域学科专业"十四五"规划教材选题的通知》（建人函〔2021〕36号）。为做好"十四五"规划教材的编写、审核、出版等工作，《通知》要求：（1）规划教材的编著者应依据《住房和城乡建设领域学科专业"十四五"规划教材申请书》（简称《申请书》）中的立项目标、申报依据、工作安排及进度，按时编写出高质量的教材；（2）规划教材编著者所在单位应履行《申请书》中的学校保证计划实施的主要条件，支持编著者按计划完成书稿编写工作；（3）高等学校土建类专业课程教材与教学资源专家委员会、全国住房和城乡建设职业教育教学指导委员会、住房和城乡建设部中等职业教育专业指导委员会应做好规划教材的指导、协调和审稿等工作，保证编写质量；（4）规划教材出版单位应积极配合，做好编辑、出版、发行等工作；（5）规划教材封面和书脊应标注"住房和城乡建设部'十四五'规划教材"字样和统一标识；（6）规划教材应在"十四五"期间完成出版，逾期不能完成的，不再作为《住房和城乡建设领域学科专业"十四五"规划教材》。

住房和城乡建设领域学科专业"十四五"规划教材的特点：一是重点以修订教育部、住房和城乡建设部"十二五""十三五"规划教材为主；二是严格按照专业标准规范要求编写，体现新发展理念；三是系列教材具有明显特点，满足不同层次和类型的学校专业教学要求；四是配备了数字资源，适应现代化教学的要求。规划教材的出版凝聚了作者、主审及编辑的心血，得到了有关院校、出版单位的大力支持，教材建设管理过程有严格保障。希望广大院校及各专业师生在选用、使用过程中，对规划教材的编写、出版质量进行反馈，以促进规划教材建设质量不断提高。

住房和城乡建设部"十四五"规划教材办公室
2021年11月

前　言

　　本教材采用"一贯穿，二融合，三主体"的思路进行编写。"一贯穿"即以一套"某某小区别墅施工图"贯穿整个教学任务，所有教学活动围绕一套图纸进行；"二融合"即教学内容和建筑规范相融合，完成的教学内容满足建筑行业规范、标准要求；"三主体"即编写单位有职业院校老师、企业专家、教科研人员等，在多元参与编写的情况下避免出现"同质化"，从不同层次把控，使教材更具有实用性、职业性和实践性。教材还配备了针对知识点的操作视频资料，帮助学习者自学，简单易懂。

　　本教材整体框架结构为：每个项目由三维教学目标、思维导图、任务三部分组成，每个任务又由任务描述与分析、方法与步骤、项目总结、提升演练组成。（1）三维教学目标。本教材中的三维教学目标切合现代职业教育人才培养的目标，尤其关注学习方法和学习能力，更加关注学生情感、态度与价值观等品质的发展。（2）思维导图。本教材的每个项目任务涉及的知识点都通过思维导图来展示，将任务分解为一个个主题，再根据主题继续逐层分解，能帮助学生分析问题的本质，快速掌握任务中的知识点。（3）任务驱动。本教材采用一套图纸贯穿所有教学任务，任务难度从简入深，先由建筑施工图的构件开始、其次为建筑施工图的详图、再为建筑施工图的平、立、剖面图、最后布局出图，排序符合学生学习的认知规律。每个任务遵循"提出任务、分析任务、完成任务、提升演练"的流程，改变了以知识能力为教学目标的格局，打破了传统、枯燥以学习命令为目标而讲解命令的尴尬局面。设计以绘制"建筑施工图纸"为任务目标的框架体系结构，结合建筑施工图纸的特点，分发任务给学习者，以任务来驱动学生动力，引发学生求知欲，激发学生的学习兴趣，在完成任务的同时学习命令的使用方法和技巧。

　　本教材由广西城市建设学校文华主编并统稿（单元 4、7），河南财政金融学院鲁艳蕊（单元 9）、河南省水利水电学校周俊义（单元 6）、河南省交通高级技工学校张硕（单元 2、5）为副主编，广西晟立工程检测咨询有限公司邝永亮（单元 1）、广州市城市建设职业学校梁令枝（单元 8、12）、广州市城市建设职业学校刘慧娟（单元 3）、广州市建筑工程职业学校费腾（单元 10）、威海水产学校庄福明（单元 11）、广西城市建设学校黄胜（各单元思维导图）、广西城市建设学校白莉（各单元三维教学目标）、云南建设学校王玉江（视频资料）参编。

　　由于编者水平有限，书中难免有疏漏与不足之处，敬请读者批评指正。

目　录

项目1

认识软件

Chapter 01

三维教学目标

目标内容	教学目标
知识与技能	学生通过认识软件、认识 AutoCAD 的文件格式和文件管理、AutoCAD 用户界面，并掌握 CAD 与其他软件的交互、AutoCAD 视窗控制、目标的选择方式、命令的三种调用方法的使用技巧，并能运用这些命令完成相关任务。
过程与方法	学生能通过自主学习促进个性发展，通过分组学习方法进行合作探究性学习，从而掌握建筑 CAD 课程学习方法，理解和运用命令，分析和运用命令，培养学生动手操作的实践能力、合作意识和创新思维能力。
情感态度与价值观	本项目在讲授 CAD 软件的基本知识时，让学生了解 CAD 专业软件开发和发展的进程，今后进入建筑行业工作离不开 CAD 绘图软件，国内绘图类软件自行开发技术与国外还有一定差距，需要大家的努力，向先进看齐。

思维导图

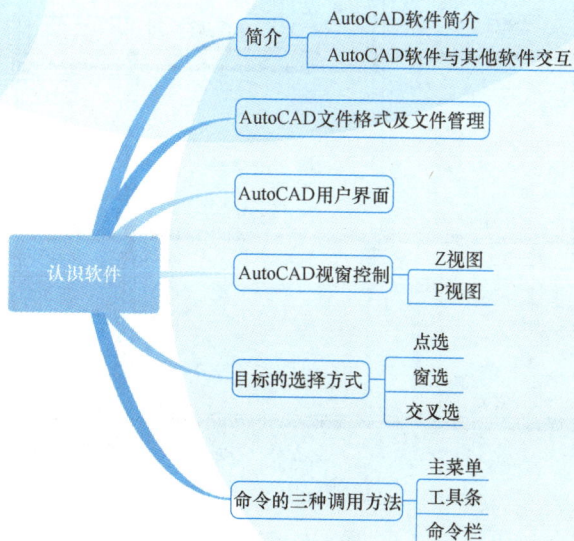

任务 1.1 AutoCAD 软件简介与其他软件交互

AutoCAD 软件是由美国欧特克有限公司（Autodesk）出品的一款自动计算机辅助设计软件，可以用于二维制图和基本三维设计，通过它无需懂得编程，即可制图，因此它在全球广泛使用，可以用于土木建筑、装饰装潢、工业制图、工程制图、电子工业、服装加工等多方面领域，现已成为国际上广为流行的绘图工具。AutoCAD 具有良好的用户界面，通过交互菜单或命令行方式便可以进行各种操作，具有广泛的适应性，可以在各种操作系统支持的微型计算机和工作站上运行。

中望 CAD 是由广州中望龙腾软件股份有限公司推出的国产自主知识产权 CAD 软件，现已推出全新的二维 CAD 平台软件，有高度的 CAD 兼容性、稳定性，界面更清晰、使用更便捷，同时可以切换 CAD 经典界面，保持原有 AutoCAD 用户使用习惯。

AutoCAD 与中望 CAD 的文件交流不需要进行转换，两者在功能和兼容性方面都非常出色，能够互相兼容，中望 CAD 以 DWG 作为内部工作文件，支持 AutoCAD 所有版本的 DWG 文件和 DXF 文件，它们的操作方法基本互通。本教材以 AutoCAD 为例。

1. 任务描述与分析

完成 AutoCAD 交互为 PDF，完成某某小区别墅建施 12 中的 1-1 剖面图交互为 PDF 格式，如图 1-1 所示。

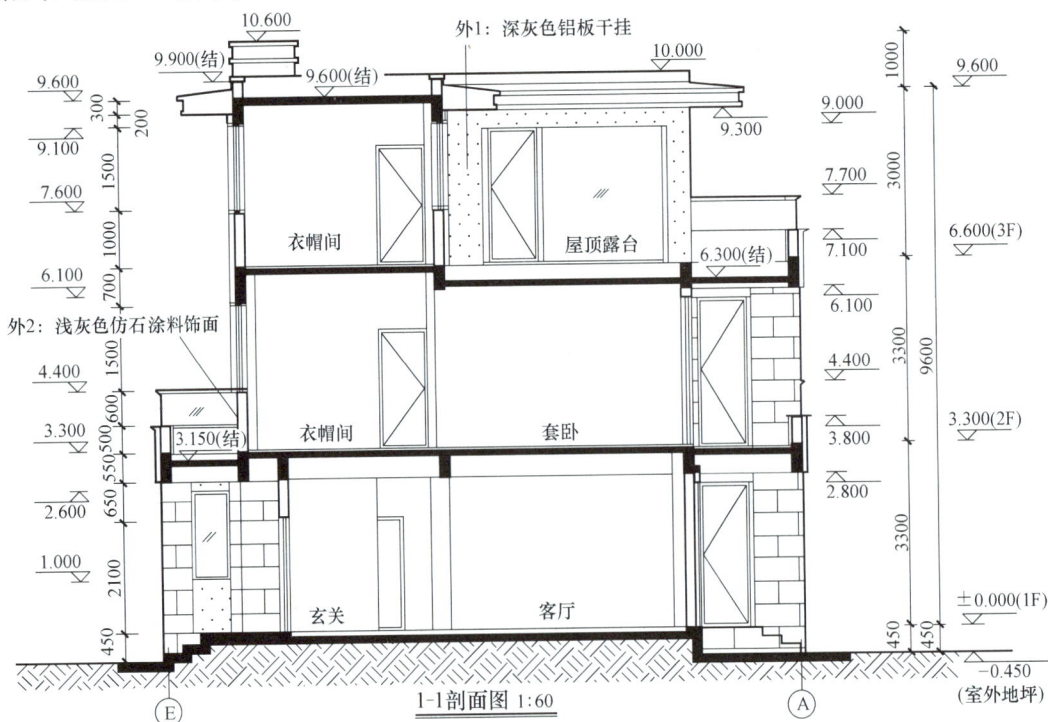

图 1-1 剖面图

与 AutoCAD 软件形成交互的文件格式有 SketchUp、Photoshop、Lightscape、3ds Max、CorelDRAW、Word、Excel、PDF 等，通过用 AutoCAD 打开图纸，并将选择的 AutoCAD 图纸交互为 PDF。

2. 方法与步骤

（1）首先，我们点击打开某某小区别墅建施的 AutoCAD 图纸。

（2）点击 AutoCAD 左上角 █ 图标→光标停留到"输出"→弹出【输出为其他格式】对话框→点击"PDF"，如图 1-2 所示。

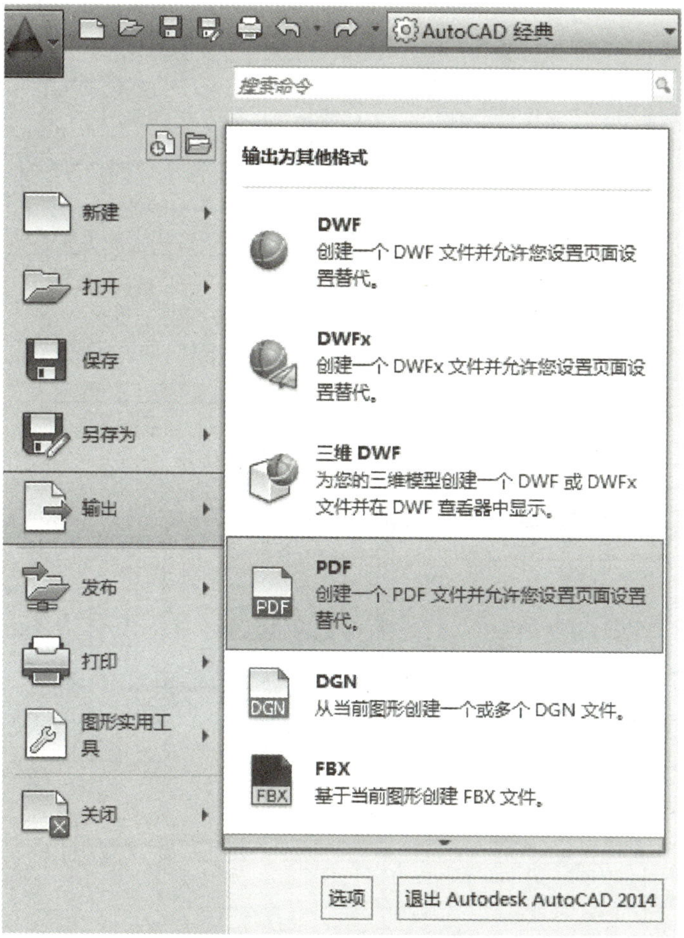

图 1-2　图形输出

（3）点击"PDF"弹出窗口后，在"输出"选项中选为"窗口"，"页面设置"为"当前"→点击窗口中 █ 图标，进入到图纸选择转换区域→将需要转换交互的 CAD 图形进行选择（鼠标点击左键从左下角上拉至右上角，直至将选择区域图形选择完整，并再次点击左键）→文件名更改为"某某小区别墅-建施 1-1 剖面图"并选择存放路径→点击【保存】，如图 1-3 所示。

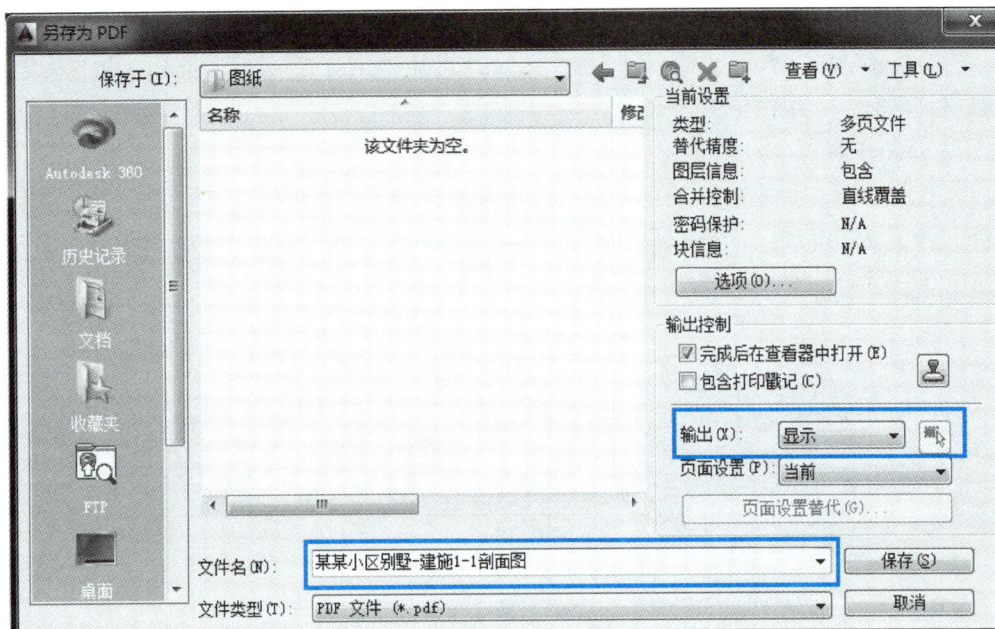

图 1-3　图形保存

根据保存路径，打开"某某小区别墅-建施 1-1 剖面图"PDF 图纸，如图 1-4 所示。

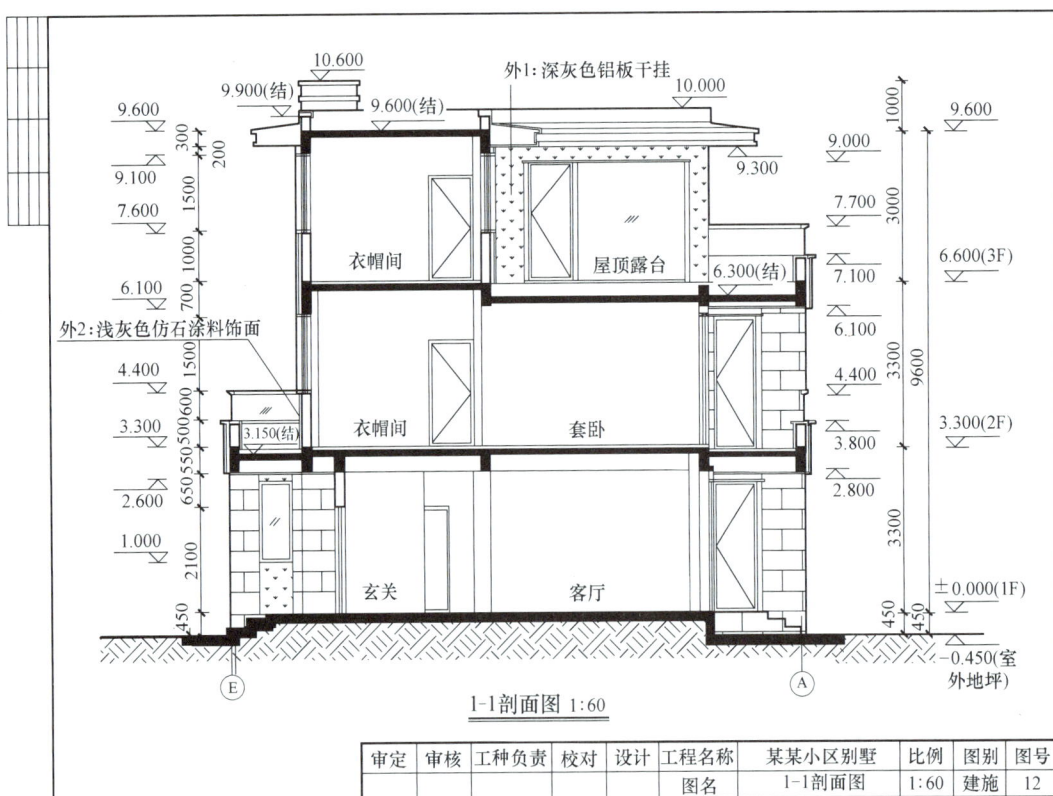

图 1-4　输出的 PDF 图纸

任务 1.2　AutoCAD 文件格式及文件管理

1. AutoCAD 文件格式及其介绍

（1）DWG 格式：二维 CAD 的标准图纸保存格式，中望 CAD 及很多其他 CAD 也直接使用 DWG 作为默认工作文件。

（2）DXF 格式：CAD 的另一种图形保存格式，主要用于与其他软件进行数据交互。保存的文件可以用记事本打开，看到保存的各种图形数据。

（3）DWT 格式：CAD 模板文件，可在新建图形时加载一些格式设置，除 CAD 提供的模板文件外，也可以创建符合自己需要的模板文件，直接替换 CAD 自带的模板文件并重新命名。

（4）DWF 格式：用于网络交换的图形文件格式，可以用发布功能或 DWF 虚拟打印机输出，用 CAD 无法打开，但可以用 AutoCAD 提供的 DWF 浏览器查看。在 AutoCAD 高版本和中望 CAD 中均提供了 DWF 参考底图功能，可以将 DWF 作为底图插入到图纸中，并进行捕捉辅助定位其他图形。

（5）AutoCAD 还有其他很多种格式，如：MNU、MNC、MNL、MNS、CUI、SHX 等，在此不再详细介绍。

2. AutoCAD 文件管理

（1）任务描述与分析

在桌面上新建一个文件夹，将文件夹命名为"练习"，打开 AutoCAD 新建一个空白图形，绘制一个半径为"100"的圆，保存该图形至"练习"文件夹并以"圆形 .dwg"命名，退出 AutoCAD。重新打开该"圆形 .dwg"文件，再次添加一个半径为 50 的圆，将图形另存为"圆形（修改）.dwg"。绘制完成，如图 1-5 所示。

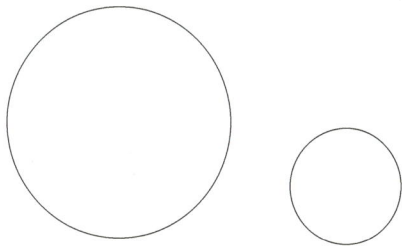

图 1-5　圆

（2）方法与步骤

1）在桌面上点击鼠标右键下拉菜单选择并点击【新建】→点击"文件夹"→文件命名为"练习"，如图 1-6 所示。

2）用 AutoCAD 绘制一个半径为"100"的圆形。

① 打开 AutoCAD 并点击左上角 ▲ →光标停留到下拉菜单"新建"→弹出【创建新的图形】对话框→点击"图形"→弹出对话框后点击【打开】，如图 1-7、图 1-8 所示。

② 点击 AutoCAD 主菜单中【绘图】→将光标停留到"圆"→点击"圆心、半径"，如图 1-9 所示。

③ 此时 AutoCAD 绘图界面中出现"指定圆的圆心"，选择位置点击光标左键确定为该圆的圆心→输入"100"→点击回车，完成半径为"100"的圆，如图 1-10 所示。

图 1-6　文件路径

图 1-7　打开文件路径

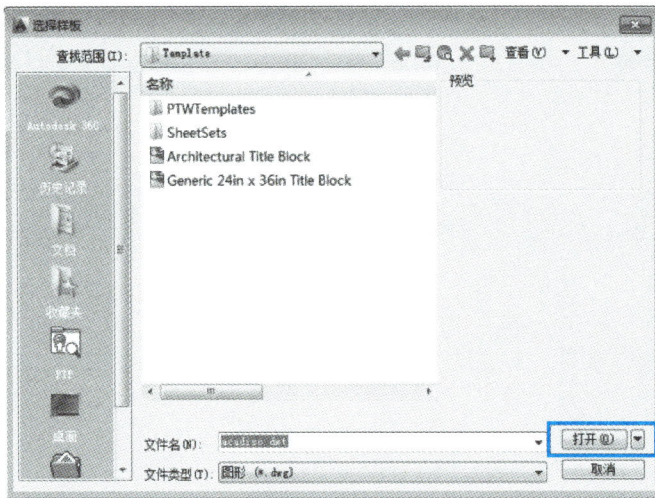

图 1-8　打开文件

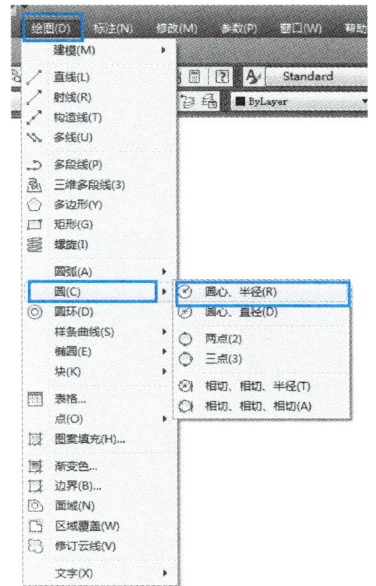

图 1-9　主菜单路径

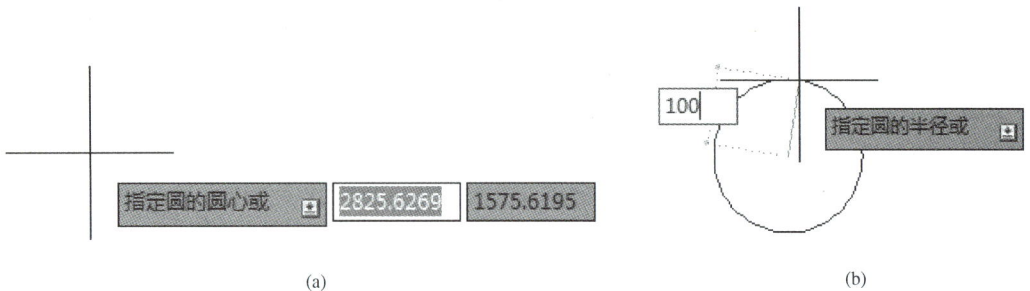

(a)

(b)

图 1-10　绘制圆

3）保存文件至桌面设立的"练习"文件夹，将文件命名为"圆形"，文件格式为"dwg"。

光标点击 CAD 界面左上角 ▲ 图标→弹出下拉菜单后点击"保存"→弹出【图形另存为】对话框→点击"桌面"→选择"练习"文件夹并双击→将"文件"命名为"圆形"，"文件类型"选择"dwg"→点击【保存】，该文件保存完毕，关闭 AutoCAD，如图 1-11～图 1-13 所示。

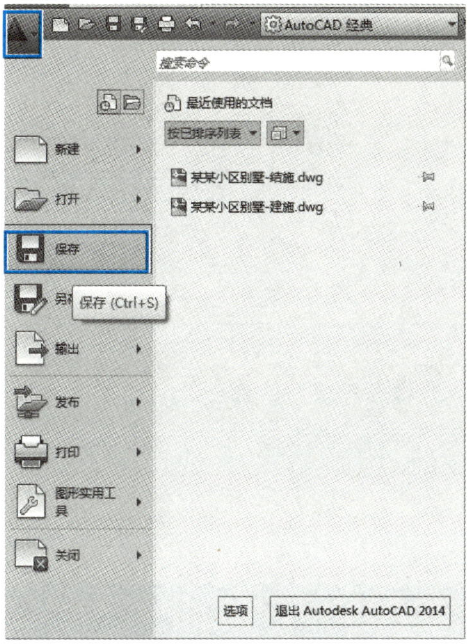

图 1-11 文件保存

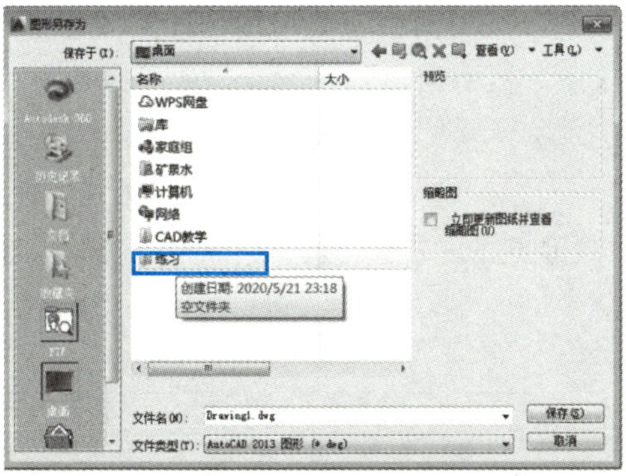

图 1-12 文件另存

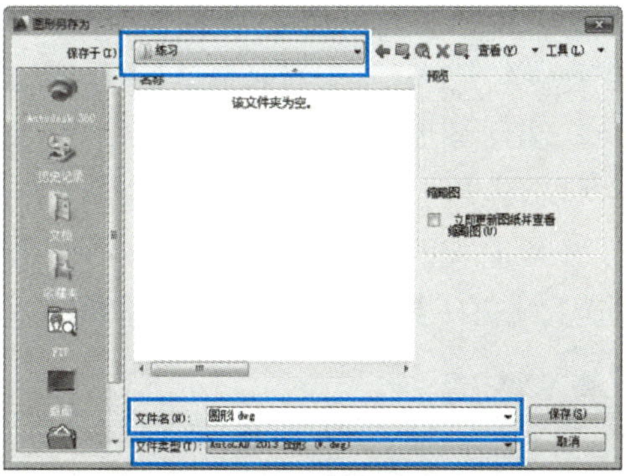

图 1-13 文件另存路径

4）重新打开"圆形.dwg"文件，并在圆旁边再绘制一个半径为"50"的圆形，如图 1-5 所示，点击 ▲ 选择【另存为】，"文件名"命名为"圆形（修改）.dwg"，如图 1-14、图 1-15 所示。

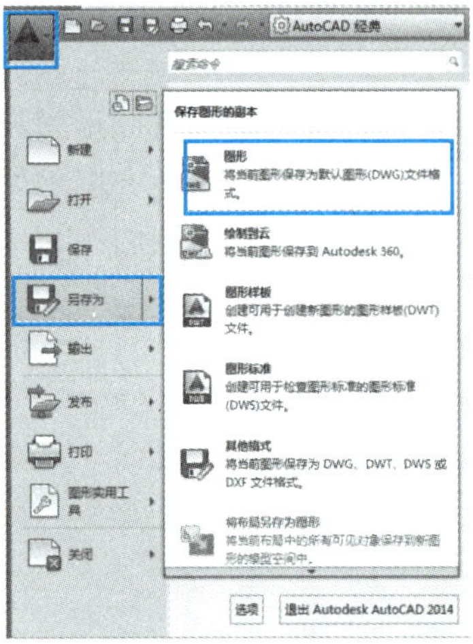

图 1-14　文件另存 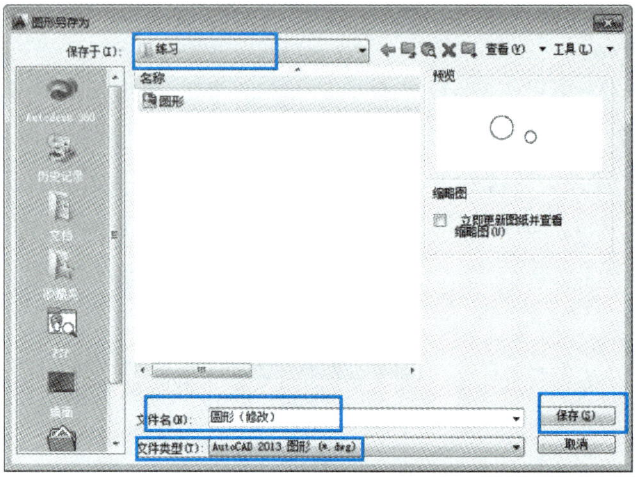　　　　　　　　　　　图 1-15　文件另存路径

技巧

文件的存放以及文件的格式管理，是每个学员需要熟悉掌握的，在制作图形时才能对文件进行统一的整理和识别。

任务 1.3　AutoCAD 用户界面

1. 任务描述与分析

认识并熟悉 AutoCAD 操作界面，如图 1-16 所示。该界面由【菜单浏览器】、【快速访问工具栏】、【选项卡】、【功能区】、【绘图窗口】、【命令提示窗口】、【状态栏】等组成。

2. 方法与步骤

（1）菜单浏览器

点击【菜单浏览器】并展开，该菜单包含【新建】、【打开】、【保存】、【输出】、【发送】、【打印】等常用命令。

技巧

菜单浏览器顶部的搜索栏中输入关键的字或者短语，可直接定位搜索到相应的命令，选择搜索结果即可执行命令，如图 1-17 所示。

（2）快速访问工具栏

快速访问工具栏用于存放经常访问的命令按钮，以便于使用者在操作过程中能快速操作。

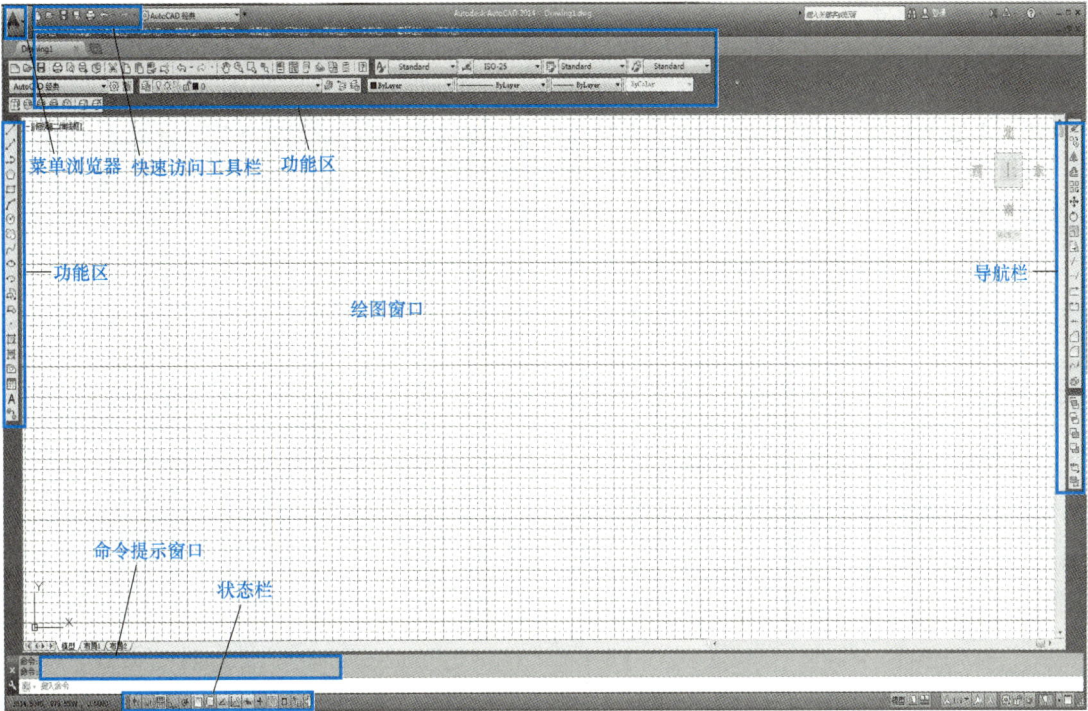

图 1-16　AutoCAD 操作界面

图 1-17　快速搜索命令

建筑 CAD

技巧

右键单击快速访问工具栏区域，弹出窗口，光标放在【自定义快速访问工具栏】并点击可向快速工具栏添加工具，光标选择【从快速访问工具栏中删除】并点击就可删除该工具，系统默认快捷访问工具栏上的工具为【新建】、【打开】、【保存】、【另存为】，如图 1-18、图 1-19 所示。

图 1-18　快速工具栏

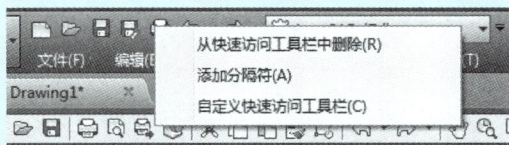

图 1-19　编辑快速工具栏

（3）功能区

功能区由【文件】、【编辑】、【视图】、【插入】、【格式】、【工具】、【绘图】、【标注】、【修改】、【参数】、【窗口】、【帮助】选项组成。每个选项又由多个面板组成，面板上布置了多个命令按钮，如图 1-20 所示。

图 1-20　功能区

【技巧】

在功能区面板上选择自己需要用到的选项卡，并根据下拉菜单选择对应命令，如图 1-21 所示。

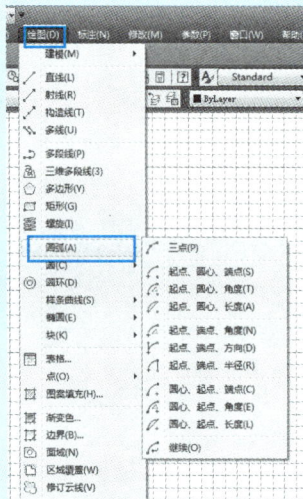

图 1-21　下拉菜单

（4）绘图窗口

绘图窗口是用户绘图的工作区域，该区域无限大，其左下角为坐标系图标，此图标指示了绘图区的方位，坐标系中箭头分别表示为"X 轴"与"Y 轴"的正方向。

技巧

① 当移动鼠标光标时，绘图区的十字形光标会跟随移动，与此同时，在绘图区底部左下角的状态栏区显示光标的坐标。

② 绘图窗口包含两种绘图环境：一种称为"模型空间"，另一种称为"图纸空间"。在绘图窗口底部有三个选项卡，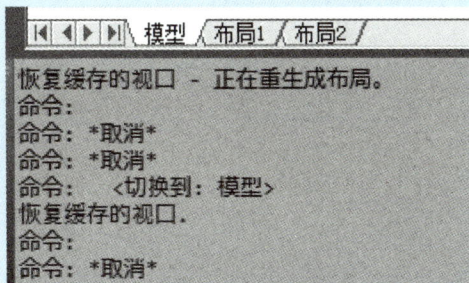，默认情况下一般按实际尺寸绘制出二维或三维的图形，当选择"布局 1"或"布局 2"选项卡时，就会切换成图纸空间，可以将"图纸空间"想象成一张图纸，可以在此空间将"模型空间"的图样按不同比例缩放布置在"图纸空间"上。

（5）命令提示窗口

命令提示窗口位于绘图窗口的底部，用户输入命令、系统提示及相关信息都反映在此窗口中，在默认情况下，命令提示窗口仅显示 3 行。

技巧

① 将光标放在命令提示窗口的上边缘，光标会变为上下双向箭头，按住鼠标左键往上拖动光标，即可增加命令提示窗口的显示行数，如图 1-22 所示。

② 按键盘〈F2〉键打开命令提示窗口，用于更加详细地体现用户输入的命令、系统的提示等，再次按下〈F2〉键即可关闭，如图 1-23 所示。

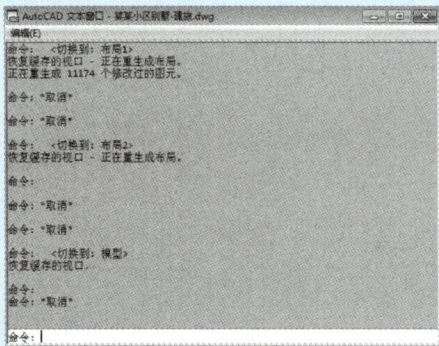

图 1-22　命令栏

图 1-23　文本窗口

（6）状态栏

状态栏上将显示绘图过程中的很多信息，如"光标的坐标位置""一些提示文字"等，还包含许多绘图辅助工具：【栅格】、【对象捕捉】、【对象追踪】、【正交】等，这些辅助工具在绘图的过程中起到了关键的作用，保证绘图的准确性。

任务 1.4　AutoCAD 视窗控制

1. 任务描述和分析

在工程设计中，控制图形的显示，是绘图人员必须要掌握的技术，AutoCAD 提供了多种视图显示方式，用以观察绘图窗口中所绘制的图形，本任务通过讲解图形缩放（ZOOM）及图形平移（PAN）的使用方法，让大家熟悉 AutoCAD 中关于视图的控制。

2. 方法与步骤

（1）图形缩放

为有效地观察图形的整体或细节，需要用到"图形缩放"命令对图形进行缩放，这个命令只是对图形的显示进行缩放，而图形在绘图窗口中的坐标及真实大小并未改变。

1）方法一，从菜单调用：光标移到菜单区【视图】上点击→弹出下拉菜单，光标移到"缩放"上，出现分支菜单→光标移动到"放大"或"缩小"上并点击左键，完成对视图的"放大"或"缩小"操作，如图 1-24 所示。

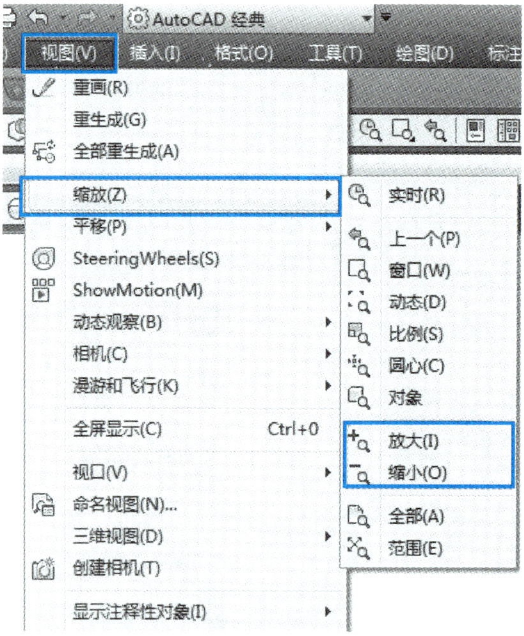

图 1-24　视图下拉菜单

2）方法二，从工具栏调用：选择快速访问工具栏中"窗口缩放"命令→点击光标左键不放出现下拉栏，选择"放大"或"缩小"后松开光标左键后即可完成对视图的缩放，如图 1-25 和图 1-26 所示。

3）方法三，控制鼠标完成：将光标放在需要放大或缩小的图形上，向上滚动鼠标中间的滚轮即为图形放大，向下滚动鼠标中间的滚轮即为图形缩小。

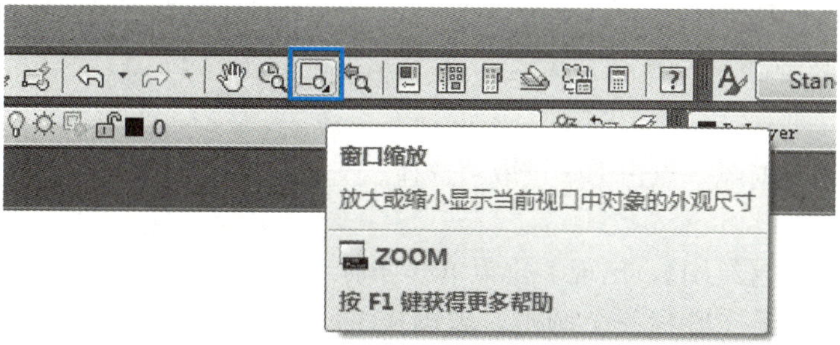

图 1-25　快速缩放

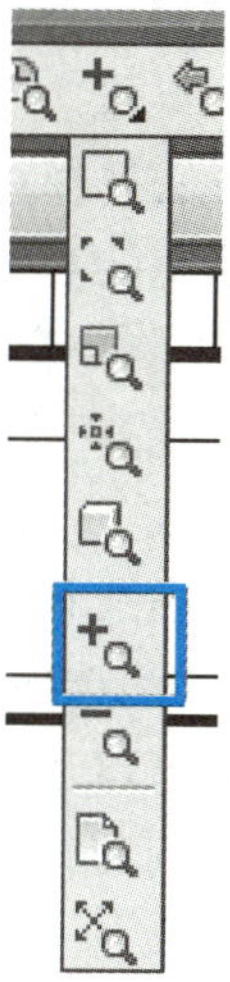

图 1-26　快速缩放图标

技巧

快速访问工具栏中【窗口缩放】命令，不仅仅有"放大"或"缩小"选项，还有"窗口缩放""动态缩放""比例缩放""中心缩放""缩放对象""全部缩放""缩放范围"，各个功能缩放达到的效果均有不同，应多运用其他缩放功能来满足作图需要，简单的缩放也可以用光标滚轮或者光标在绘图窗口右键选择"缩放"去实现。

（2）图形平移

该命令用于平移视图，以便于观察当前图形上的其他区域。该命令并未改变图形在绘图区域中的实际位置。使用平移命令平移视图时，视图的显示比例不变。除了可以使用上、下、左、右平移视图外，还可以使用"实时"和"定点"命令实现平移视图。

可以用菜单调用、工具条调用、鼠标控制完成。这里用简单的鼠标控制完成，直接按住鼠标中间的滚轮，显示手形光标提示，拖动绘图窗口，到合适位置放开即可。

任务 1.5　目标的选择方式

1. 任务描述和分析

在 AutoCAD 中，在对图形进行编辑操作之前，首先需选择要编辑的目标（即对象），选择对象有"点选""全选""窗口选择""交叉选择""多边形选择""栏选"等，选中的对象会显示虚线状态。每一种对象选择方式都有各自的优势，根据选择对象的不同，应选择合理的对象选择方式。本任务主要通过对常用的"点选""窗口选择""交叉选择"的使用方式进行讲解，并通过小练习让大家熟悉掌握目标选择方式的应用。

2. 方法与步骤

（1）点选

此方法选择对象只能逐个选择。光标点击左键选择对象，处于选中状态的对象会显示虚线。方法与步骤：

1）绘制—直线：点击功能区中的【绘图】，出现下拉菜单→点击【直线】→绘制两条直线，如图 1-27、图 1-28 所示。

2）点选—直线：将鼠标移到需要选择的直线上单击，选中对象会呈虚线状态（图 1-29）。

3）取消选择：如需取消选择对象，点击 Esc 键取消选择。

（2）窗口选择

1）绘制圆：点击功能区中的【绘图】，出现下拉菜单→分别点击"矩形""圆"，绘制一个正方形和一个圆形，如图 1-30 所示。

2）选择矩形和圆：按住鼠标左键，从左上角往右下角拉动鼠标，将出现蓝色实线的矩形框，所选对象在蓝色矩形窗口内的将被选中；不在该窗口内或者只有部分在该窗口内的对象，则不被选中，如图 1-31～图 1-34 所示。

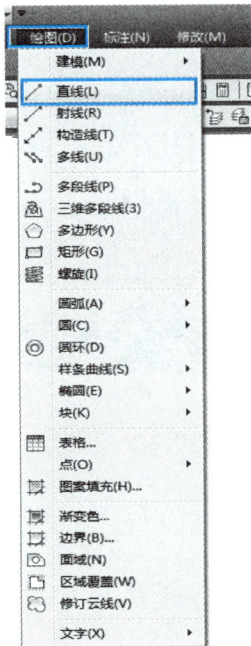

图 1-27　下拉菜单直线

图 1-28　两条直线

图 1-29　点选选择

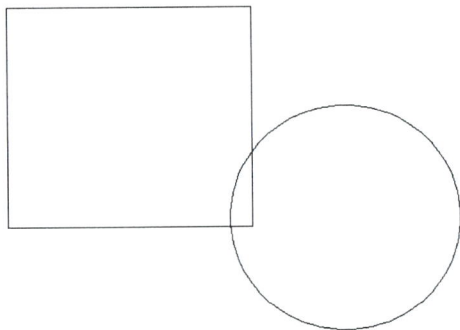

图 1-30　矩形和圆

图 1-31　窗口选择矩形

图 1-32　选中的矩形

图 1-33　窗口选择矩形及圆

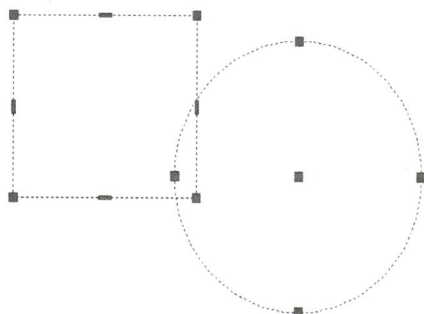

图 1-34　选中的矩形及圆

（3）交叉选择

按住鼠标左键，从右下角往左上角拉动光标，位于绿色窗口之内或者与绿色窗口边界相交的对象都将被选中，如图 1-35 和图 1-36 所示。

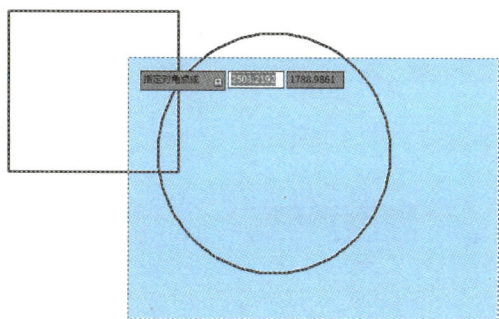

图 1-35　交叉选择矩形及圆

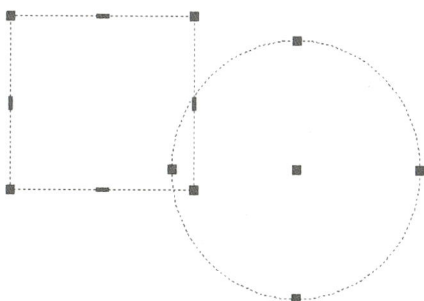

图 1-36　选中的矩形及圆

技巧

　　点选是对选择目标进行直接光标点选，优点是选择目标明确，缺点是效率太慢；窗口选择则是对选择对象进行框选范围内的选择；交叉选择则是对选择对象部分进行框选，从而达到整体选择。在使用过程中应针对各种选择范围的不同，选择合适的选择方式才能完成快速选择，提高绘图速度。

任务 1.6　命令的三种调用方法

1. 任务描述和分析

在 AutoCAD 的工作空间中，绘图等众多功能命令都集中在菜单栏中。从菜单栏的某个菜单项中选择所需的命令，然后根据命令行提示或设计要求进行操作即可。

下面介绍在使用 AutoCAD 过程中最常见的 3 种命令调用方法。

2. 方法及步骤

（1）菜单的命令调用

1）选择功能区中的【绘图】并点击左键，展开下拉菜单→从下拉菜单中选择"圆"→选择"圆心、半径"，如图 1-37 所示。

2）点击"圆心、半径"后，提示进行如下操作：

① 指定圆的圆心或 [三点（3P）/两点（2P）/切点、切点、半径（T）]：出现该提示后输入"0，0"，并按回车键。

② 指定圆的半径或 [直径（D）]：出现该提示后输入"50"，并按回车键，如图 1-38 所示。

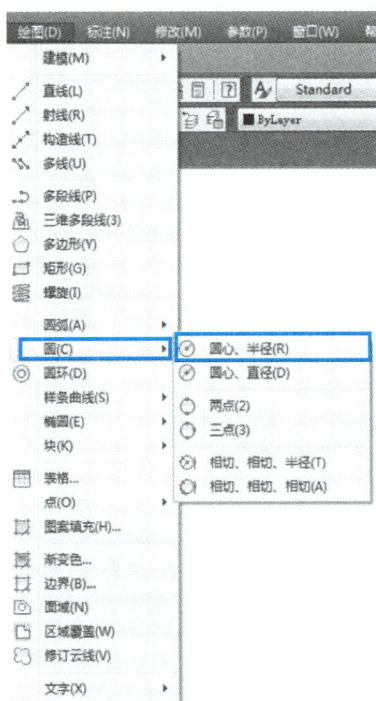

图 1-37　下拉菜单-圆

图 1-38　圆

（2）工具条的命令调用

1）点击"绘图工具条"中的"圆"，如图 1-39 所示。

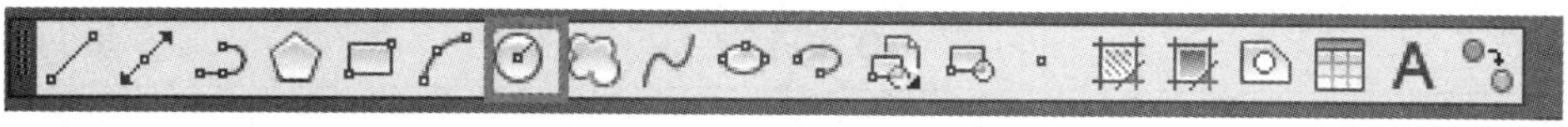

图 1-39 绘图工具条—圆

2）根据命令行提示进行操作，同"(1) 菜单的命令调用"。

（3）命令行输入

在命令栏输入：圆命令快捷键 C→指定圆心，输入"0，0"→回车→指定圆的半径，输入"50"→回车。

技巧

命令行输入方式是 AutoCAD 最经典的操作方式，这种方式要求用户记住很多命令名称或命令别名，在命令窗口的命令行中输入正确的命令并按回车键时，系统便会立即做出响应，由用户根据命令行提示进行余下的操作，直到完成整个命令，表 1-1~表 1-4 为各种命令行输入的汇总。

绘图命令　　　　　　　　　　　　　　　　　表 1-1

命令行输入	命令功能	命令行输入	命令功能
POINT	点的绘制	LINE	直线的绘制
XLINE	射线的绘制	PLINE	多段线的绘制
MLINE	多线的绘制	SPLINE	样条曲线的绘制
POLYGON	正多边形的绘制	RECTANGLE	矩形的绘制
CIRCLE	圆的绘制	ARC	圆弧的绘制
DONUT	圆环的绘制	ELLIPSE	椭圆的绘制
REGION	面域的绘制	MTEXT	多行文本的绘制
BLOCK	块的定义	INSERT	插入块
WBLOCK	定义块文件	DIVIDE	等分

修改命令　　　　　　　　　　　　　　　　　表 1-2

命令行输入	命令功能	命令行输入	命令功能
COPY	复制命令	MIRROR	镜像命令
ARRAY	阵列命令	OFFSET	偏移命令
ROTATE	旋转命令	MOVE	移动命令
EXPLODE	分解命令	EXTEND	延伸命令
STRETCH	拉伸命令	LENGTHEN	直线拉长命令
SCALE	比例缩放命令	BREAK	打断命令
CHAMFER	倒角命令	FILLET	圆倒角命令

尺寸标注命令　　　　　　　　　　　　　　　表 1-3

命令行输入	命令功能	命令行输入	命令功能
DIMLINEAR	直线标注	DIMALIGNED	对齐标注
DIMRADIUS	半径标注	DIMDIAMETER	直径标注
DIMANGULAR	角度标注	DIMCENTER	中心标注
DIMORDINATE	点标注	TOLERANCE	标注行位公差
DIMCONTINUE	连续标注	DIMSTYLE	标注样式

快捷键命令			表 1-4
快捷键键入	快捷键功能	快捷键键入	快捷键功能
F1	帮助	F2	文本窗口
F3	对象捕捉	F4	三维对象捕捉
F5	等轴测平面切换视图	F6	动态显示坐标
F7	栅格	F8	正交
F9	格栅捕捉	F10	极轴
F11	对象追踪	F12	动态输入

项目总结

　　本项目是学生对于 AutoCAD 从一个陌生到初步认知的过程，通过了解软件的使用与交互、文件的管理与运用、简单的绘图、对象选择、命令的几种使用方式等，让学生对 AutoCAD 有一个初步的了解。通过对本项目循序渐进地学习和理解，能为更好地学习和掌握后面项目做好铺垫。在授课的过程中，传授国内外 CAD 软件的概况及在工作中的使用情况，激发学生对学习软件的兴趣，同时强调软件的重要性，提高学生的重视程度。

提升演练

1. 选择题

（1）画完一幅图后，在保存该图形文件时用（　　）作为扩展名。

A. cfg　　　　　B. dwt　　　　　C. bmp　　　　　D. dwg

（2）以下哪个设备属于图形输出设备？（　　）

A. 扫描仪　　　B. 复印机　　　C. 自动绘图仪　　D. 数字化仪

（3）样板文件扩展名为（　　）。

A. cfg　　　　　B. dwt　　　　　C. bmp　　　　　D. dwg

（4）AutoCAD 软件可以用于（　　）等多方面领域的制图。

A. 土木建筑　　B. 装饰装潢　　C. 工业制图　　D. 工程制图

E. 电子工业

（5）AutoCAD 中命令行键入（　　）为直线绘制的命令。

A. INSERT　　B. PLINE　　　C. LINE　　　　D. XLINE

（6）AutoCAD 中（　　）在选择对象时，用鼠标画一实线矩形框（自左上角至右下角画矩形框，即选择矩形框的两对角点），被完全框住的对象即被选中。

A. 交叉选择　　B. 窗口选择　　C. 点选　　　　D. 框选

（7）以下哪几种方法不是 AutoCAD 中保存文件的方法？（　　）

A. 键盘键入"SAVE"　　　　　B. 键盘按"Ctrl＋S"组合键

C. 键盘按"Ctrl＋D"组合键　　D. 点击快捷工具栏中"保存"图标

（8）AutoCAD中关于平移视图命令，该命令（　　）改变图形在绘图区域中的（　　）。

A. 会、实际位置　　　　　　　B. 不会、实际大小

C. 不会、实际位置　　　　　　D. 会、实际大小

2. 绘图题

（1）将某某小区别墅建施09中的①～⑪/⑪轴立面图输出为PDF格式，如图1-40所示。

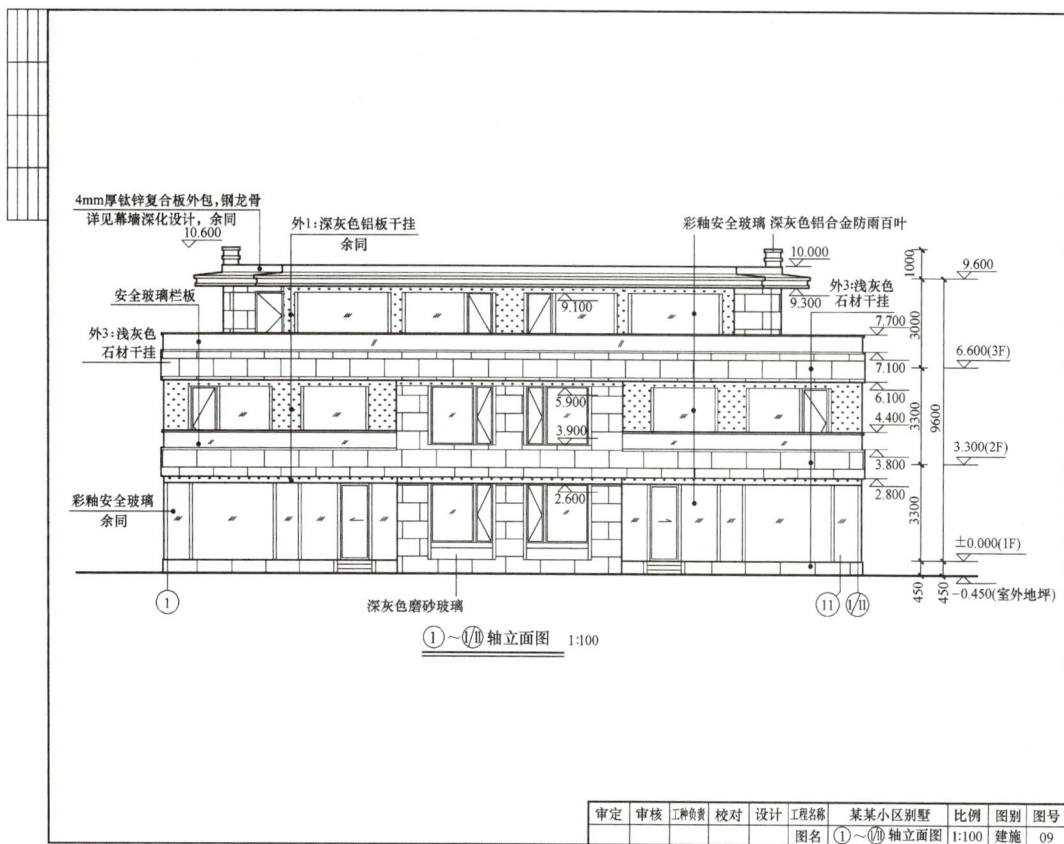

图 1-40　①～⑪/⑪轴立面图

（2）利用功能区下拉菜单绘制一个圆心位置在（100，0，0）的同心圆，其中一个半径为"150"，另外一个半径"85"，如图1-41所示。

注：两个圆的圆心位置均为坐标（100，0，0）。

（3）利用工具条中直线命令绘制一个四边边长为"150"的正方体（绘图时，应将正交模式打开-快捷命令〈F8〉），如图1-42所示。

（4）从命令栏输入命令绘制一个的切边圆，其中一个半径为"100"，另外一个半径"50"，如图1-43所示。

注：第一个圆的圆心位置为坐标（100，0，0），第二个圆的圆心位置为坐标（50，0，0）。

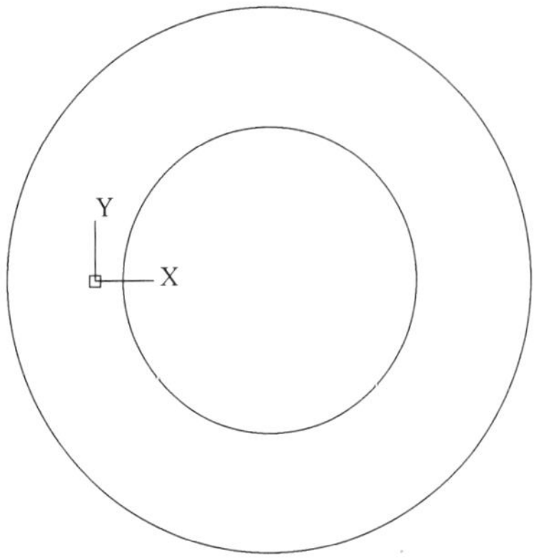

图 1-41　同心圆

图 1-42　正方形

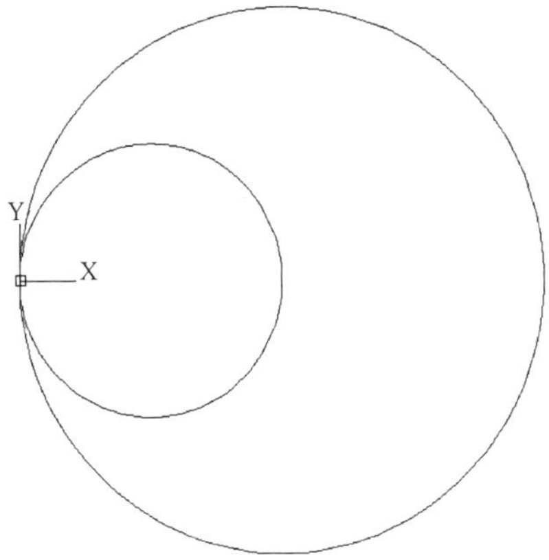

图 1-43　切边圆

台阶的绘制

三维教学目标

目标内容	教学目标
知识与技能	通过台阶图样的绘制,学生能掌握建筑图形绘图环境的配置,掌握点的坐标及直线命令的应用方法。并能运用这些命令完成其他图形的绘制。
过程与方法	分组学习台阶的绘制、分析图形,理解和运用命令,同组共同完成图形绘制,同学相互帮助,先完成的同学指导未完成的同学,齐心协力保证全组组员完成任务,培养学生动手操作的实践能力。
情感态度与价值观	本项目在讲授台阶绘制时,将介绍台阶的使用功能和室外台阶的规范要求,在一些特殊的建筑物中,台阶还有特殊的意义。通过将"狼牙山五壮士纪念塔的台阶数的意义"视频融入教学环节中,教育学生要铭记前辈们英勇无畏、视死如归的不屈精神。

思维导图

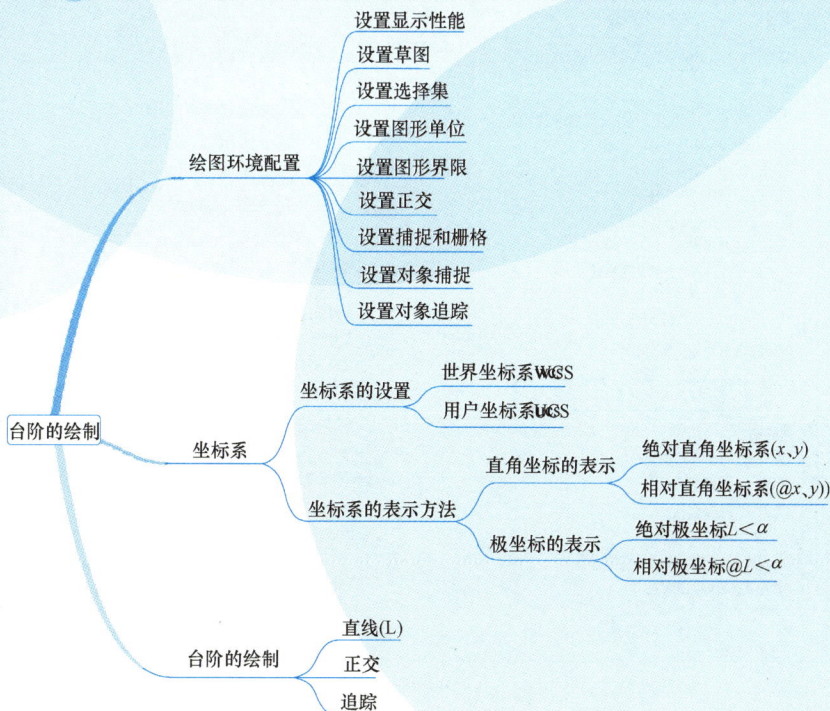

任务 2.1　台阶的绘制

1. 任务描述与分析

绘制某某小区别墅建施 05 中②、④轴交Ⓐ、Ⓑ轴处台阶的侧面图，如图 2-1 所示。台阶图例（无需尺寸标注）由踢面和踏面组成，根据室内外高差，可以确定踢面高 150mm、踏面宽 350mm，用直线（L）命令完成。在台阶图例的绘制前，根据绘图需要配置适合建筑图样的绘图环境并打开正交〈F8〉、对象捕捉〈F3〉、对象追踪〈F11〉。

2. 方法与步骤

（1）绘图环境设置

启动 AutoCAD，打开工作界面，设置绘图环境。例如，十字光标大小设置为"100"，颜色为"白色"，设置文件保存类型、保存间隔和备份、文件打开形式、图形单位、图形界限等参数。

图 2-1　台阶

1）设置显示性能

点击【工具】→点击"选项"→弹出【选项】对话框→点击"显示"选项卡，设置 AutoCAD 中文版的显示性能，如图 2-2 所示。

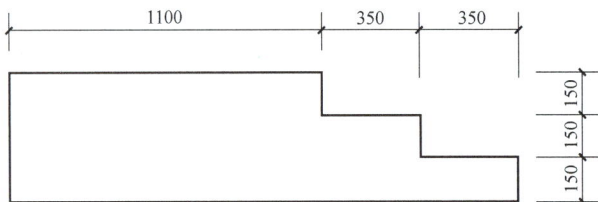

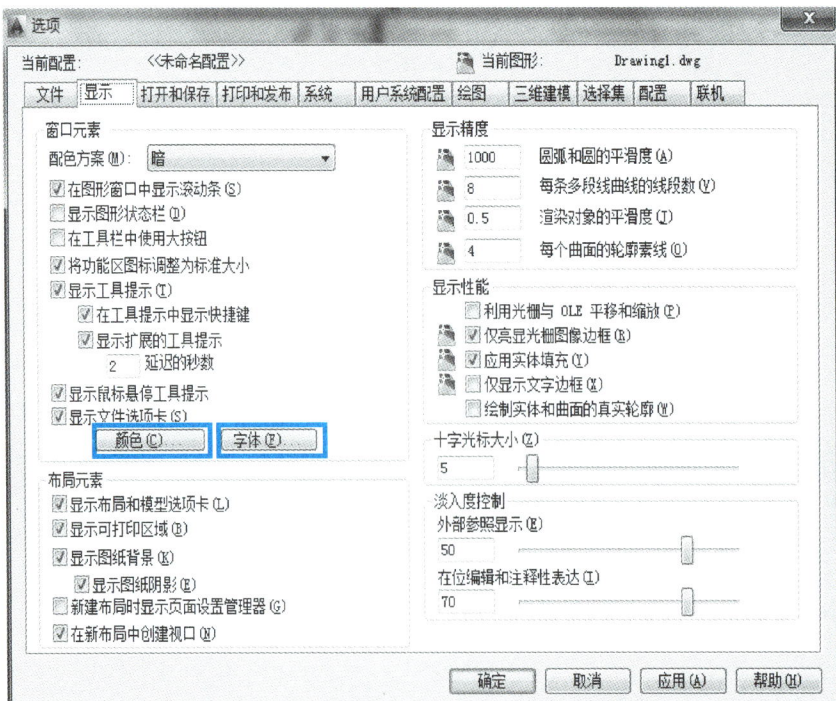

图 2-2　"显示"选项卡

①"窗口元素"选项组

在"窗口元素"选项组中，可以设置绘图窗口参数，包括"图形窗口中显示滚动条""显示图形状态栏"等复选框，及"颜色"和"字体"按钮。

点击"颜色"，如图 2-2 所示，弹出【图形窗口颜色】对话框。该对话框中，包含"上下文"、"界面元素"、"颜色"三组列表，供设置选择，如图 2-3 所示。选项选择后，"预览"窗口将展示设置效果，供参考。确定设置效果后，点击【应用并关闭】，使设置生效，并返回上一级窗口。

点击"字体"，弹出【命令行窗口字体】对话框。在对话框中设置"字体""字形"和"字号"，更改命令行窗口文字的显示状态。

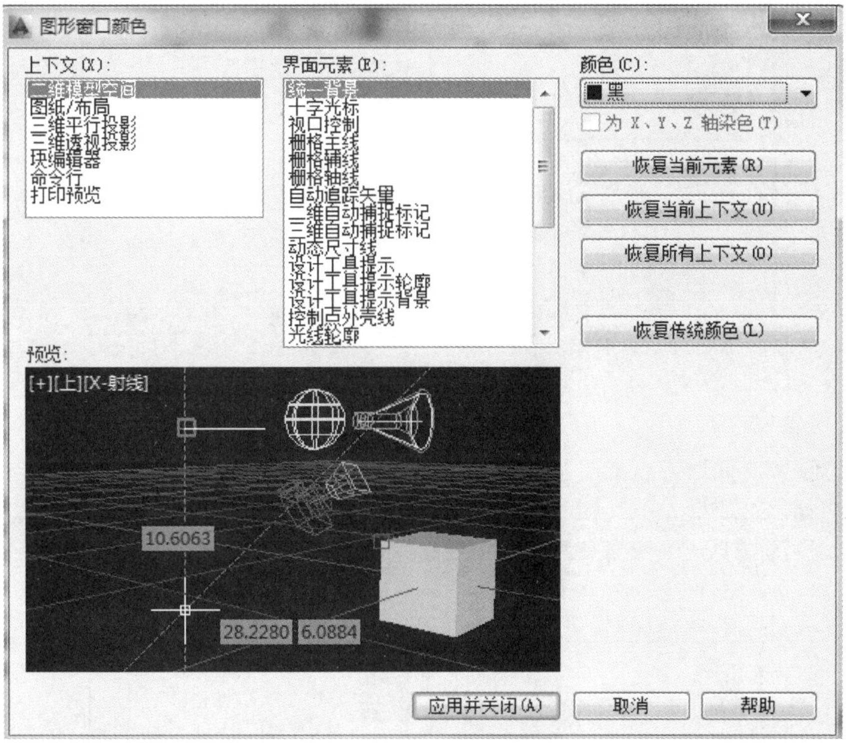

图 2-3　图形窗口颜色对话框

②"显示精度"选项组

在"显示精度"选项组中设置与显示精度相关的数值。

③"布局元素"选项组

在"布局元素"选项组中设置与布局相关的复选框的开关。

④"显示性能"选项组

在"显示性能"选项组中设置与显示相关的复选框的开关。

⑤"十字光标大小"文本框

在文本框中输入数值或者在标尺上移动滑块选择数值，来改变十字光标的大小。

⑥"参照编辑的褪色度"文本框

在文本框中输入数值或者在标尺上移动滑块选择数值来改变褪色度。

2）设置草图

在"选项"对话框中点击"绘图"选项卡，如图 2-4 所示。设置与绘图相关的参数。例如，设置"自动捕捉标记大小"。

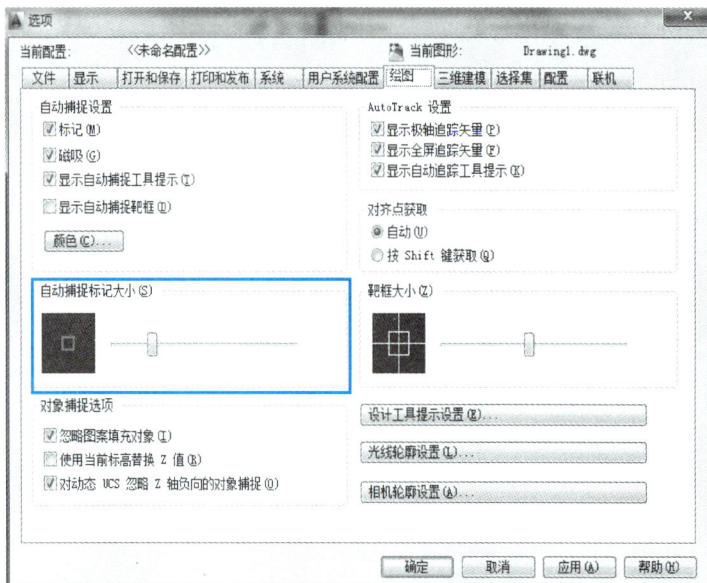

图 2-4 "绘图"选项卡

3）设置选择集

在"选项"对话框中点击"选择集"选项卡，如图 2-5 所示。在其中设置与选择相关的参数，包括"拾取框大小"和"夹点尺寸"的设置。

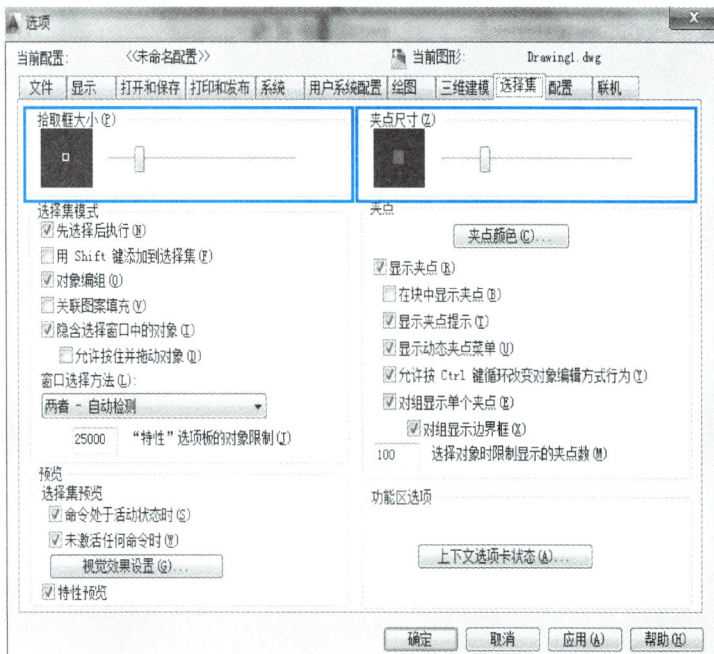

图 2-5 "选择集"选项卡

技巧

① 拾取框大小调整，为了便于拾取对象，可以将拾取框大小拉到中间位置，太大或太小都不好选择对象。

② 夹点就是指在绘图窗口中选择一个对象后，自动显示的对象特性的关键点，如端点、中点和圆心等，如图 2-6 所示。使用夹点可以对图形对象进行拉伸、移动、旋转、缩放及镜像等操作。

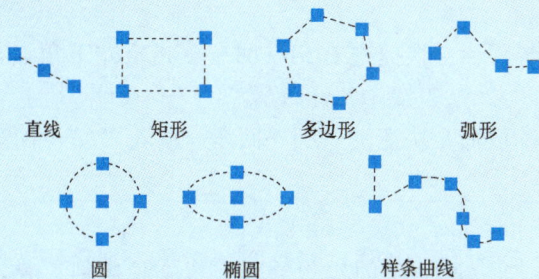

直线　　矩形　　多边形　　弧形

圆　　椭圆　　样条曲线

图 2-6　常见图形的夹点位置图

4）设置图形单位

图形单位控制坐标和角度的显示精度和格式，不同行业的图形表示图形的单位也不同，因此应根据行业的规定设置图形相适合的单位类型。

① 启动【图形单位】对话框方法：点击【格式】→点击"单位"，或在命令行输入"UN"。

② 选项说明

在命令栏输入图形单位快捷键 UN→弹出【图形单位】对话框，如图 2-7 所示。左侧"长度"栏，"类型"选项选择"小数"，"精度"选项选择"0"；右侧"角度"栏，"类型"选项选择"十进制度数"，"精度"选项选择"0"；"顺时针"复选项，选择框中不打勾表示逆时针为正；"方向"选项中，"基准角度"选择默认的"东"为 0°方向。

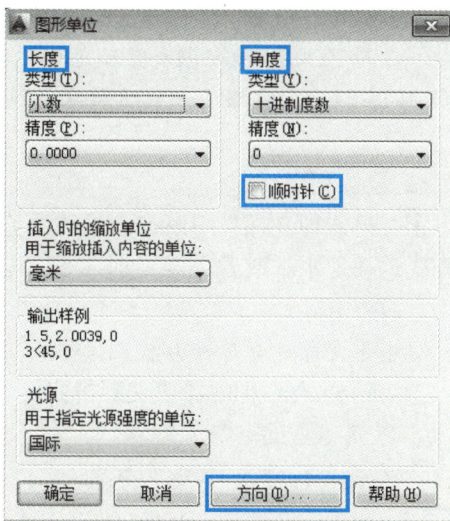

图 2-7　【图形单位】对话框

技巧

在建筑工程中，CAD 设置长度类型为小数，精度为 0；角度的类型为十进制数，角度以逆时针方向为正，方向以东为基准角度。

5）设置图形界限

图形边界定义了一个虚拟的、不可见的绘图边界。通过指定左下角点和右上角点来设置图形界限。

① 选项含义

选项"ON"——表示打开界限检查。当打开界限检查时，AutoCAD 将会拒绝输入图形界限外部的点。

选项"OFF"——表示关闭界限检查。关闭后，超出界限的点依然可以画出。

② 设置图形界限方法

在菜单栏中点击【格式】▸点击"图形界限"，或在命令行输入命令"LIM"。

③ 设置图形界限

在命令栏输入图形界限命令快捷键 LIM→回车→指定左下角点，输入"0，0"→回车→指定右上角点，输入"42000，29700"→回车。

在命令栏输入窗口缩放命令快捷键"Z"→回车→输入"A"→回车。

技巧

① 在 AutoCAD 中，按 1∶1 的比例绘图，省去了比例变换，图形绘制完成后，再按一定的比例输出图形。

② 在绘图操作中，通常左下角点用默认值（0，0），在输入右上角点时，把图纸放大 100 倍，因为绘图采用 1∶1。在设定图形界限后，绘图区域的大小并没有实时改变，应用 ZOOM 命令调整显示范围。执行 ZOOM 命令并选择"ALL"选项，可以将 LIMITS 设定的区域全部置于屏幕可视范围内。

6）设置正交

正交模式即光标被约束在水平或垂直方向上移动（相对于当前坐标系），可以使绘图的直线自动地水平或者垂直显示，不仅可以精确绘制水平或者垂直线，还可以建立水平或者垂直对齐方式。

启用正交命令有 3 种方法：

① 点击状态栏中的【正交】按钮。

② 按键盘上的〈F8〉键。

③ 在命令行输入"ORTHO"。

技巧

启用"正交"命令后，绘制直线就意味着只能画水平和垂直两个方向的直线。捕捉模式会影响正交模式的作用。如果捕捉栅格已旋转，正交模式也应相应地旋转，这样便于绘制只有倾斜角度的相互垂直线。如果与等轴测捕捉一起使用，正交

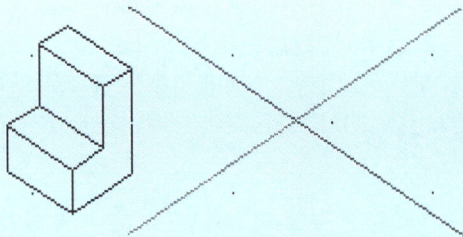

图 2-8　利用正交和栅格捕捉绘图

模式将使光标沿等轴测平面（用〈F5〉键可切换等轴测平面）的两条轴测轴移动，便于绘制与轴测轴平行的直线，如图 2-8 所示。

7）设置栅格和捕捉

栅格类似于坐标纸中格子线的意义，它是在屏幕上预定义一定间隔的点阵（图 2-9）。这些点阵可以为绘图提供参考，为绘图的精确定位提供方便。栅格的间隔距离可自己设置，只在设置的图形界限范围内才显示。

通过点击状态栏中的【栅格】按钮（或按〈F7〉按键），可以随意显示或隐藏栅格。栅格属于制图的辅助工具，不会被打印输出。

由于栅格模式难以利用肉眼来控制点的位置，因此可以点击状态栏中的【捕捉】按钮（或按〈F9〉按键）打开或关闭捕捉模式，从而精确地捕捉栅格点。为了既能准确定位又能看到栅格点，通常将捕捉间距设置为与栅格间距相等或是其倍数，如图 2-10 所示。

图 2-9　屏幕上栅格的显示图

图 2-10　栅格间距和捕捉间距设置

8）设置对象捕捉

对象捕捉是 AutoCAD 中较为常用和重要的工具之一，对象捕捉的功能是精确定位。

使用"对象捕捉"功能，在绘图和编辑过程中可以直接利用光标准确地确定一些特殊点，如圆心、端点、中点、象限点、切点、交点、垂足点、最近点等。

启用"对象捕捉"功能共有 4 种方法：

① 工具条设置：右键单击工具栏中任一空白位置，在弹出的快捷菜单栏上选中【对象捕捉】，打开【对象捕捉】工具条（图 2-11）。利用【对象捕捉】工具条，可以使用对象捕捉功能。

② 功能键设置：按〈F3〉功能键。

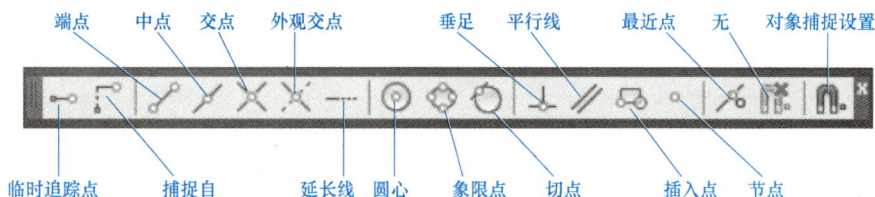

图 2-11　"对象捕捉"工具条

③ 状态栏设置：点击状态栏【对象捕捉】按钮，可启用或关闭自动对象捕捉。在状态栏右键点击【对象捕捉】按钮的"设置"，弹出【对象捕捉】对话框，如图 2-12 所示，在此对话框中可以自由地选择对象捕捉功能按钮。

④ 快速设置：在绘图窗口，按住<Shift>键，同时单击鼠标右键，弹出【对象捕捉】快捷菜单，如图 2-13 所示，可以临时启动对象捕捉功能，适用于不常用的对象捕捉模式。

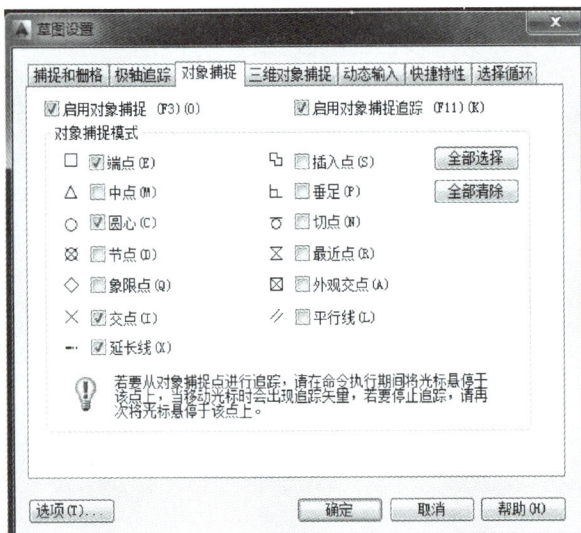

图 2-12 "对象捕捉"设置对话框图

图 2-13 "对象捕捉"快捷菜单

⑤ 临时设置：在指定下一点输入的提示下，在命令栏输入对象捕捉模式的关键字，见表 2-1。

对象捕捉模式关键字及其含义 表 2-1

模式类型	关键字	含　　义
端点	END	用于捕捉对象（如圆弧或直线等）的端点
中点	MID	用于捕捉对象的中间点（等分点）
交点	INT	用于捕捉两个对象的交点
外观交点	APP	用于捕捉两个对象延长或投影后的交点。即两个对象没有直接相交时，系统可自动计算其延长后的交点，或者空间异面直线在投影方向上的交点
延长线	EXT	用于捕捉某个对象及其延长路径上的一点。即将光标移到某条直线或圆弧上时，将沿直线或圆弧路径方向上显示一条虚线，可在此虚线上选择一点
圆心	CEN	用于捕捉圆或圆弧的圆心
象限点	QUA	用于捕捉圆或圆弧上的象限点。象限点是圆上在 0°、90°、180°和 270°方向上的点
切点	TAN	用于捕捉对象之间相切的点
垂足	PER	用于捕捉某指定点到另一个对象的垂点

续表

模式类型	关键字	含　义
平行线	PAR	用于捕捉与指定直线平行方向上的一点
节点	NOD	用于捕捉点对象
插入点	INS	捕捉到块、形、文字、属性或属性定义等对象的插入点
最近点	NEA	捕捉对象上距指定点最近的一点
无	NON	不使用对象捕捉
自（起点）	FRO	可与其他捕捉方式配合使用，用于指定捕捉的基点
临时追踪点	TT	可通过指定的基点进行极轴追踪

9）设置对象追踪

① 启用"对象追踪"命令有 2 种方法：

A. 点击状态栏中的【对象追踪】按钮。

B. 按键盘上的〈F11〉键。

使用"对象追踪"时，必须打开【对象捕捉】和【极轴模式】开关。"对象追踪"设置也是通过【草图设置】对话框中来完成的。

② 启用"草图设置"有 3 种方法：

A. 在菜单栏点击【菜单】→点击"工具"→点击"草图设置"。

B. 右键单击状态栏中的按钮，在弹出的光标菜单中选择"设置"命令。

C. 按住键盘上的〈Ctrl〉键或〈Shift〉键，右键单击绘图窗口，在弹出的光标菜单中选择"对象捕捉设置"命令。

（2）坐标系

1）坐标系的设置

① 世界坐标系

世界坐标系（World Coordinate System，简称 WCS）又称为通用坐标系。它以绘图窗口的左下角为原点（0，0，0），包含 X、Y、Z 坐标轴。其中 X 轴是水平的，正方向水平向右；Y 轴是垂直的，正方向垂直向上；Z 轴是垂直于 XY 平面的，正方向垂直于屏幕并指向操作者。

在 AutoCAD 中，坐标系是定位图形的基本手段。如果没有另外设定 Z 轴坐标值，所绘制的图形只能是二维图形，其原点是图形左下角 X 轴和 Y 轴的相交点（0，0），如图 2-14 所示。刚打开 AutoCAD 时，未被作任何处理的坐标系即为世界坐标系，世界坐标系的位置一定在 AutoCAD 界面的左下角。

② 用户坐标系

用户坐标系（User Coordinate System，简称 UCS）是为了方便自己设置坐标原点位置和 X、Y 轴的方向的坐标系。用户坐标系可以根据需求，放置在 AutoCAD 界面的任意位置，如图 2-15 所示。如果需要设置 UCS，可以直接在命令行键入命令"UCS"，自己设置即可。UCS 命令的功能包括定义用户坐标系，存储用户坐标系，将指定的坐标系设置为当前坐标系和删除已存储的用户坐标系。

图 2-14　世界坐标系

图 2-15　用户坐标系

启用"UCS"命令有 3 种方法：

A. 在菜单栏点击【工具】→点击"新建 UCS"→点击"原点"。

B. 在菜单栏点击【工具】→选择"工具栏"→选择"AutoCAD"→点击"UCS"→弹出【UCS】工具条。

C. 在命令栏输入"UCS"。

2）坐标的表示方法

在 AutoCAD 中，坐标的表示方法有两种：直角坐标系和极坐标系，其均可用绝对坐标和相对坐标来表示。

① 直角坐标的表示方法

A. 绝对直角坐标。绝对直角坐标以坐标原点（0，0，0）为基点来定位所有的点。AutoCAD 中默认的坐标原点在绘图区的左下角。任意一点的位置都可以用（X，Y，Z）来表示，如果输入的二维坐标，则可以用（X，Y）来表示。

B. 相对直角坐标。相对坐标用相对于某点的位置来定位所有的点。在 AutoCAD 中可以用（@X，Y）来表示。X 值为正表示指定点的位置在前一点的右侧，X 值为负表示指定点的位置在前一点的左侧。Y 值为正表示指定点的位置在前一点的上方，Y 值为负表示指定点的位置在前一点的下方。例如，B 点相对于 A 点位置在 X 方向上为 15 个绘图单位，在 Y 方向上为 10 个绘图单位，可以用（@15，10）来表示，如图 2-16 所示。

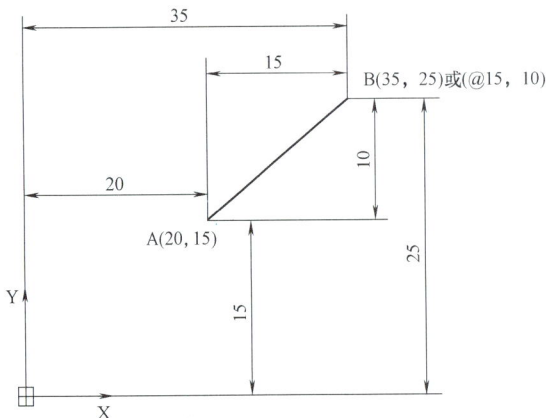

上述两种坐标都是以直角坐标来度量坐标点的，因此只要知道 X 轴和 Y 轴方向上的绝对距离或相对距离就可以很方便地确定出点的位置。在多数情况下用相对坐标来绘图比用绝对坐标要方便。

② 极坐标的表示方法

A. 绝对极坐标。绝对极坐标通过相对于坐标原点的距离和角度来定义任

图 2-16　绝对直角坐标与相对直角坐标实例

意一点的位置。AutoCAD 默认的角度方向是以逆时针为正。绝对极坐标规定：水平向右为 0°（或 360°），垂直向上为 90°，水平向左为 180°，垂直向下为 270°。可以通过 AutoCAD 的系统变量来定义角度的方向。绝对极坐标用一个"极径"后跟一个"<"符号和一个"角度值"来表明点的位置。例如，"20＜30"表示该点距离原点的极径为 20 个单位，该点与原点的连线与 0°方向之间的夹角为 30°。

B. 相对极坐标。相对极坐标通过相对于某一点的极径和偏移角度来定义任意点的位置。通常是以前一点为基点输入相对极坐标。例如，可用"@15＜45"的形式来表示某点的相对极坐标。其含义是某点距离前一点的极径为 15 个单位，该点与某点连线与水平线的夹角为 45°。

（3）绘制台阶

在命令栏输入直线命令快捷键 L→指定第一点：鼠标点击绘图区任意点台阶最右下角点→指定下一点：输入"@0，150"（相对于第一点 x 坐标的增量为 0，y 坐标增量为 150）→回车→指定下一点：输入"@−350，0"（相对于上一点 x 坐标的增量为−350，y 坐标增量为 0）→回车→指定下一点：鼠标垂直向上拖动，输入"150"→回车→指定下一点：鼠标水平向左拖动，输入"350"→回车→指定下一点：鼠标垂直向上拖动，输入"150"→回车→指定下一点：鼠标水平向左拖动，输入"1100"→回车→指定下一点：鼠标垂直向下拖动，再将鼠标靠近第一个点然后向左水平拖动（追踪）相交于一点点击→指定下一点：输入"C"→回车。绘制完成后如图 2-17 所示。

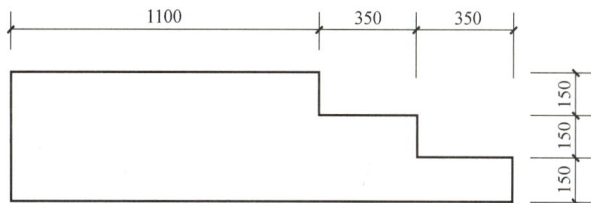

图 2-17　绘制完成的台阶

技巧

① 在绘图操作过程中，除输入中文的时候需把输入法切换到中文状态，其他情况下，如输入坐标值时，输入法都切换到英文状态，数字之间的逗号必须是用西文逗号，即在半角状态下的逗号。

② 连续执行直线（L）命令时，在第一步提示输入点的坐标时，如果直接按回车键，则以前面绘制的直线段终点作为新线段的起点，继续绘制新的直线段。如果绘制水平或垂直直线时，可配合使用〈F8〉键或状态栏中"正交"按钮。

③ 世界坐标系是固定不动的，世界坐标系的图标在屏幕的左下角处，图标原点处有小方框，表示当前坐标系是世界坐标系，否则就是用户坐标系。

项目总结

　　AutoCAD 采用绘图环境的设置、利用坐标等可以达到准确绘图的目的，学习本项目可以了解 AutoCAD 绘图与手工绘图一样都需要辅助工具才能准确绘制图形。坐标在 AutoCAD 软件中使用频率很高，保证准确绘图，需根据已知条件选择使用不同类型的坐标，比如已知起点、长度、角度信息，就用相对极坐标。

　　极轴与正交不能同时使用，如果全是水平和垂直的线，打开正交模式，直接输入直线长度，便于绘图。

提升演练

1. 单选题

（1）在默认情况下，中文版 AutoCAD 中测量角度的方向是（　　　）。

A. 从左至右　　　　B. 方向不确定　　　　C. 顺时针方向　　　　D. 逆时针方向

（2）AutoCAD 图形文件的扩展名是哪一个？（　　　）。

A. BAK　　　　B. DWT　　　　C. DWG　　　　D. DXF

（3）使用哪个命令设置 AutoCAD 图形的边界？（　　　）

A. GRID　　　　B. SNAP　　　　C. LIMITS　　　　D. OPTIONS

（4）要表明绝对位置为 5，5 的点，用（　　　）表示。

A. @5，5　　　　B. ♯5，5　　　　C. 5，5　　　　D. 5＜5

（5）要表明相对上一点长为 4 单位，夹角为 37°，用（　　　）表示。

A. 4＜37　　　　B. @4＜37　　　　C. @4，37　　　　D. @37＜4

2. 绘图题

（1）直线斜线坐标练习，如图 2-18～图 2-20 所示。

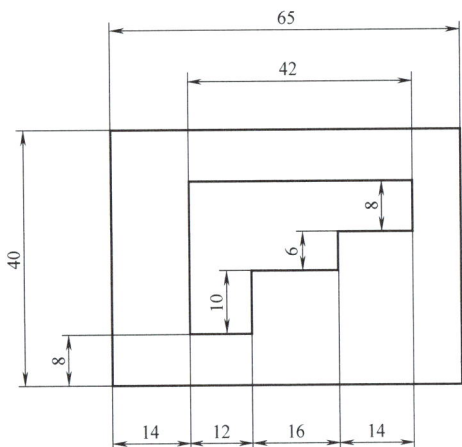

图 2-18　直线练习图　　　　图 2-19　直线、斜线练习图

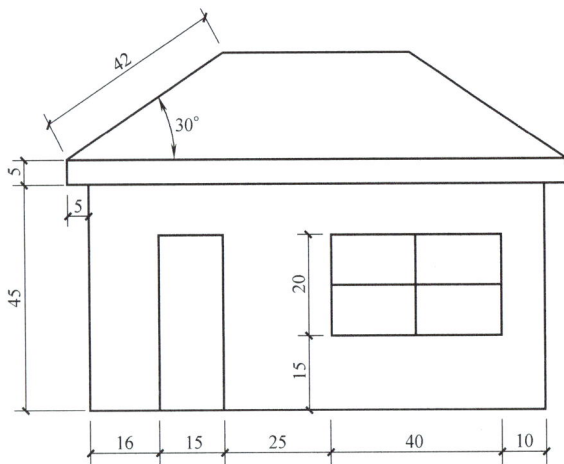

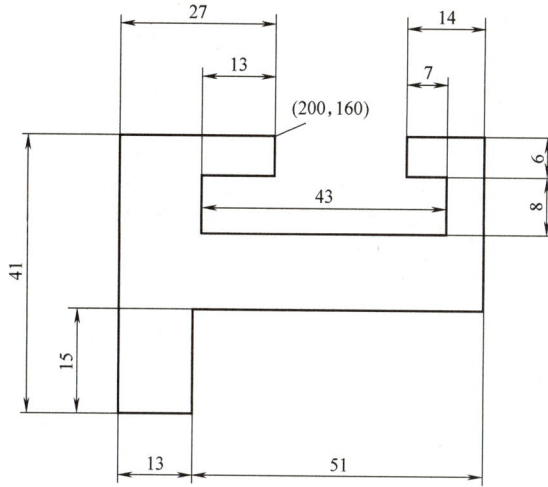

图 2-20　坐标直线练习图

（2）查阅资料，分组完成狼牙山五烈士纪念碑台阶图形的绘制。

窗户的绘制

三维教学目标

目标内容	教学目标
知识与技能	通过窗户的绘制,学生能掌握偏移、删除、修剪、延伸、矩形、多段线、复制、拉伸、移动等命令的使用技巧,并能运用这些命令完成其他图形的绘制。
过程与方法	分组预习查阅窗户规范,并分析需完成的任务;通过查阅规范,能理解和应用所学命令,分析和绘制图形,找出绘制窗户的常用方法和规律。
情感态度与价值观	本项目在讲授窗户绘制知识时,还介绍窗在建筑中重要的作用和中国古建筑史中窗的形状等特色,以故宫的窗户为例,通过图片和视频展示不同时期窗的特点,学生借此感受中国古建筑风格的魅力、感受文化之美。中国古建筑文化和中国传统文化一脉相承,将课程融入民族文化,增强学生民族自信心、自豪感。

思维导图

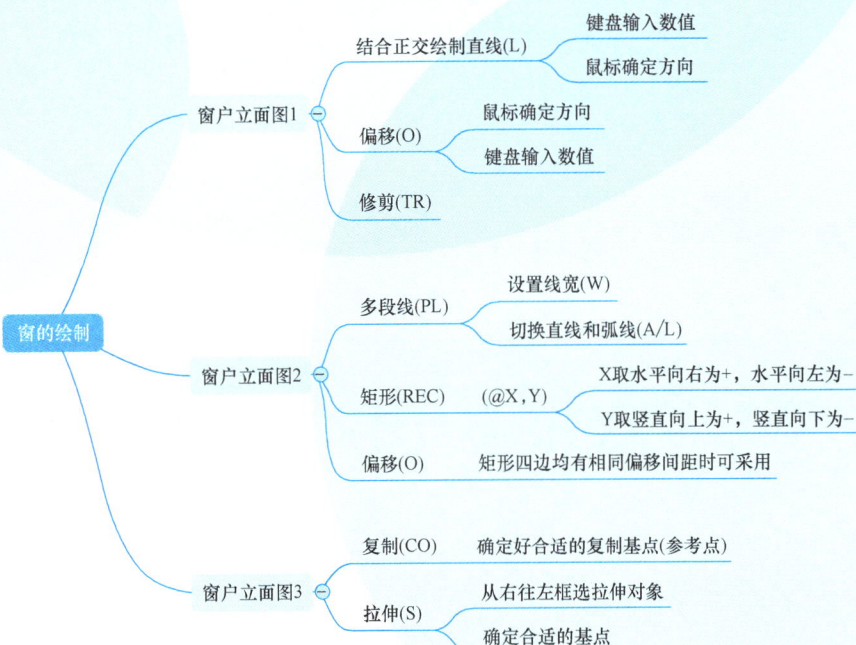

任务 3.1　窗户立面图 1 的绘制

1. 任务描述与分析

绘制某某小区别墅建施 04 中的 LC1415 平开窗立面图，如图 3-1 所示。该窗户的图例由一个宽为 1400mm、高为 1500mm 的矩形窗洞和内部的窗框组成。图形较为简单，主要由直线（L）命令绘制外部的矩形窗洞，表达内部窗框的几条直线可以由偏移（O）命令和修剪（TR）命令完成。

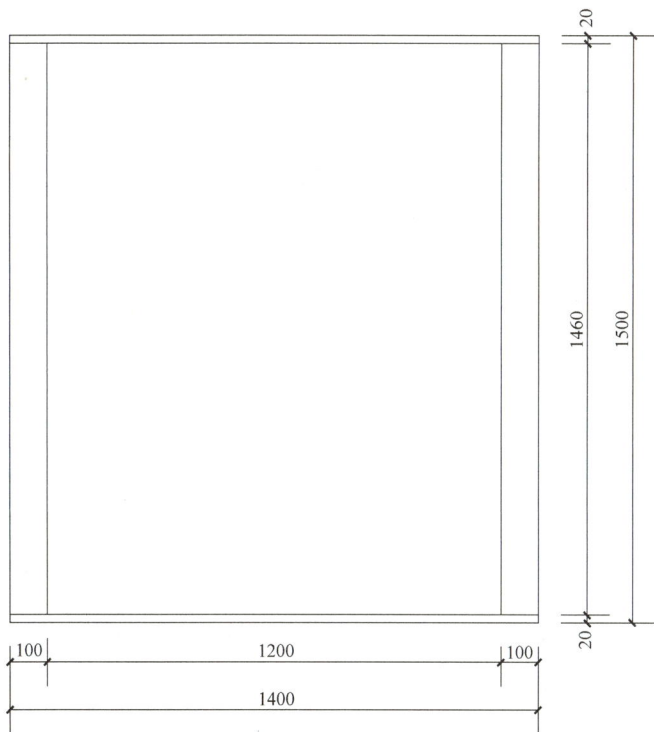

图 3-1　LC1415 平开窗立面图

2. 方法与步骤

（1）绘制矩形窗洞

在命令栏输入直线命令快捷键 L→指定第一个点，在绘图区的适当位置点击一点为 A 点（定位起点）→点击【正交】使其蓝显（打开正交模式），如图 3-2 所示→指定下一点，鼠标水平往右拖动，输入"1400"→回车（完成直线 AB 的绘制）→指定下一点，鼠标竖直往下拖动，输入"1500"→回车（完成直线 BC 的绘制）→指定下一点，鼠标水平往左拖动，输入"1400"→回车（完成直线 CD 的绘制）→指定下一点，鼠标竖直往上拖动，输入"C"（闭合）→回车（完成直线 DA 的绘制），如图 3-3 所示。

3-1
窗户的绘制

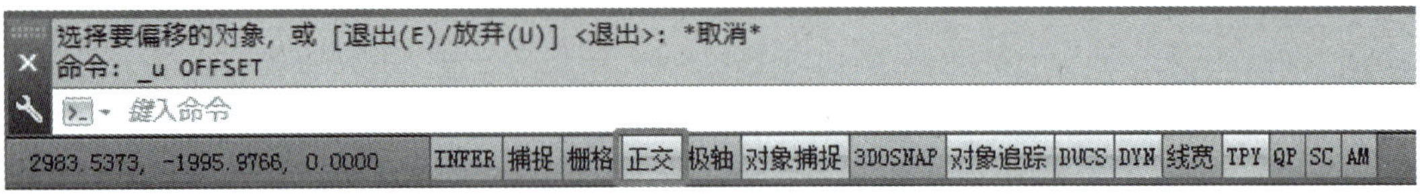
选择要偏移的对象，或 [退出(E)/放弃(U)] <退出>：*取消*
命令：_u OFFSET
键入命令
2983.5373, -1995.9766, 0.0000
INFER 捕捉 栅格 正交 极轴 对象捕捉 3DOSNAP 对象追踪 DUCS DYN 线宽 TPY QP SC AM

图 3-2　状态栏中开启正交模式

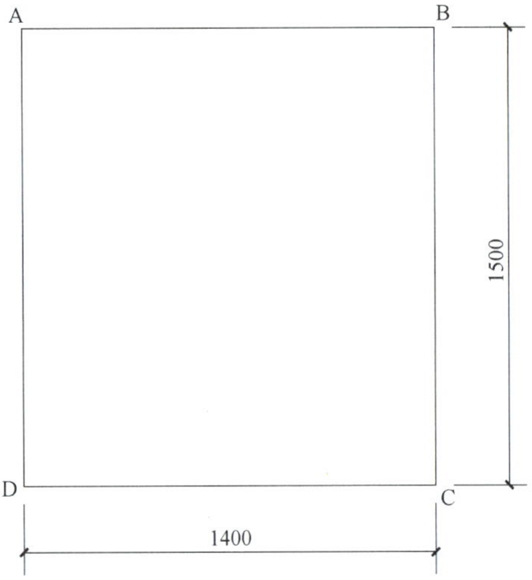
A
B
1500
D
C
1400

图 3-3　矩形窗洞

技巧

① CAD 软件中，点击回车键（〈Enter〉键）或空格键等同于确定的意思，表示确认执行命令。

② 初学者建议操作时留意命令行的提示进行操作，可快捷准确地绘图。

知识链接

《建筑制图标准》GB/T 50104—2010 中对窗做出了以下规定：

① 窗的名称代号用 C 表示。

② 平面的开间进深、门窗洞口宽度等主要定位尺寸，宜采用水平扩大模数数列 $2n$M、$3n$M（n 为自然数）。

③ 层高和门窗洞口高度等主要标注尺寸，宜采用竖向扩大模数数列 nM（n 为自然数）。

(2) 绘制内部窗框

在命令栏输入偏移命令快捷键 O→指定偏移距离，输入“20”（上部窗框距离窗边 20mm）→选择要偏移的对象，点击 AB 直线→指定要偏移侧上的点，点击 AB 直线下方任意一点→回车（生成 AB 下方的直线）→选择要偏移的对象，点击 CD 直线→指定要偏移侧上的点，点击 CD 直线上方任意一点→回车（生成 CD 上方的直线），如图 3-4 所示。

同理，通过偏移命令，设定偏移值为"100"可得到左右两条内部直线，如图 3-5 所示。

图 3-4　偏移得到上下两条内部直线　　　　　图 3-5　偏移得到左右两条内部直线

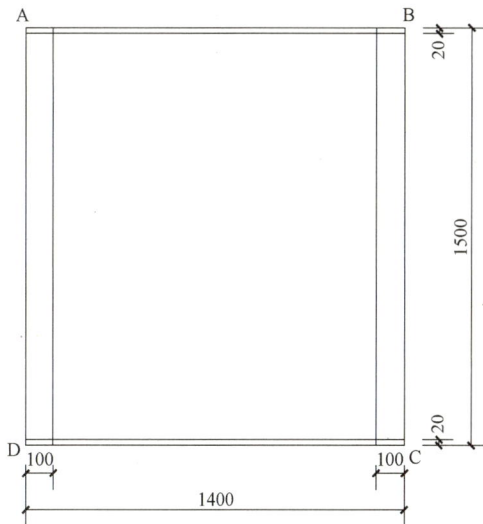

技巧

①偏移命令一般适用于绘制同心圆、多条平行线、等距离的曲线，比直接绘制快捷。

②如果偏移多条相同距离的对象时，可以在点选完偏移的对象后，在命令行点击"多个"或键盘输入"M"，可连续偏移多条等距的对象，如图 3-6 所示。

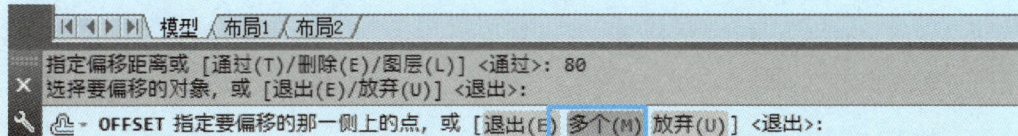

```
◄◄ ◄ ► ►► 模型 布局1 布局2
指定偏移距离或 [通过(T)/删除(E)/图层(L)] <通过>: 80
选择要偏移的对象，或 [退出(E)/放弃(U)] <退出>:
⚙ OFFSET 指定要偏移的那一侧上的点，或 [退出(E) 多个(M) 放弃(U)] <退出>:
```

图 3-6　偏移时选择多个 M 选项图

③输入偏移（O）命令时，可随时关注命令行的提示进行后续的操作，除了以上的直接输入距离可以得到偏移的对象，也可以通过拾取通过点的方式进行偏移，使用时可以根据已知条件进行分析并选择合适的方法进行偏移。

（3）编辑内部线段

在命令栏输入修剪命令快捷键 TR→选择对象（选择剪切边），点击选择 AB 和 EF→回车（确定修剪边界）→选择要修剪的对象，点击两条线内部的竖直线段部分（确定为修剪的直线部分）→回车（完成修剪），如图 3-7 所示。

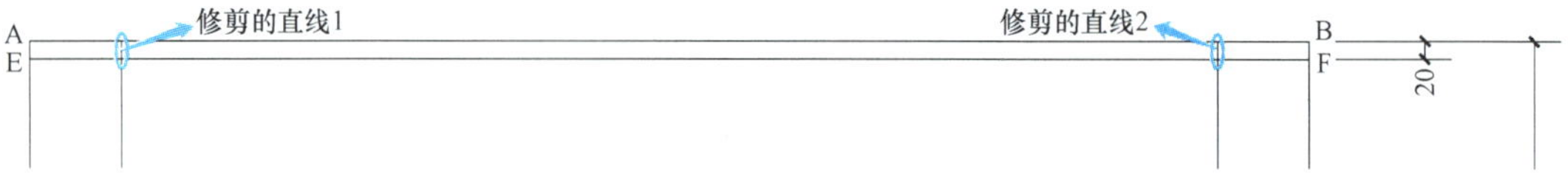

图 3-7　修剪内部直线

同理，可完成下部的修剪，结果如图 3-8 所示。

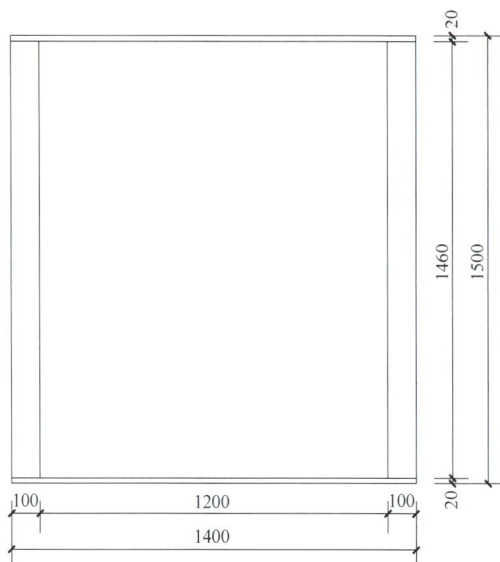

图 3-8　修剪完成后的窗户

技巧

① 执行 TR 命令进行修剪时，可以在命令行输入 "TR" 快捷键后，〈Enter〉或空格键两次，再直接选取要修剪的对象，可以达到快速修剪的目的。

② 执行修剪命令过程中，在选择修剪对象时，除了可以单击点选对象，也可一次框选多个需要修剪的对象，快速完成修剪。

知识链接

建筑设计规范中有关窗的尺度设计规范需符合下列要求：

① 窗的尺度应根据采光、通风的需要来确定，同时兼顾建筑物的造型和《建筑模数协调标准》GB/T 50002—2013 等具体要求。首先根据房屋的使用形状确定其采光等级，再根据采光等级确定窗洞面积与地面面积的比值（窗地面积比），最后根据窗的样式及采光百分率、建筑立面效果、窗的设置数量以及相关模数规定，确定单窗的具体尺寸。

② 一般而言，窗户的设计要求应符合以下几点：窗地面积比≥1/7，同时窗墙面积比宜≤0.7；天窗面积/屋顶面积≤0.2。

③ 窗的基本尺寸一般以 300mm 为模数，窗的高度一般为 1200～2100mm。窗户的要求需开启灵活，从强度、构造、耐久性等因素考虑，可开窗扇的尺寸不宜过大，一般平开窗的窗扇宽度为 400～600mm，高度为 800～1500mm。当窗户较大时，可在窗口上部或下部加设亮窗，亮窗的高度一般为 300～600mm。上下悬窗的窗扇高度为 300～600mm，中悬窗窗扇高度一般不大于 1200mm，宽度不大于 1000mm。推拉窗的高、宽均不宜大于 1500mm，窗扇过大会使开关不灵活。

④ 基本的窗洞高度有 600、900、1200、1500、1800、2100mm，基本的窗洞宽度有 600、900、1200、1500、1800、2100mm。玻璃厚度一般为 5mm 或 6mm。常见住宅空间的窗户尺寸有：客厅 1.5m×1.8m～1.8m×2.1m；儿童房 1.2m×1.5m～1.5m×1.8m；大卧室 1.5m×1.8m～1.8m×2.1m；卫生间 0.6m×0.9m～0.9m×1.4m。

任务 3.2　窗户立面图 2 的绘制

1. 任务描述与分析

绘制某某小区别墅建施 04 中的 LC0715 平开窗立面图，如图 3-9 所示。该窗户的图例由一个宽为 700mm、高为 1500mm 的矩形窗洞和宽为 600mm、高为 1400mm 的窗框组成。图形较为简单，主要由多段线（PL）命令或矩形（REC）命令绘制外部的矩形窗洞，再由偏移（O）命令得到矩形窗框完成绘制。

2. 方法与步骤

（1）采用多段线（PL）命令绘制矩形再偏移得到所需图形

1）绘制外部的矩形窗洞

在命令栏输入多段线命令快捷键 PL→指定起点，在绘图区的适当位置点击一点为 E 点→指定下一点，鼠标水平往右拖动，输入"700"→回车（完成直线 EF 的绘制）→指定下一点，鼠标竖直往下拖动，输入"1500"→回车（完成直线 FN 的绘制）→指定下一点，鼠标水平往左拖动，输入"700"→回车（完成直线 NM 的绘制）→指定下一点，鼠标竖直往上拖动，输入"1500"→回车（完成直线 ME 的绘制），完成后的矩形如图 3-10 所示。

2）绘制内部的矩形窗框

在命令栏输入偏移命令快捷键 O→指定偏移距离，输入"50"→回车→选择要偏移的对象，点击矩形 EFNM 上任意一点→指定要偏移侧上的点，在矩形内侧单击→回车，完成绘制，如图 3-11 所示。

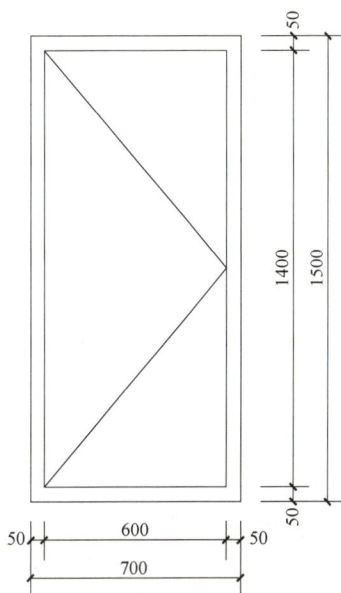

图 3-9　LC0715 的立面图

3）绘制窗的开启线

将对象捕捉的中点打开，在命令栏输入直线命令快捷键 L→指定第一个点，点击内部矩形窗框的左上角点→指定下一个点，点击内部矩形窗框右边线中点→指定下一个点，点击内部矩形窗框的左下角点→回车，如图 3-12 所示。

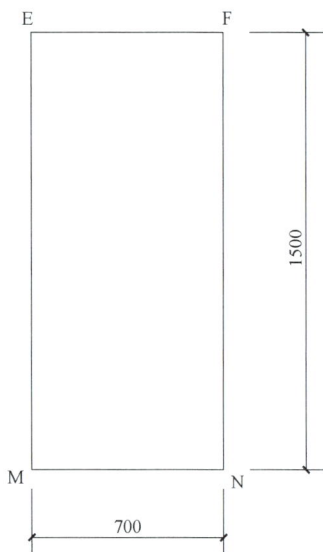

图 3-10　多段线绘制窗户外轮廓线　　图 3-11　多段线绘制矩形窗户轮廓线　　图 3-12　完成后的窗户

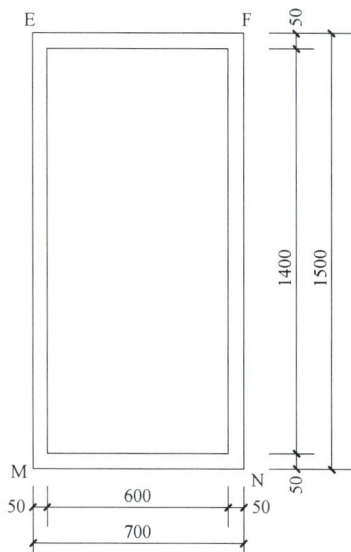

知识链接

①　多段线的绘制步骤和直线的绘制基本相同，不同的是多段线绘制出来的多条直线会是一个整体对象，执行偏移时只需执行一次即可，且可以减少修剪的步骤，使用起来更方便，大家在使用时可灵活采用。

②　PL 多段线可绘制一系列不同宽度的直线和圆弧组成的图形。默认情况下是绘制直线，可通过 W 选项设置线条的宽度（区分粗、细线），通过 A 选项切换为绘制圆弧，再通过 L 选项切换绘制直线。

③　对多段线绘制的矩形执行偏移时，只能得到上、下、左、右四边都是相同偏移间距的矩形直线，如若不能满足四边等距离，则偏移时需要考虑将图形分解后再分别偏移。

（2）采用矩形命令绘制矩形并偏移得到所需图形

1）绘制外部矩形

在命令栏输入矩形命令快捷键 REC→指定第一个角点，在绘图区适当位置点击一点为 M 点（M 点为矩形的左下角起点）→指定另一个角点，输入"@700，1500"（此坐标可确定矩形的另一个角点 F）→回车，完成矩形的绘制，如图 3-13 所示。

2）绘制内部矩形

在命令栏输入偏移命令快捷键 O→指定偏移距离，输入"50"→回车→选择要偏移的对象，点击矩形 MF 上任意一点→指定要偏移侧上的点，在矩形内侧单击鼠标左键→回车，完成绘制，如图 3-14 所示。

3）绘制窗的开启方向线

用直线（L）命令绘制开启线。

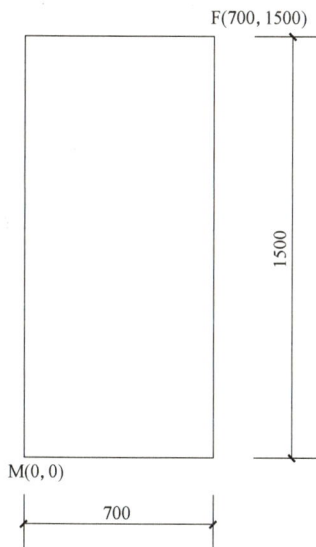

图 3-13 矩形坐标定点示例   图 3-14 偏移后得到内部矩形

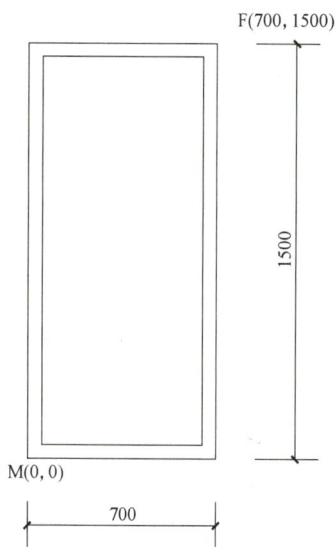

知识链接

① 绘制矩形的时候，确定对角点时要在坐标前输入@表示相对坐标，而且"@700，1500"中的逗号，需要在输入法为英文状态下进行输入才有效。

② 输入坐标数值时，X 坐标取水平向右为正，水平向左为负；Y 坐标取竖直往上为正，竖直往下为负。所以，"@700，1500"中定的是距离参照点在右侧 700、上侧 1500 的角点，即为右上角的角点。

③ 由矩形命令或多段线命令绘制得到的矩形，在执行偏移命令时，得到的会是上、下、左、右四边都是相同偏移间距的矩形直线，如果与某一边的距离不同时，考虑用直线绘制然后偏移、修剪得到。

④ 除了常用的直角矩形可以用 REC 绘制得到，倒角矩形也可以通过 REC 绘制出来，需要通过倒角（C）选项设置好倒角距离后绘制；圆角矩形需要通过圆角（F）选项设置好圆角半径后绘制。需要注意的是，圆角矩形绘制出来的是 4 个圆弧半径一致的圆角矩形，如果矩形的 4 个圆角的圆弧半径不一致或者只是某个转角为圆弧，此时考虑先绘制为直角矩形再修改。同理适用于倒角矩形。

⑤ 如若之前绘制过倒角矩形或圆角矩形，调用 REC 矩形命令时，需要调整相关设置才能绘制直角矩形。此时，需通过倒角（C）选项或圆角（F）选项将数值均设为 0 方可绘制直角矩形。

任务 3.3　窗户立面图 3 的绘制

1. 任务描述与分析

绘制某某小区别墅建施 04 中的 LC0716 和 LC1116 两个平开窗所组成的一组窗户立面图图例，如图 3-15 所示。这组窗户包括两个窗户，两个窗户形状相似，但尺寸稍有区别。通过分析 3-15 图可知，LC0716 窗户的尺寸为 700mm×1600mm，LC1116 窗户的尺寸为 1100mm×1600mm，两个窗户的高度一样，宽度不同，此时可以通过矩形（REC）和偏移（O）命令绘制左侧的窗户，再通过复制（CO）命令绘制一个相同的窗户，最后通过拉伸（S）命令将复制好的窗户调整得到右侧窗户。

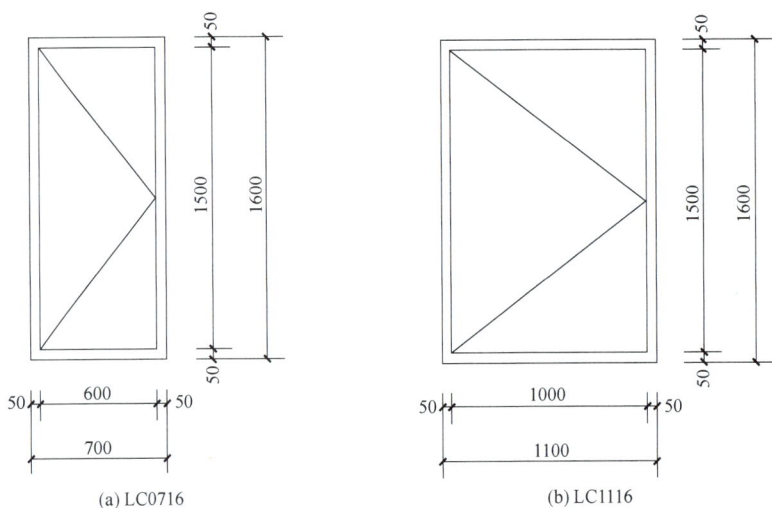

图 3-15　窗户组

2. 方法与步骤

（1）绘制 LC0716 窗户

在命令栏输入矩形命令快捷键 REC→指定第一个角点，在绘图区适当位置点击一点为矩形的左下角起点→指定另一个角点，输入"@700，1600"（坐标确定矩形的另一个角点）→回车，完成矩形的绘制→在命令栏输入偏移命令快捷键 O→指定偏移距离，输入"50"→选择要偏移的对象，选择刚绘制的矩形→指定要偏移那一侧上的点，在矩形内部任意位置单击→可绘制出内部矩形→在命令栏输入直线命令快捷键 L，绘制门的开启方向线，完成后的窗户，如图 3-16 所示。

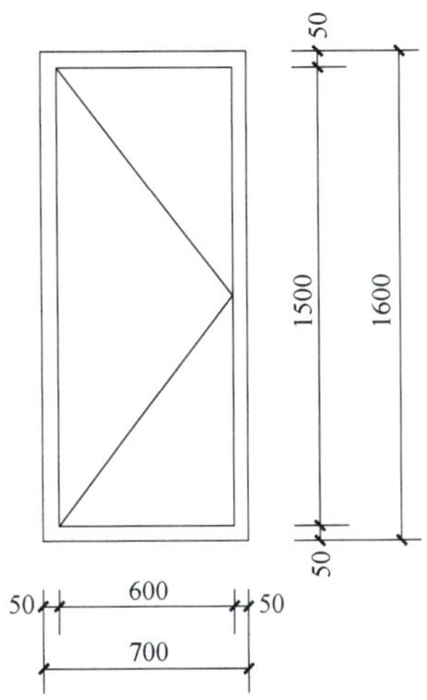

（2）复制得到一个新窗户

在命令栏输入复制命令快捷键 CO→选择对象，框选所

图 3-16　绘制第一个窗户

有窗户线（选择需要复制的所有对象）→回车，确认已经选好对象→指定基点，点击任意一个角点（使其作为复制的参考点）→指定第二个点，点击绘图区的空白处→回车，完成复制，如图 3-17 所示。

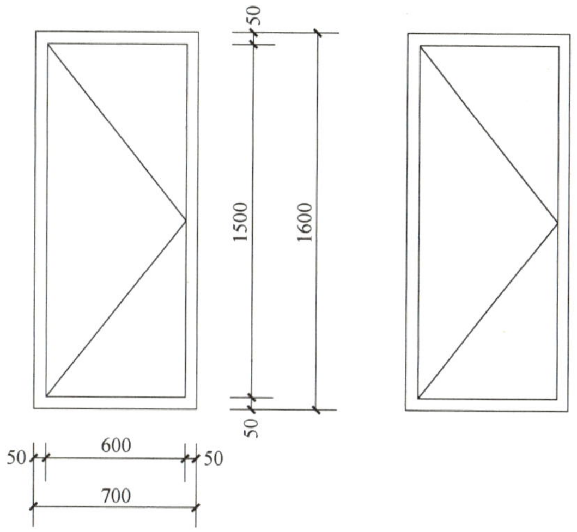

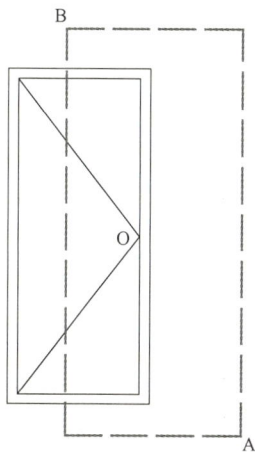

(a) 窗户原图　　　　　　(b) 新窗户

图 3-17　复制窗户

技巧

使用复制（CO）命令时，基点一般选择特征点或有具体参照数值的点。

（3）绘制 LC1116 窗户

在命令栏输入拉伸命令快捷键 S→选择对象，在窗户外部的右下角点击一点为 A 点，再将鼠标拖动至矩形水平线中部的上面位置点击一点为 B 点（图 3-18）→回车→指定基点，点击门开启点 O 点（选特征点为基点）→指定第二个点，水平往右拖动鼠标，输入"400"→回车，完成拉伸操作，可得到所需的右侧窗户，如图 3-19 所示。

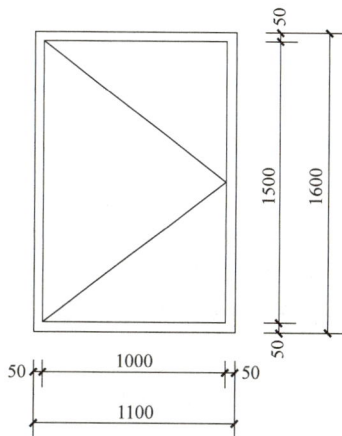

图 3-18　选择拉伸的对象

图 3-19　LC1116 窗户

技巧

① 形状相似但尺寸稍有不同的图形，可以考虑用复制和拉伸命令调整得到所需图形，无须逐一绘制，可节约绘图时间、提高工作效率。

② 采用拉伸（S）命令调整图形时，在选择拉伸对象这一步操作中，注意选择方式切勿采用点选，要采用从右侧往左侧的框选方式来选择，避免因选择方式不当而出错。

③ 执行拉伸（S）命令时，选择对象的框选范围是该命令的重点。通常如果某个对象全部被包含在选框范围内，则执行的是移动；如果某个对象只是部分包含在选框范围内，则执行的是伸长或缩短。学生要理解好选框的范围是如何确定的，才能很好地使用此命令。

④ 拉伸时的基点一般选择特征点或有具体参照数值的点。

项目总结

本项目的内容主要讲解了窗户的立面图绘制，并介绍了涉及绘制矩形的直线（L）命令、多段线（PL）命令、矩形（REC）命令、偏移（O）命令、修剪（TR）命令等，在具体项目中，大家要学会根据图形的绘制需要来选择恰当的方法进行灵活使用。另外，在出现类似的图形时，还需要灵活使用复制（CO）命令和拉伸（S）命令，以便节约绘图时间。通过任务练习、反复琢磨、分析总结、明晰绘图的思路，从而真正掌握这些命令的绘制方法与技巧。

窗户立面图的绘图过程较为简单，但是包含的命令比较多，掌握窗户立面图的绘制过程可以为后面的章节打下良好的基础，同时也培养学生举一反三的学习能力及耐心细致的读图能力。

提升演练

1. 单选题

（1）设计窗户时，下列（　　）mm 窗户高度是不符合规范要求的。

A. 1200　　　　B. 1500　　　　C. 1800　　　　D. 2800

（2）设计亮窗的高度，下列（　　）mm 是符合要求的。

A. 200　　　　B. 600　　　　C. 800　　　　D. 1800

（3）中悬窗的窗扇高度最大可设计为（　　）mm。

A. 1000　　　　B. 1200　　　　C. 1500　　　　D. 1800

（4）拉伸（S）命令选择对象的时候，用（　　）选择。

A. 点选　　　　B. 窗选　　　　C. 交叉选　　　　D. 全选

（5）推拉窗的高度最大可设计为（　　）mm。

A. 600   B. 900   C. 1500   D. 1800

（6）用矩形命令绘制的矩形是（   ）个实体。

A. 1   B. 2   C. 3   D. 4

2. 绘图题

（1）绘制某某小区别墅建施 04 中的 LC2615 平开窗立面图，如图 3-20 所示。

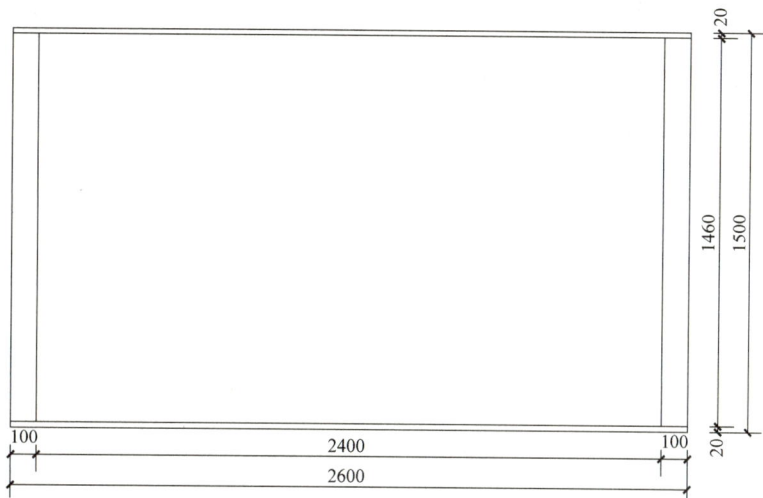

图 3-20 LC2615 立面图

（2）绘制某某小区别墅建施 04 中的 LM1126 立面图，如图 3-21 所示。

（3）绘制某某小区别墅建施 04 中的 LC1715 立面图，如图 3-22 所示。

（4）绘制图 3-23～图 3-25。

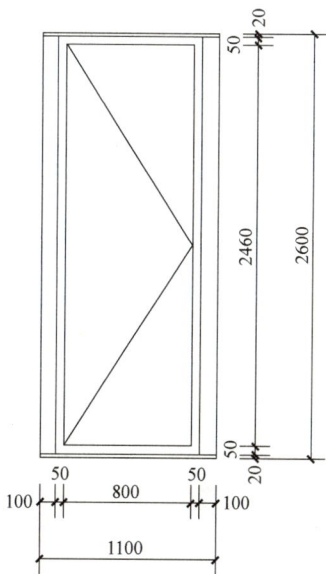

图 3-21 LM1126 立面图

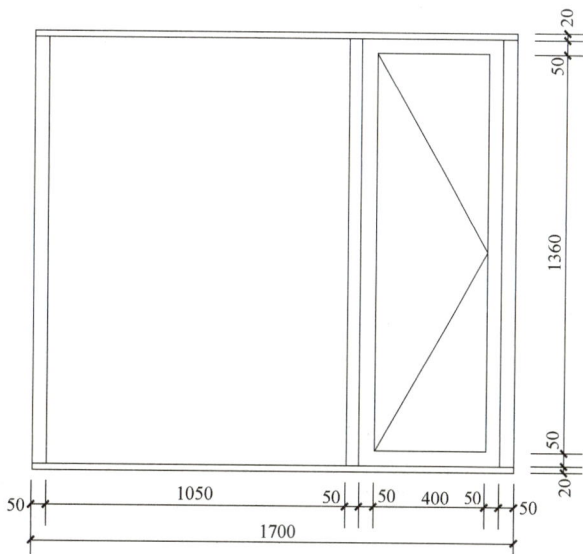

图 3-22 LC1715 立面图

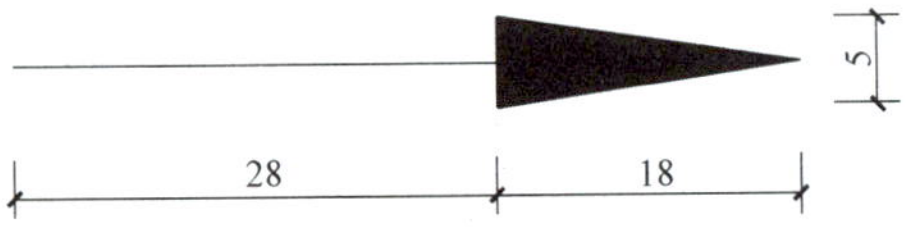

图 3-23　多段线练习

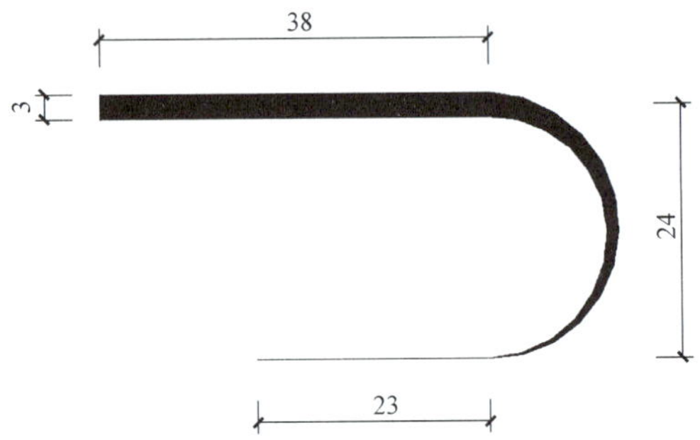

图 3-24　多段线命令练习

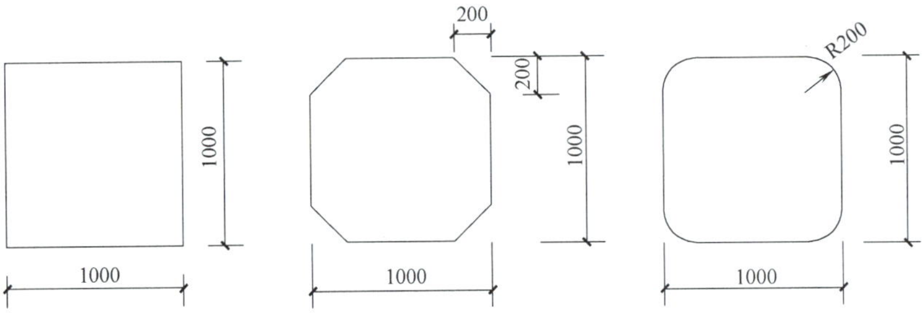

图 3-25　矩形命令练习

（5）绘制某某小区别墅建施 04 中的 LC2420 立面图，如图 3-26 所示。

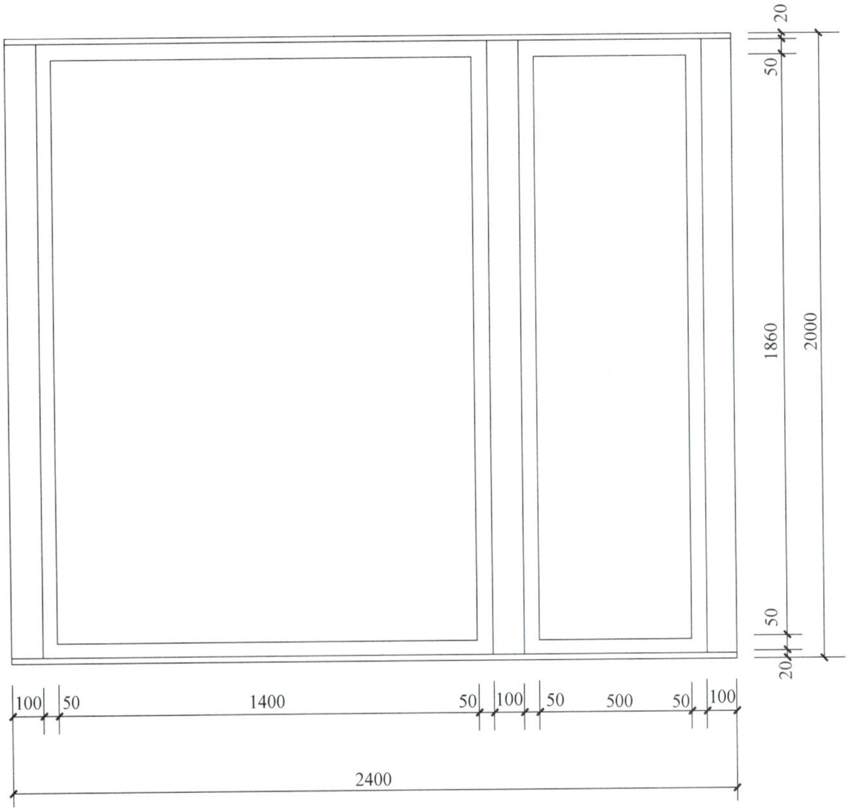

图 3-26　LC2420 立面图

（6）绘制图 3-27 和图 3-28。

图 3-27　绘制窗户组

图 3-28　拉伸练习

（7）绘制图 3-29 窗户，尺寸自定。

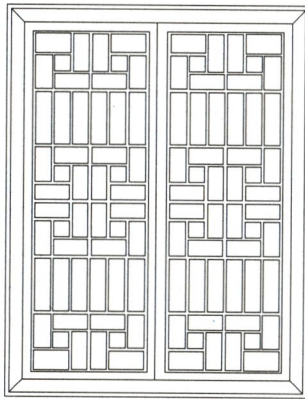

图 3-29　格子窗立面图

门 的 绘 制

三维教学目标

目标内容	教学目标
知识与技能	通过门的绘制,学生能掌握圆弧、极坐标、块的定义、块的调用、镜像、缩放等命令的使用技巧,并能运用这些命令完成其他图形的绘制。
过程与方法	每组同学先分析门的形状,思考需要用到的命令,听老师讲解绘制方法,小组分析得出绘制门最快的绘制方法,并探索命令的使用技巧,培养学生动手操作的实践能力和分析归纳的能力。
情感态度与价值观	本项目在讲授门绘制时,同时讲解门在建筑中的作用,告诉同学们门的重要性,特别是发生火灾的时候,门是逃生的关键通道,门在设计、施工中一定要按规范要求完成,加强学生对生命的珍爱、对职业的敬畏的教育。

思维导图

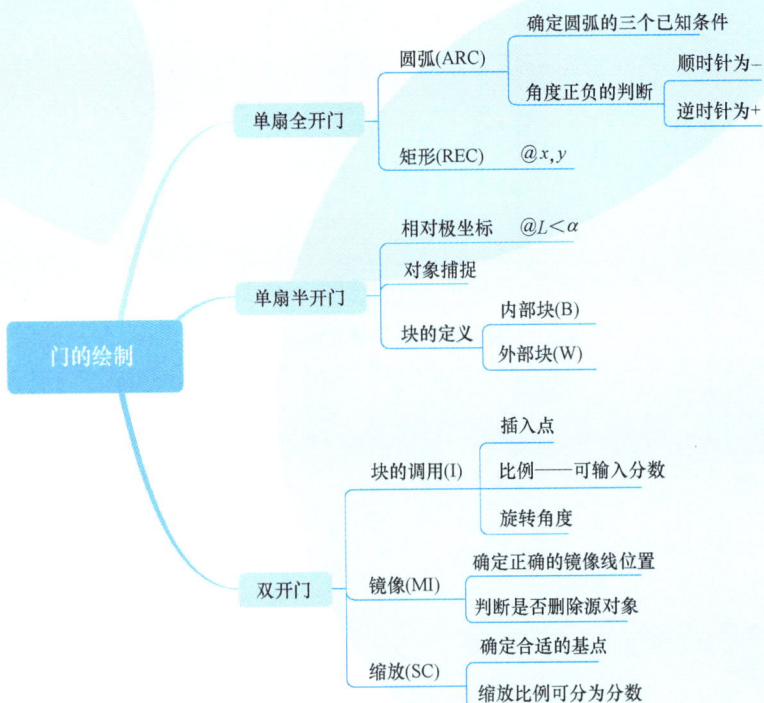

单扇全开门的绘制

1. 任务描述与分析

绘制某某小区别墅建施 05 中Ⓒ轴交④、⑤轴的单扇全开门，如图 4-1 所示。该门的图例由尺寸为 40mm×900mm 的矩形门扇和一段 90°的圆弧开启线组成。门扇部分可以用矩形（REC）命令完成，也可以用直线（L）命令或多段线（PL）命令完成。

2. 方法与步骤

（1）绘制门的门扇

在命令栏输入矩形命令快捷键 REC→指定第一个角点，在绘图区适当位置点击一点击 A 点（矩形的起点）→指定另一个角点（矩形的对角点 C 点），输入"@40，−900"→回车，如图 4-2 所示。

4-1
门的绘制

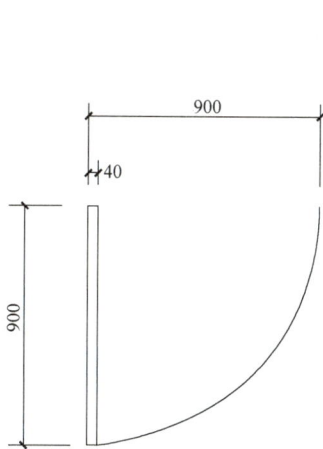

图 4-1　单扇全开门　　　　图 4-2　门扇　　　　图 4-3　单扇全开门

（2）绘制门的开启线

从主菜单点击【绘图】→光标指向"圆弧"→点击"起点、圆心、角度"→指定圆弧的起点，点击矩形左下角 D 点→指定圆弧的圆心，点击矩形的左上角 A 点→指定包含角，输入"90"→回车，如图 4-3 所示。

技巧

① 绘制矩形的时候，输入相对坐标一定要输入@，如果没有输入@而直接输入长宽，出现图形的对角点就是绝对坐标，图形是错误的。矩形的长 1000 和宽 40 中间的逗号是在英文状态下输入，如果输入状态是中文，该操作为无效操作。如图 4-4 中标注地方。

② 在绘图、编辑等操作过程中，除输入中文的时候需把输入法切换到中文状态，其他情况下输入法都切换到英文状态。

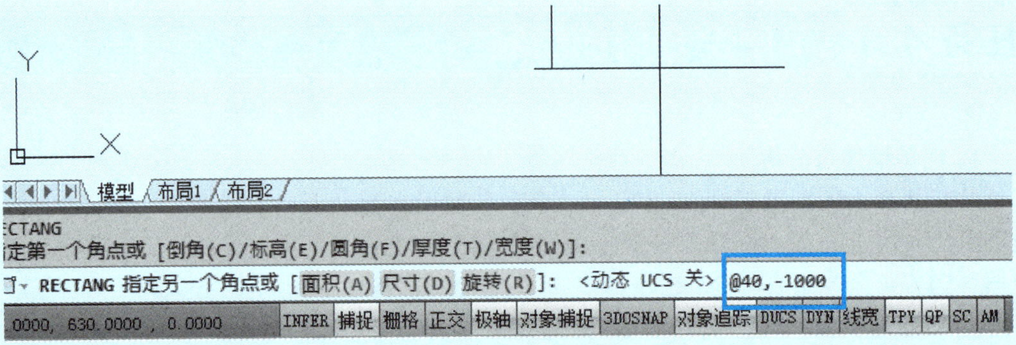

图 4-4　命令栏输入状态

③ 绘制圆弧输入角度时，逆时针转为正，顺时针转为负。

④ 绘制圆弧之前，先分析圆弧的三个已知条件。打开绘图→圆弧，圆弧后面有 11 种绘制圆弧的方法，每一种方法都有三个已知条件，结合实例分析已知条件，确定选择哪种绘制圆弧的方法。对初学者，建议用主菜单中的绘图→圆弧→命令（根据已知条件选择绘制圆弧的方法），因为下拉菜单比较直观，选择命令后按三个已知条件的顺序直接输入就可以完成，如图 4-5 所示。

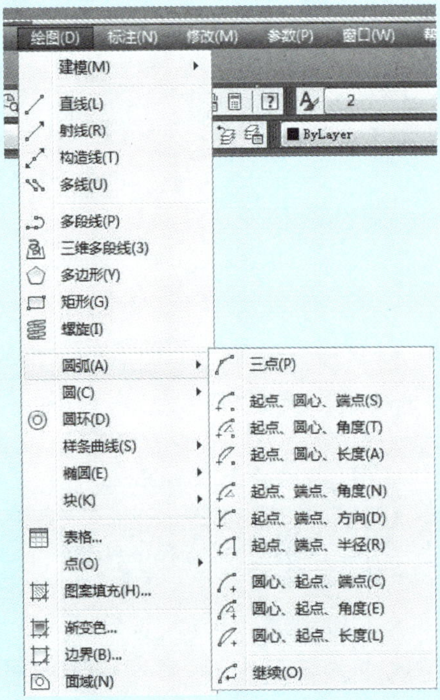

图 4-5　下拉菜单圆弧的绘制方法

任务 4.2　单扇半开门的绘制

1. 任务描述与分析

绘制某某小区别墅建施 05 中Ⓐ、Ⓑ轴交④轴的单扇半开门，如图 4-6 所示。该门的图例由尺寸为 45°的 40mm×1000mm 矩形门扇和一段 45°的圆弧开启线组成。门扇部分可以用直线（L）命令或多段线（PL）命令结合相对极坐标完成，其他几条斜线在垂足、平行状态下完成。

2. 方法与步骤

（1）用直线命令（L）绘制 40mm×1000mm 的矩形门扇

在命令栏输入直线命令快捷键 L→指定第一点，在绘图区任意位置点击一点 A 点→指定下一点（确定 B 点），输入"@1000＜45"→指定下一点，捕捉垂足点（开启对象捕捉垂足），移开光标出现"垂足"即输入"40"→捕捉平行（开启对象捕捉平行），将光标靠近 AB 直线出现平行符号后移开，出现"平行"即输入"1000"→指定下一点，输入"C"→回车，如图 4-7 所示。

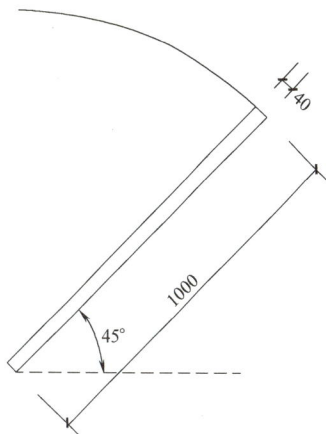

图 4-6　单扇半开门

（2）用圆弧命令（ARC）绘制门的开启线

从主菜单点击【绘图】→光标指向"圆弧"→点击"起点、圆心、角度"→指定圆弧的起点，点击 B 点→指定圆弧的圆心，点击 A 点→指定包含角度，输入"45"→回车，如图 4-8 所示。

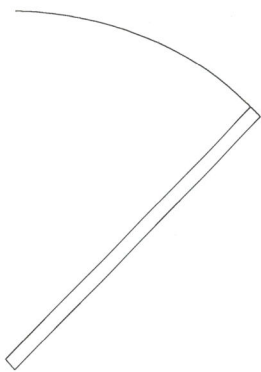

图 4-7　门扇

图 4-8　单扇半开门

（3）将单扇半开门写块

在命令栏输入写块命令的快捷键 W→弹出【写块】对话框（图 4-9）→点击 →回到绘图屏幕→点击基点（点击 A 点）→弹出【写块】对话框→点击 →回到绘图屏幕→选取

图 4-8→回车→弹出【写块】对话框→点击 →弹出【浏览图形文件】对话框→在"保存于"处，选择"桌面"，在"文件名"处，输入"单扇半开门"→点击【确定】。

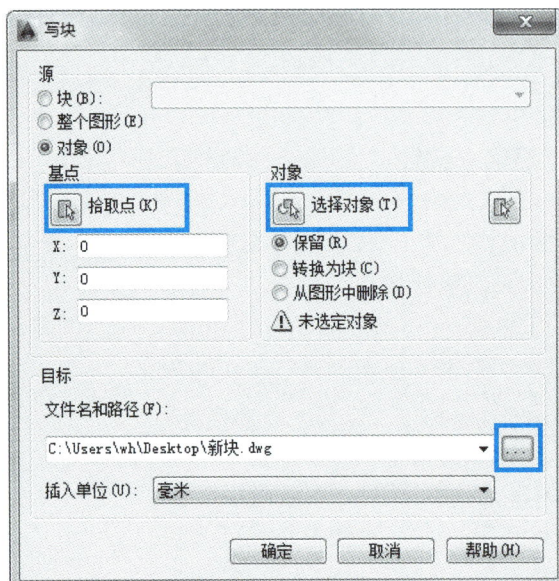

图 4-9 写块

技巧

① 绘制斜线时，有斜线的起点、斜线的长度、斜线与 X 轴正方向的夹角，即 @L<α。关键是确定夹角 α，从斜线的起点水平向右绘制一条 X 轴正方向线，逆时针旋转与斜线重合，逆时针旋转的角度就是斜线与 X 轴正方向的夹角。如图 4-10 所示，绘制 OC，OC 与 X 轴正方向的夹角为 $180°-50°=130°$，确定 C 点的相对极坐标为 @500<130。

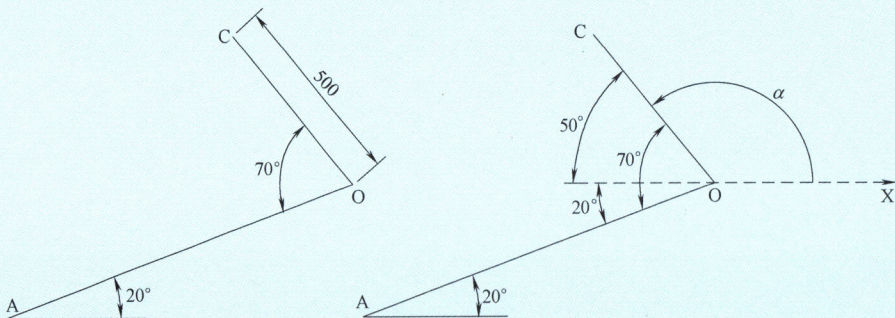

图 4-10 斜线

② B 定义的是内部块，只能在本文件中调用；W 写块定义的是外部块，在不同的文件中可以调用。定义块主要考虑基点，基点的位置选择要与后面调用图形中的插入点重合。比如将图 4-12 中四条线的窗户写成块，调用到图 4-11 中，基点可以选 A、B、C、D 四点，这四点都有对应的插入点。

图 4-11　门洞

图 4-12　窗户

③ 定义块时，门的宽度尺寸建议为"1000"，在调用块的时便于放大和缩小。

📖 知识链接

① 一般住宅分户门 0.9～1m，分室门 0.8～0.9m，厨房门 0.8m 左右，卫生间门 0.7～0.8m，由于考虑现代家具的搬入，现今多取上限尺寸。

② 公共建筑的门宽一般单扇门 1m，双扇门 1.2～1.8m，再宽就要考虑门扇的制作，双扇门或多扇门的门扇宽以 0.6～1.0m 为宜。

任务 4.3　双开门的绘制

1. 任务描述与分析

绘制某某小区别墅建施 07 中Ⓒ轴交③、④轴楼梯间的双扇半开门，如图 4-13 所示，门扇尺寸 24mm × 600mm；绘制双扇半开门，如图 4-14 所示，门扇尺寸 40mm × 1000mm。图 4-13 的绘制先调用任务 4.2 中名为"单扇半开门"的块，再用镜像（MI）命令绘制出另外一扇。利用复制（CO）命令复制图 4-13，再用缩放（SC）命令，缩放比例为 10/6，得到图 4-14。

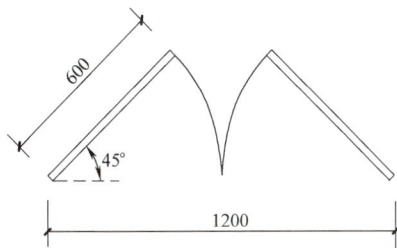

图 4-13　双扇半开门（一）

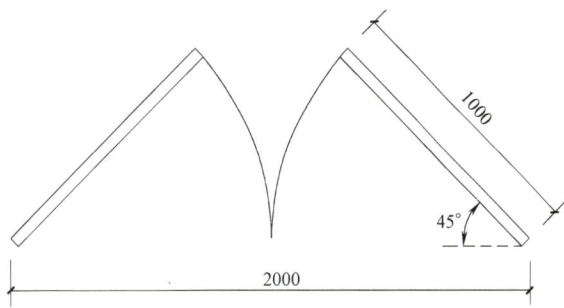

图 4-14　双扇半开门（二）

2. 方法与步骤

（1）调用块

在命令栏输入插入块命令快捷键 I→弹出【插入】对话框（图 4-15）→点击"浏览"→根据写块保存路径找到块名"单扇半开门"的文件，双击"单扇半开门"文件名→弹出

【插入】对话框→勾选"插入点""比例""旋转"下方的小方格→点击【确定】→回到绘图界面→点击绘图区任意位置→输入 X 比例因子，输入"6/10"，如图 4-16 所示→回车→输入 Y 比例因子，回车（使用 X 比例因子)→指定旋转角度，输入"90"→回车。

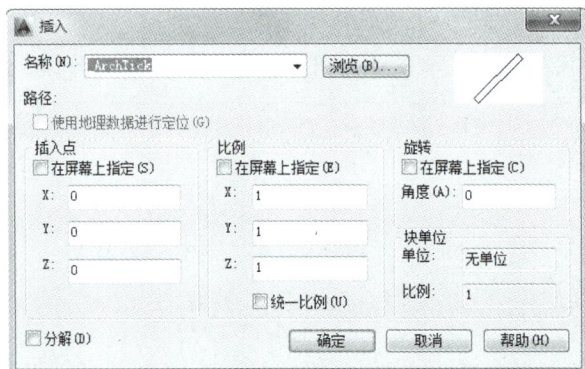

图 4-15　插入块对话框

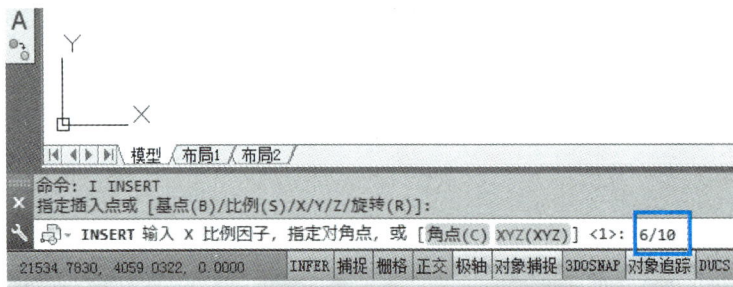

图 4-16　插入块

（2）镜像另一扇门

在命令栏输入镜像命令快捷键 MI→选择对象，交叉选择单扇门→回车→指定镜像线第一点，点击 C 点→指定镜像线第二点，移动鼠标，点击与第一个点垂直方向上任一点（极轴打开或者正交状态），如图 4-17 所示→"要删除原对象吗?"，回车（选择 N），如图 4-18 所示。

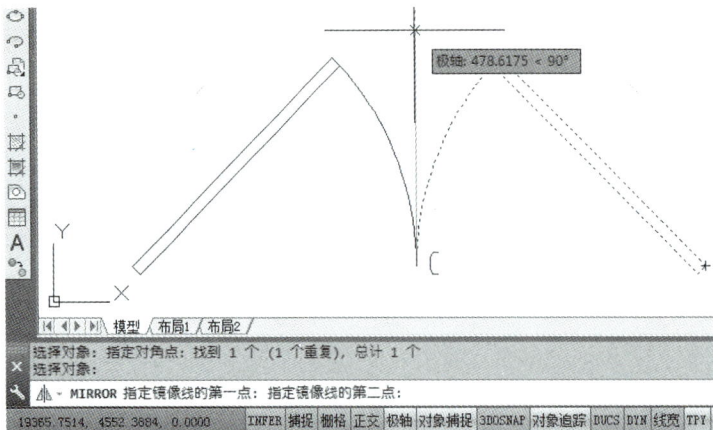

图 4-17　镜像

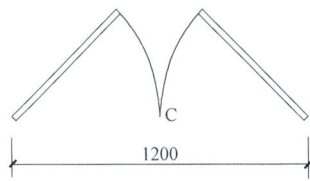

图 4-18　双扇半开门

在命令栏输入复制命令快捷键 CO→选择对象，选择图 4-18→回车→指定一个基点，点击 C 点→指定第二个点，在图 4-18 的右边点击一点→回车（复制一个新图）；在命令栏输入缩放命令快捷键 SC→选择对象，选择刚复制的新图→回车→指定基点，点击 C 点→指定比例因子，输入"10/6"→回车，如图 4-19 所示。

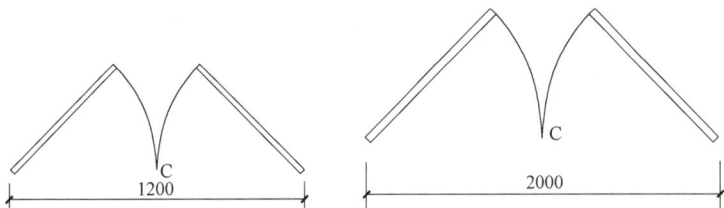

图 4-19　复制缩放图

技巧

① 图形类似，可以进行复制、镜像、拉伸、修改等编辑操作，提高绘图速度。

② 插入块、缩放等命令输入比例时，可以用分数。

③ MI 命令在使用中要注意以下几点：第一，要准确地找到镜像线位置，镜像的效果与镜像线的位置有很大关系，如图 4-20；第二，对初学者在输入镜像线第二个点后，屏幕上镜像的图形消失了，如图 4-21，初学者认为某个操作环节出问题了，又点击其他键或者取消键，该操作过程就真正被取消了，原因就是初学者没有注意看命令提示栏：是否删除原对象 Y/N。

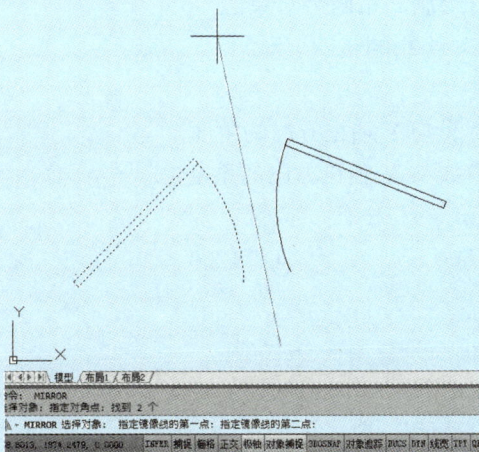

图 4-20　镜像线位置

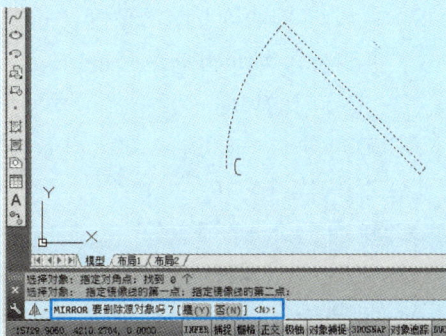

图 4-21　镜像源对象选择

项目总结

　　门是建筑施工图中的一个构件，通过任务门的绘制，主要掌握矩形（REC）命令、多段线（PL）命令、圆弧（A）命令、写块（W）命令、插入块（I）命令等绘图命令，及复制（CO）命令、镜像（MI）命令、缩放（SC）命令等编辑命令的使用和绘图技巧，通过完成任务的形式来学习命令，从而真正掌握上述命令并灵活使用。本项目涉及的规范不多，学生通过学习、练习、分组讨论，相互交流，培养举一反三的能力。本项目的难点是绘制斜线使用相对极坐标时角度的确认，要运用到几何的问题，解决难点的关键是画出辅助线，明白同位角、内错角、平角等知识。

提升演练

1. 单选题

（1）可以绘制圆弧又可以绘制直线的是（　　）命令。

A. L 　　　　　　B. PL 　　　　　　C. ML 　　　　　　D. XL

（2）绘制圆弧需要（　　）个已知条件。

A. 1 　　　　　　B. 2 　　　　　　C. 3 　　　　　　D. 4

（3）在输入坐标的时候，输入中间逗号时输入法处于（　　）状态。

A. 英文 　　　　　B. 中文 　　　　　C. 拉丁文 　　　　D. 日语

（4）默认状态下输入的角度，顺时针为（　　），逆时针为（　　）。

A. －　＋ 　　　　B. －　－ 　　　　C. ＋　＋ 　　　　D. ＋　－

（5）用 L 命令和 PL 命令绘制的矩形下列说法正确的是（　　）。

A. L 绘制的是一个对象　　　　　　B. L 绘制的是四个对象

C. PL 绘制的是一个对象　　　　　　D. PL 绘制的是四个对象

（6）相对极坐标输入的角度是（　　）。

A. 直线与 X 轴负方向的角度　　　　B. 直线与 X 轴正方向的角度

C. 直线与 Y 轴负方向的角度　　　　D. 直线与 Y 轴正方向的角度

（7）单扇门的尺寸一般不要超过（　　）mm。

A. 1000 　　　　　B. 1100 　　　　　C. 1500 　　　　　D. 1200

（8）门的代号为（　　）。

A. D 　　　　　　B. C 　　　　　　C. M 　　　　　　D. F

（9）相对极坐标输入的"@$L<\alpha$"中，L 表示的是（　　）。

A. 直线的长度　　　　　　　　　　B. 直线的宽度

C. 直线的角度　　　　　　　　　　D. 直线的厚度

（10）拉伸命令只能改变（　　）个方向的数据。

A. 2 　　　　　　B. 3 　　　　　　C. 1 　　　　　　D. 4

（11）使用插入块、缩放等命令输入比例时，不可以用（　　）。

A. 分数　　　　　　B. 负数　　　　　　C. 整数　　　　　　D. 小数

（12）门的尺寸应该符合（　　）要求。

A. 设计　　　　　　B. 使用　　　　　　C. 美观　　　　　　D. 模数

（13）下面哪个命令是缩放命令的快捷键？（　　）

A. S　　　　　　　B. F　　　　　　　C. D　　　　　　　D. SC

2. 绘图题

（1）绘图题

绘制某某小区别墅建施 05 中的⑩、①轴交④、⑤轴家政间的单扇全开门，如图 4-22 所示；⑩轴交①、⑪轴中厨的推拉门，如图 4-23 所示。

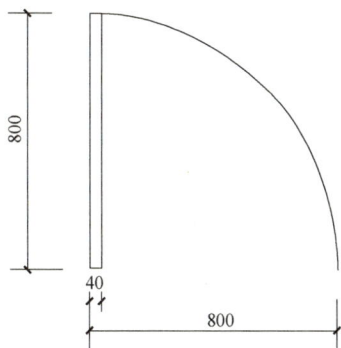

图 4-22　单扇全开门

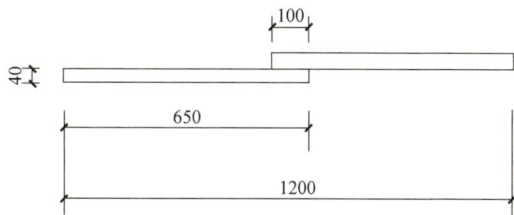

图 4-23　推拉门

（2）绘制某某小区别墅建施 06 中⑧轴交①、②轴间卧室的单扇半开门，如图 4-24 所示；练习绘制斜线，如图 4-25 所示。

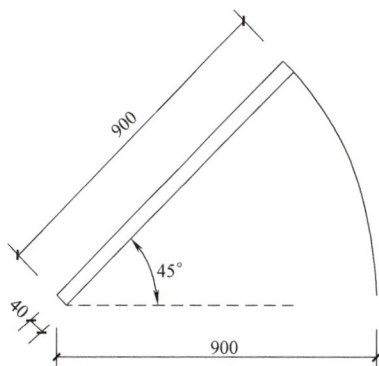

图 4-24　单扇半开门

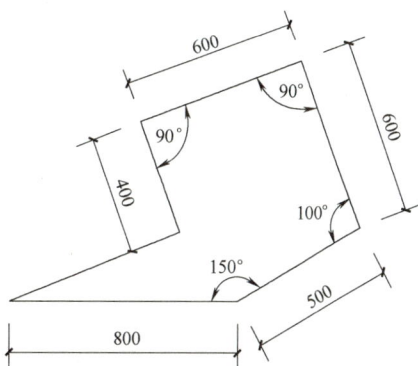

图 4-25　绘制斜线

（3）绘制某某小区别墅建施 05 中⑳轴交⑪、③轴入口处的子母门，如图 4-26 所示；建施 06 中ⓒ、①轴交⑪轴的双扇半开门，如图 4-27 所示。

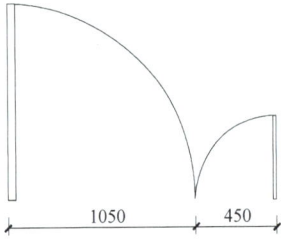

图 4-26　子母门

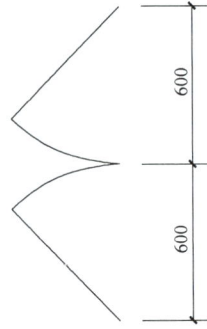

图 4-27　双扇半开门

项目5

Chapter 05

详图的绘制

三维教学目标

目标内容	教学目标
知识与技能	通过建筑详图的绘制,学生能掌握图层、偏移、多段线编辑、图案填充等命令的使用技巧,并能运用这些命令完成其他详图的绘制。
过程与方法	本项目在讲授详图绘制知识时,采用学生分组绘图、组内互评的学习方式。分组时,考虑不同类型的学生组合,每组选出负责人,各组成员在负责人的带领下,团结互助,共同完成看图、审图、绘图。
情感态度与价值观	详图的绘制中有很多细节需要处理,包括形状、尺寸和线型等。学生根据评分标准进行自评和互评,培养学生精益求精的职业精神、细致专注的工作态度。

思维导图

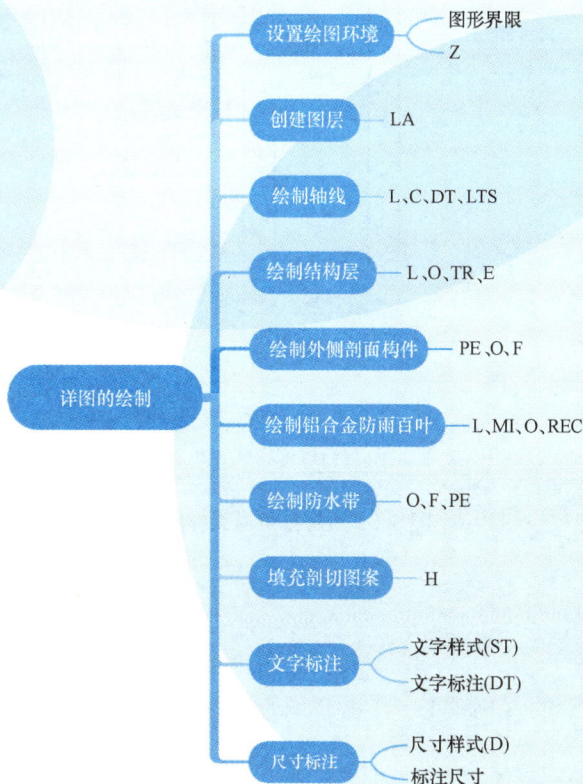

　　建筑详图是表达建筑细部的工程图样，具体的绘制方法因图样的繁简程度而异。本项目将以厨房排气道大样图为例，讲述详图绘制的全过程。通过本项目的学习，读者应该可以独立完成建筑详图的绘制。

任务 5.1　详图的绘制

1. 任务描述与分析

　　绘制某某小区别墅建施 14 中的厨房排气道大样图，如图 5-1 所示。该厨房排气道大样图比例 1∶20，虽然图形较小，但是绘图步骤较多，需建立图层、绘制轴线、绘制墙体、文字标注、尺寸标注等。轴线、墙体用直线（L）命令完成，其他的图形还会用到复制（CO）命令、偏移（O）命令、修剪（TR）命令、延伸（EX）命令、删除（E）命令、倒角（CHA）命令、分解（X）命令、矩形阵列（AR）命令、图案填充（H）命令等。

5-1
详图的
绘制

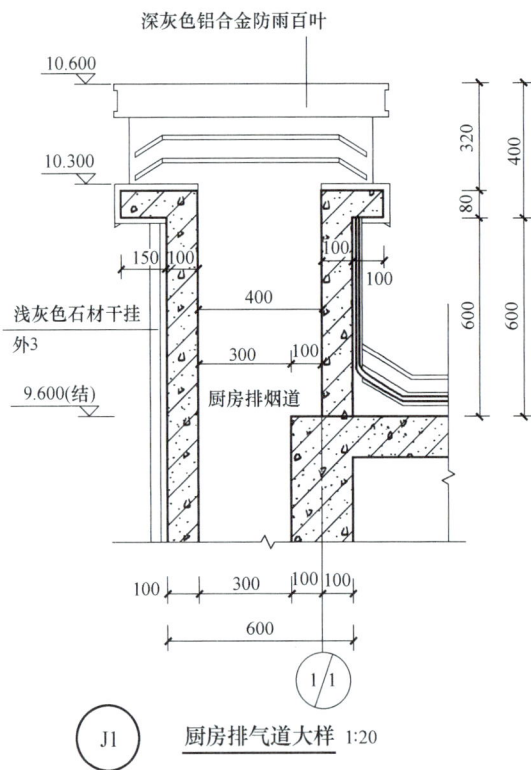

图 5-1　厨房排气道大样图

2. 方法与步骤

（1）设置绘图环境

1）设置绘图区域

点击下拉菜单栏中的【格式】→点击"图形界限"→指定左下角点或〔开（ON）/关

（OFF）〕〈0.0000，0.0000〉：回车 → 指定右上角点〈420.0000，297.0000〉：输入"42000，29700"→回车。

2）显示全部作图区域

在命令栏输入视图缩放快捷键 Z→指定窗口的角点，输入比例因子（nX 或 nXP），或者〔全部（A）/中心（C）/动态（D）/范围（E）/上一个（P）/比例（S）/窗口（W）/对象（O）〕〈实时〉：输入"A"→回车。

技巧

本例中采用 1∶1 的比例作图，而按 1∶20 的比例出图，所以设置的绘图范围宽42000、长 29700。

（2）创建图层

在命令栏输入图层特性管理器快捷键 LA→弹出【图层特性管理器】对话框→在【图层特性管理器】对话框中，点击 ✎（新建图层）（图 5-2）→点击图层 1，修改为"轴线"→点击图层对应的颜色→弹出【选择颜色】对话框→点击"红色"图标→点击【确定】→点击图层对应的线型→弹出【选择线型】对话框→点击【加载】→弹出【加载或重载线型】对话框→点击 ACAD-ISO04W100 线型→点击【确定】→点击 ACAD-ISO04W100 线型→点击【确定】。

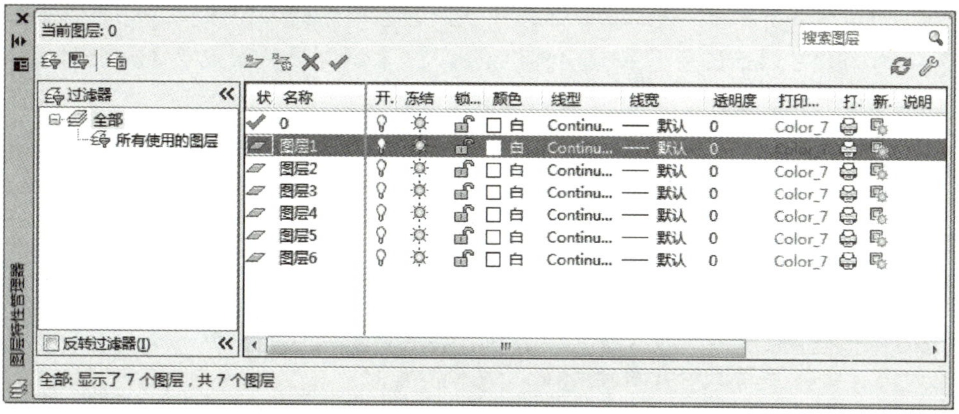

图 5-2　图层特性管理器

按照表 5-1 的线宽和图名，同理创建"墙体""干挂石材""剖面构件""轴线""标注""文字""图案填充"等图层，根据制图规范修改各图层特性，如图 5-3 所示。

构造详图图线宽度和图层选用　　　　　　　　　　　　　　　　表 5-1

构件	名称	线宽	图层
钢筋混凝土柱、墙、梁、板的剖切轮廓线	粗线	b	01
保温层、防水层、找坡层等屋面构造层分界线	中粗线	$0.7b$	02
粉刷线	中线	$0.5b$	03
材料图案填充图例、投影看线	细线	$0.25b$	04
尺寸标注、标高符号	细线	$0.25b$	05
文字注写	中线	$0.5b$	06

图 5-3　建立图层

绘图时注意养成随时切换图层的习惯，不同的图元对象分别绘制在相应的图层上，使后续的修改变得更加快捷。

技巧

① 创建图层，新建一个图层后，直接回车，再回车（重复建图层），建完图层后，再修改每个图层特性，以 0 图层为基础修改比较方便。

② 图层名必须是独一无二的，不能有重名，否则系统不予承认。图层名最长可达 31 个字符，可以是数字、字母、"—"和"."，但是不允许出现空格和逗号。

③ 不能用键盘上的〈Delete〉键来删除图层。

④ 不能删除 0 层、当前层、含有实体的图层和外部应用依赖层。

知识链接

① 在工程手工绘图中，许许多多的图形是叠放在同一个平面上，如建筑物的施工平面图、电路布线图和管道布线等，如果把这些图绘制在一张图纸上，显然是错综复杂、很难分辨各种图形。而在 AutoCAD 中，采用了图层的方法很好地解决了这一问题。即：把它们分层控制，通过层的关闭和打开分别显示，这既方便提供绘图定位，又可以了解图形之间的相对位置，如图 5-4 所示。

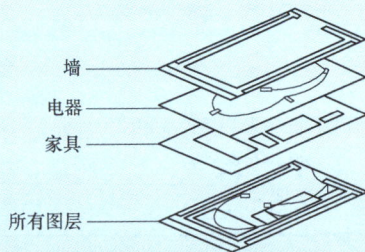

图 5-4　图层功能示意图

② 图层可以理解为没有厚度的透明图纸，即可以在不同的透明图纸上分别绘制不同的实体，最后再将这些透明的图纸叠加起来，从而得到最终复杂图形。在绘制复杂图形时，通常把不同的内容分开布置在不同的图层上，而完整的图形则是各图层的叠加。

0 层：每个图层都有一个图层名。0 层由 AutoCAD 软件定义，系统启动后自动进入 0 层。无法删除该层，也无法修改该层的层名，但是可以重新设置该层的其他属性。0 层默认颜色为白色，默认线型为实线。

当前层：正在使用的图层称为当前层，只能在当前层上绘图，当前层的层名和属性状态都显示在属性工具栏上。

删除图层：在 AutoCAD 中对一些不用的图层应及时删除，减少空间的占用。

③ 图层状态控制

在 AutoCAD 中图层状态由状态开关来控制，状态开关有：

打开/关闭：图层关闭后，该层上的实体既不能在屏幕上显示，也不能由打印机输出。层上的实体可以被重生成。

解冻/冻结：图层被冻结后，该层上的实体既不能在屏幕上显示，也不能由打印机输出。层上的实体不能被重生成。

解锁/加锁：图层被锁住后，只能看见该层上的实体，而不能对这些实体进行编辑和修改。但该层上的实体可以显示和打印。

图层状态可以相互切换。在【图层特性管理器】对话框中，选择图层，再点击相应的图像按钮，点击"应用"后，再点击【确定】即可。

（3）绘制轴线

1）设置当前层

将轴线图层置于当前图层。

2）绘制⑴轴线

在命令栏输入直线命令快捷键 L→绘制⑴附加轴线。在命令栏输入圆命令快捷键 C→确定圆心，光标靠近⑴轴下端出现端点时慢慢向下移动出现虚线，输入"80"（利用追踪确定圆心位置，距离⑴轴线下端 80mm）→指定圆的半径，输入"80"→回车，在命令栏输入单行文字命令快捷键 DT→输入"J"（对正）→回车→输入"MC"（正中）→回车→点击圆中心点→指定高度，输入"80"→指定文字的旋转角度，回车（默认旋转角度为0）→输入"⑴"（轴线号）→回车，如图 5-5 所示。

3）设置线型比例

在命令行输入线型比例命令快捷键 LTS→回车→输入新线型比例因子，输入"20"→回车。

图 5-5　⑴轴线

技巧

① 出图比例为 1：20，所以轴线号直径选 8mm、文字字高为 4mm，出图放大 20倍，即为圆的半径为 80mm，字高为 80mm。

② 使用复制命令时，基点的选择一定要选择复制位置确定的点。

③ 在扩大了图形界限的情况下，为使点画线能正常显示，须将全局比例因子按比例放大。

📖 **知识链接**

《房屋建筑制图统一标准》GB/T 50001—2017 中对定位轴线做出了以下规定：

① 定位轴线应用 0.25b 线宽的单点长画线绘制。

② 定位轴线应编号，编号应注写在轴线端部的圆内。圆应用 0.25b 线宽的实线绘制，直径宜为 8～10mm。定位轴线圆的圆心应在定位轴线的延长线上或延长线的折线上。

③ 英文字母作为轴线号时，应全部采用大写字母，不应用同一个字母的大小写来区分轴线号。英文字母的 I、O、Z 不得用作轴线编号。当字母数量不够使用时，增用双字母或单字母加数字注脚。

④ 附加定位轴线的编号应以分数形式表示，并应符合下列规定：

两根轴线的附加轴线，应以分母表示前一轴线的编号，分子表示附加轴线的编号，编号宜用阿拉伯数字顺序编写。①轴或Ⓐ轴之前的附加轴线的分母应以 01 或 OA 表示。

（4）绘制结构层

1）绘制墙体

将墙体图层置为当前图层，按先结构后构造的顺序绘制，不同的构造层可按施工先后次序绘制。

在命令栏输入直线快捷键 L→指定第一点，从轴线位置的上端为指定起始点 A 点→指定下一点，追踪 A 点向上，输入"680"，确定直线 B 点→指定下一点，追踪 B 点向右，输入"200"，确定直线 C 点→指定下一点，追踪 C 点向下，输入"80"，确定直线 D 点→指定下一点，追踪 D 点向左，输入"100"，确定直线 E 点→指定下一点，追踪 E 点向下，输入"600"，确定直线 F 点→回车，如图 5-6 所示。

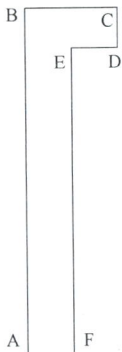

图 5-6 墙体起始点绘制

2）重复绘制墙体

在命令栏输入直线命令快捷键 L→捕捉"A"点位置，慢慢向左移动出现虚线，输入"100"（利用追踪确定下墙体起始位置 G）→分别向下垂直输入适当距离和向右输入适当距离得到直线 GH 和 GI，如图 5-7 所示。

3）绘制下板线

在命令栏输入偏移命令快捷键 O→指定偏移距离，输入"120"（板厚 120mm）→选择要偏移的对象，点击 GI 直线→指定要偏移的那一侧上的点，在 GI 下方任一点点击→回车（生成下板线）。

4）修改

利用修剪（TR）和删除（E）等命令对墙体和板结合部位进行修改，修改后如图 5-8 所示。

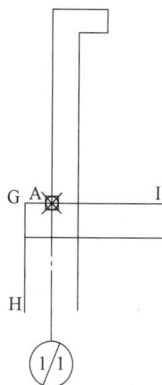

图 5-7　结构层墙、板绘制

图 5-8　墙、板绘制编辑后

5）重复绘制烟道左侧墙线

在命令栏输入直线命令快捷键 L→指定第一点，追踪 B 点慢慢向左移动出现虚线，输入"400"→指定下一点，向左追踪输入"250"，确定 K 点→指定下一点，向下追踪输入"80"，确定 M 点→指定下一点，向右追踪输入"150"，确定 N 点→指定下一点，向下追踪到右侧水平 H 位置交点点击左键→回车，如图 5-9 所示。

6）重复调用直线，整理图形，如图 5-9 所示。

（5）绘制厨房排烟道外侧剖面构件

1）编辑多段线

在命令栏输入编辑多段线命令快捷键 PE→选择多段线或［多条（M）］，选择直线 BC（图 5-9）→选定的对象不是多段线是否将其转换为多段线？〈Y〉，直接回车→输入选项：［闭合（C）/合并（J）/宽度（W）/编辑顶点（E）/拟合（F）/样条曲线（S）/非曲线化（D）/线型生成（L）/放弃（U）］，输入"J"→回车→选择对象，选择直线 CD、直线 DE（图 5-9）→回车。

2）绘制面层线和滴水线

利用偏移命令（O）将合并后的多段线向外层

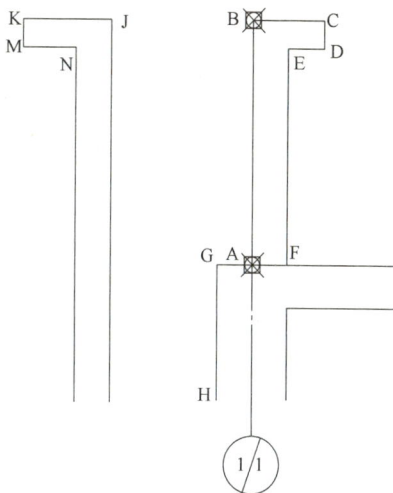

图 5-9　厨房排烟道轮廓图形

偏移"20"，结果如图 5-10 所示。在命令栏输入直线快捷键 L→指定第一点，点击 D 点→指定下一点，输入"12"→回车。重复执行直线命令 L→指定第一点，追踪 D 点慢慢向左移动出现虚线，输入"23"。连接以上两点的滴水线，结果如图 5-10 所示。

3）绘制左侧面层线和滴水线

重复编辑多段线命令（PE），将烟道左侧 JK、KM、MN 三段线合并成一条多段线，并执行偏移命令（O），将合并后的多段线向外层偏移"20"，并绘制左侧滴水线。

4）绘制其他面层线

利用偏移命令（O），选择直线 EF 向外侧偏移"30"得到直线 5。

5）绘制防水层

将"剖面构件"图层置于当前图层，选中步骤 3）、4）偏移后的多段线放入"剖面构件"图层。利用偏移命令（O），选中直线 AF，依次向上偏移"30""40""40""10"，得到直线 1～4，同理形成的直线放入"剖面构件"图层。在命令栏输入倒角命令快捷键 CHA→选择第一条直线或［多段线(P)/距离(D)/角度(A)/方式(E)/修剪(T)/多个(M)/放弃(U)］：输入"A"→回车→指定第一条线的长度〈130.0000〉：输入"130"→回车→指定第一条线的相对角度〈30〉：输入"30"→回车。先选中直线 1，再选中直线 5，得出直线 1 和 5 的倒角，同理得出直线 2 和 5、直线 3 和 5、直线 4 和 5 的倒角线，如图 5-10 所示。

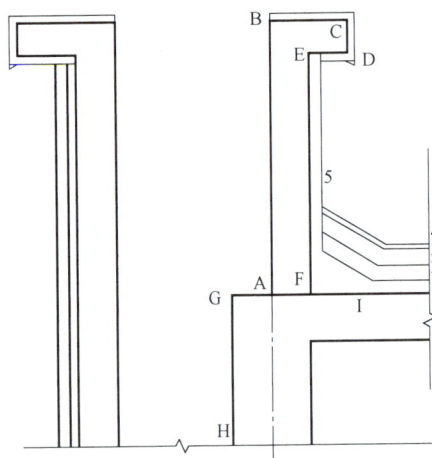

图 5-10　剖面构件轮廓图形

6）绘制外墙干挂石材

根据建筑构造做法表（工程做法说明），外墙用 20mm 厚聚合物水泥防水砂浆找平，并用 5mm 厚抗裂砂浆和 25mm 厚的干挂石材。将"干挂石材"层设置为当前层。利用偏移命令（O），依次偏移"20""30"。选中偏移后的直线放入"干挂石材"图层。

（6）绘制铝合金防雨百叶

1）在命令栏输入直线快捷键 L→指定第一点，从 P 点向左追踪输入"50"，确定 Q 点→指定下一点，向上追踪输入"200"，确定 R 点→指定下一点，向右追踪输入"50"，确定 S 点→指定下一点，向上追踪输入"20"，确定 T 点→指定下一点，向左追踪输入"10"，确定 U 点→指定下一点，向上追踪输入"60"，确定 V 点→指定下一点，向右追踪输入"10"→向上追踪输入"20"→回车，如图 5-11 所示。

2）利用镜像命令（MI），选中右侧造型，镜像至左侧。

3）利用编辑多段线命令（PE），把铝合金防雨百叶外框线连接为一个多段线。

4）利用偏移（O），选中铝合金防雨百叶外框线向内偏移"3"，得到两条线。

5）在命令栏输入多段线命令快捷键 PL→指定第一点，shift+鼠标右键，选择"自"→点击 Q 点→输入"@−50，27.5"→指定下一点，输入"@260<150"→指定下一点。向上追踪输入"37.5"→指定下一点，输入"@260<330"→输入"C"→回车。在命令栏输入偏移命令快捷键 O→输入"7.5"→选择刚绘制的图形→在图形内部点击一点→在命令栏输入矩形命令快捷键 REC→指定刚绘制图形的左下角点→输入"@−1245，37.5"→回车→利用镜像（MI），把右边的图形镜像到左边→利用复制（CO），将刚绘制图形向上"175"复制一个，如图 5-11 所示。

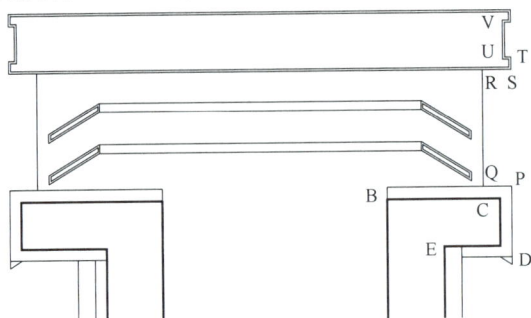

图 5-11　防雨铝合金百叶的绘制

（7）绘制防水带

1）执行偏移命令（O），将直线 5 向内偏移"20"，得到直线 6，重复执行偏移命令，将直线 1 向上偏移"13"，依次得到直线 7 和直线 8。

2）在命令栏输入圆角命令快捷键 F→选取第一个对象或［多段线(P)/半径(R)/修剪(T)/多个(M)/放弃(U)］：输入"T"→回车→修剪模式：［修剪（T)/不修剪(N)]〈修剪〉：→回车→选取第一个对象或［多段线(P)/半径(R)/修剪(T)/多个(M)/放弃(U)］：输入"R"→回车→圆角半径〈0.0000〉：输入"50"→回车→选择直线 6 和直线 7（墙角防水层圆角处理）。

3）在命令栏输入圆角命令快捷键 F→选取第一个对象或［多段线(P)/半径(R)/修剪(T)/多个(M)/放弃(U)］：输入"R"→回车→圆角半径〈0.0000〉：回车（圆角半径为 0 能同时执行修剪和延伸命令)→连接直线 7 和直线 8。

4）在命令栏输入编辑多段线命令快捷键 PE→选择多段线或［多条(M)]→选择直线 6→选定的对象不是多段线是否将其转换为多段线？〈Y〉，回车→输入选项：［闭合(C)/合并(J)/宽度(W)/编辑顶点(E)/拟合(F)/样条曲线(S)/非曲线化(D)/线型生成(L)/放弃(U)]，输入"J"→回车→选择对象，选择直线 6、曲线 7 和直线 8→回车。这样直线 6、曲线 7 和直线 8 就合并成一条线段，如图 5-12 所示。

5）选中上述合并的多段线放入"剖面构件"图层。选中上述合并的多段线，点击工具栏中【线型控制】→【添加线型】，如图 5-13 所示，弹出线型管理器对话框如图 5-14 所示，点击【加载】按钮，弹出添加线型对话框，添加 DASH 线型。选中已经编辑好的多段线，再次点击线型控制下拉列表框，点击已经加载的 DASH 线型即可。此时该多段线变为虚线线型，但比例和线宽不合适，点击工具栏中的【特性】工具按钮或者用 Ctrl+1 快捷键打开属性窗口，在属性窗口中修改线型比例为"50"，全局宽度为"5"，起止线段为"5"，终止线段为"5"，完成一条防水带。利用偏移（O）命令，将完成的防水线向外层偏移"10"，结果如图 5-15 所示。

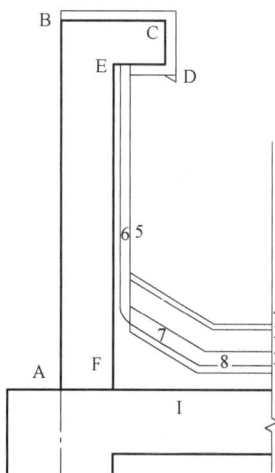

图 5-12　防水层的绘制

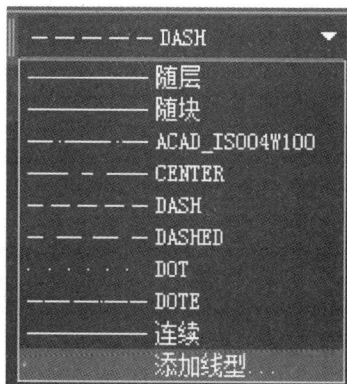

图 5-13　线型控制

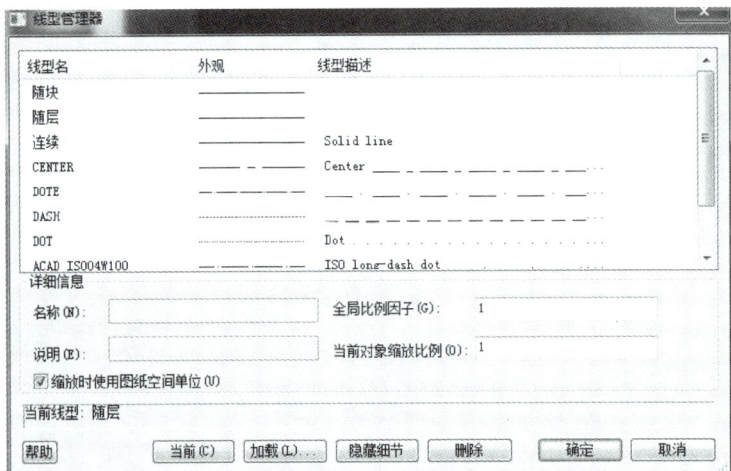

图 5-14　线型管理器

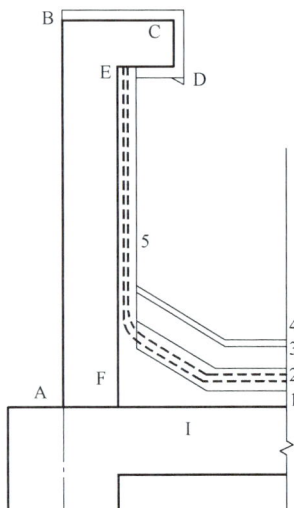

图 5-15　防水带绘制

（8）图案填充剖切图案

将"图案填充"图层置为当前图层，需要在同一区域内图案填充两种图案。

1）图案填充第一层图案

利用直线命令（L）绘制如图 5-16 所示的图形右侧和下侧的折断线。将"图案填充"层置为当前层，单击【图案填充】按钮，弹出对话框如图 5-17 所示对话框，选择图案填充图案"AR-CONC"，设置【比例】为"1"，选择如图 5-16 所示的区域将其图案填充。

2）图案填充第二层图案

在命令栏输入图案填充命令快捷键 H→弹出【图案填充和渐变色】对话框，选择图案填充图案"ANSI31"，设置"比例"为"20"→单击"添加：拾取点"→选择如图 5-16 所示的区域（在图案填充的内部点击）→回车→点击【确定】，如图 5-16 所示。

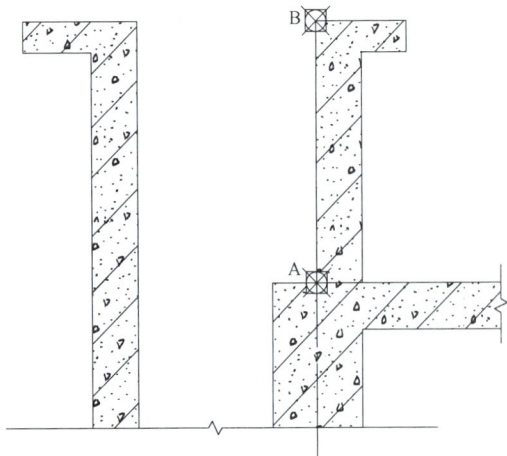

图 5-16　折断线的绘制

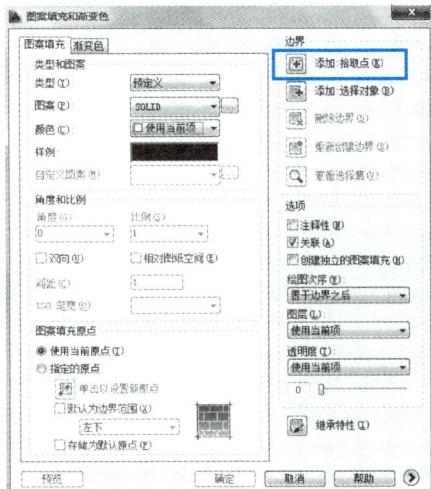

图 5-17　图案填充与渐变色

技巧

① 使用图案填充命令时，第一次需选择边界，第二次直接回车选择。图案填充区域需闭合。

② 使用复制命令时，基点的选择要根据第二点的位置来确定。

知识链接

《房屋建筑制图统一标准》GB/T 50001—2017 中对常用建筑材料图例画法做出了规定：两个相邻的填黑或灰的图例间应留有空隙，其净宽度不得小于 0.5mm。

（9）文字标注

1）设置文字标注样式

建立数字样式：在命令栏输入文字样式命令快捷键 ST→弹出【文字样式】对话框（图 5-18）→点击新建→弹出【新建文字样式】对话框→输入样式名"数字"→点击【确定】→回到【文字样式】对话框→在 SHX 字体（X）下拉菜单中选择 gbenor.shx，并使用大字体打钩→在大字体（B）下拉菜单中选择 bigfont.shx→在宽度因子（W）对应框中输入 0.7，如图 5-19 所示→点击【应用】。

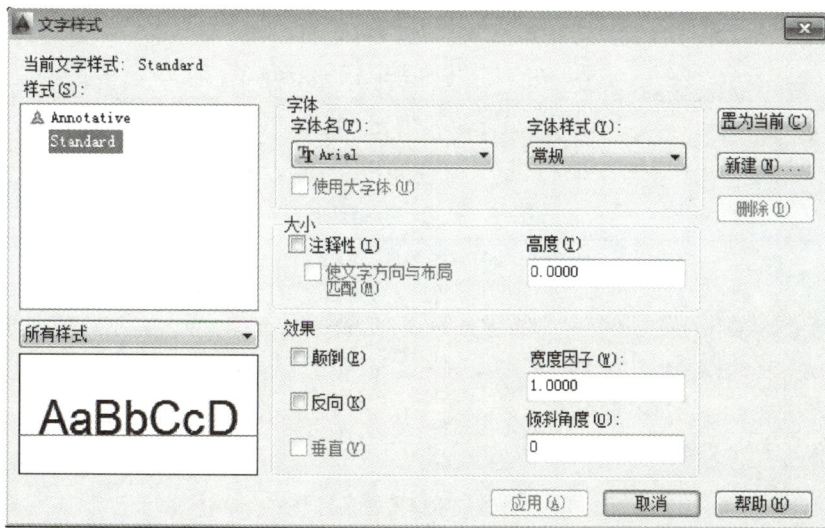

图 5-18　文字样式

建立汉字样式：在命令栏输入文字样式命令快捷键 ST→弹出【文字样式】对话框→点击新建→弹出【新建文字样式】对话框→输入样式名"汉字"→点击确定→回到【文字样式】对话框→在字体名下拉菜单中选择"仿宋 GB2132"→在字体样式（Y）中默认常规→在宽度因子（W）对应框中输入"0.7"→点击【应用】。

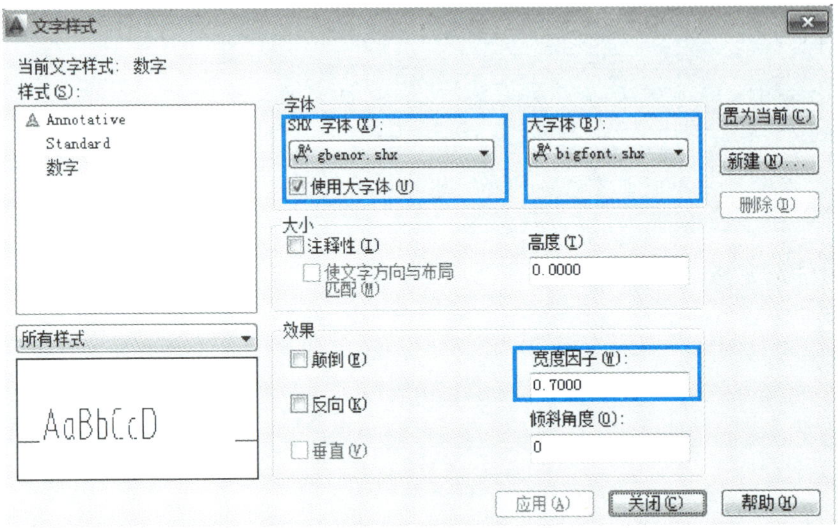

图 5-19　文字样式数字

知识链接

《房屋建筑制图统一标准》GB/T 50001—2017 中对字体做出了以下规定：

① 文字的字高，应从表 5.0.2 中选用。字高大于 10mm 的文字宜采用 True type 字体，如需书写更大的字，其高度应按 $\sqrt{2}$ 的倍数递增。

表 5.0.2　文字的字高（单位：mm）

字体种类	汉字矢量字体	True type 字体及非汉字矢量字体
字高	3.5、5、7、10、14、20	3、4、6、8、10、14、20

② 图样及说明中的汉字，宜优先采用 True type 字体中的宋体字型，采用矢量字体时应为长仿宋体字型。同一图纸字体种类不应超过两种。矢量字体的宽高比宜为 0.7，且应符合图表 5.0.3 的规定，打印线宽宜为 0.25～0.35mm；True type 字体宽高比宜为 1。大标题、图册封面、地形图等汉字，也可书写成其他字体，但应易于辨认，其宽高比宜为 1。

表 5.0.3　长仿宋字高宽关系（单位：mm）

字高	3.5	5	7	10	14	20
字宽	2.5	3.5	5	7	10	14

③ 字母及数字的字高不应小于 2.5mm。

2）文字标注

① 将文字图层置为当前层。

②在命令栏输入单行文字命令快捷键 DT→输入"S"（前文已定义了两种样式）→输入样式名"汉字"→指定文字的起点→在"浅灰色石材干挂"的文字起点处单击→指定文字高度，输入"70"→指定文字的旋转角度，回车（默认旋转 0°）→输入"浅灰色石材干挂"→回车（确认文字）→回车（结束命令）。同理完成"深灰色铝合金防雨百叶""厨房排烟道"文字的标注。

③同第②步，标注标高，文字样式名为"数字"，文字高度为"60"。

④同第②步，标注图名"厨房排气道大样"，文字样式名为"汉字"，文字高度为"120"。

⑤在命令栏输入多段线命令快捷键 PL→在图名左下角点击（确定多段线起点）→W（宽度）→指定起点宽度，输入"10"→指定端点宽度，输入"10"→指定下一个点，在图名右下角点击（确定多段线端点）→在命令栏输入偏移命令快捷键 O→将刚绘制的多段线向下偏移"20"→单击【分解】按钮→点击新偏移的线段。

知识链接

《房屋建筑制图统一标准》GB/T 50001—2017 中对图名后面的比例等做出了以下规定：

①比例的符号应为"："，比例应以阿拉伯数字表示。

②比例宜注写在图名的右侧，字的基准线应取平；比例的字高宜比图名的字高小一号或二号。

（10）尺寸标注

1）设置尺寸标注样式

在命令栏输入标注样式命令快捷键 D→弹出【标注样式管理器】对话框（图 5-20）→点击【新建】→弹出【创建新标注样式】对话框→在新样式名（N）中输入"20"（用绘图比例命名）→点击【继续】→弹出【新建标注样式】对话框，如图 5-21 所示。

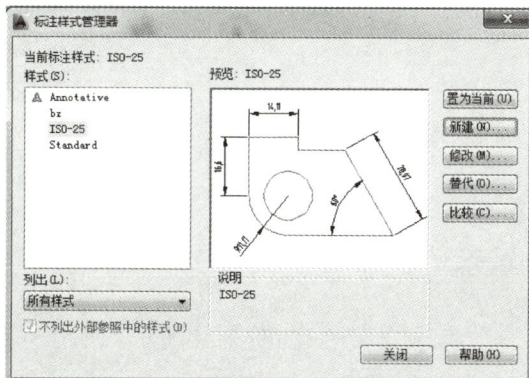

图 5-20　标注样式管理器

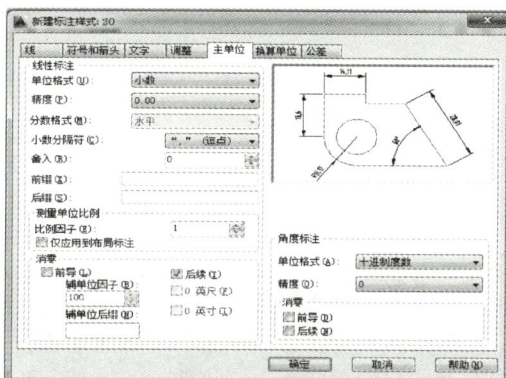

图 5-21　新建标注样式

根据建筑制图标准，选择"线"，修改各选项参数，如图 5-22 所示。

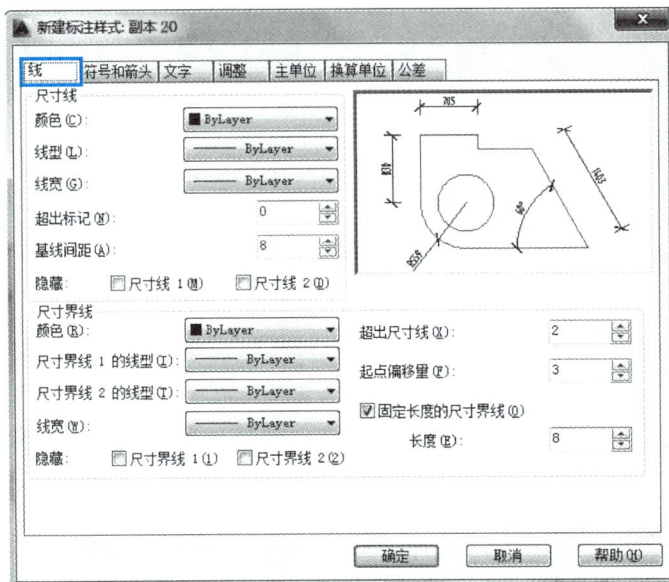

图 5-22　新标注样式一线

🔖 **知识链接**

《房屋建筑制图统一标准》GB/T 50001—2017 中对尺寸标注的尺寸界线和尺寸线等做出了以下规定：

① 平行排列的尺寸线的间距宜为 7~10mm，并应保持一致。

② 尺寸界线应用细实线绘制，应与被注长度垂直，其一端应离开图样轮廓线不小于 2mm，另一端宜超出尺寸线 2~3mm，如图 5-23 所示。

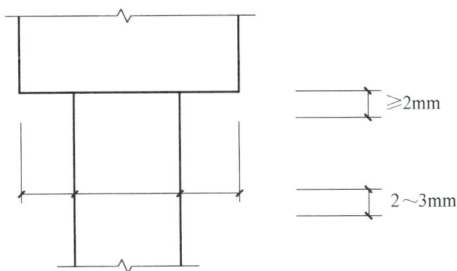

图 5-23　尺寸界线规范

根据建筑制图标准，选择"符号和箭头"，修改各选项参数，如图 5-24 所示。

根据建筑制图标准，选择"文字"，修改各选项参数，如图 5-25 所示。

根据建筑制图标准，选择"调整"，修改各选项参数，如图 5-26 所示。

根据建筑制图标准，选择"主单位"，修改各选项参数，如图 5-27 所示，点击【确定】。

图 5-24 "符号和箭头"的选择

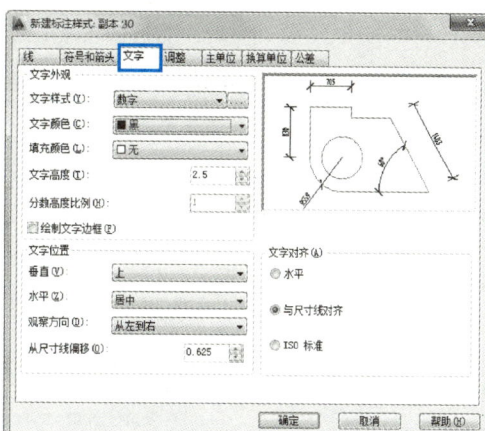

图 5-25 "文字"的选择

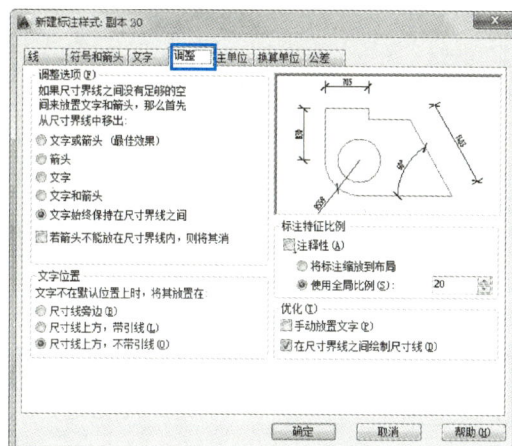

图 5-26 "调整"的选择

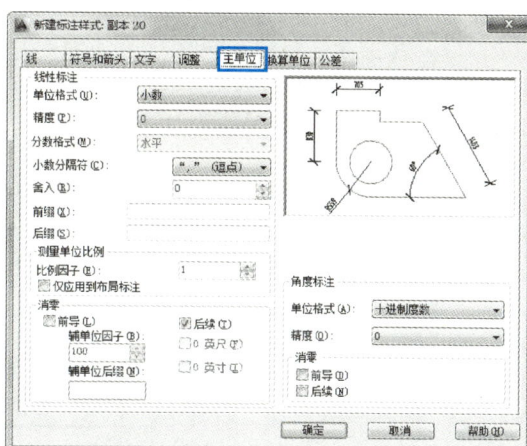

图 5-27 "主单位"的选择

2）创建角度、半径和直径标注子样式

① 创建角度标注样式

在命令栏输入标注样式管理器命令快捷键 D→弹出【标注样式管理器】对话框→单击【新建】→弹出【创建新标注样式】对话框→打开"用于"下拉列表，选择其中的"角度标注"，如图 5-28 所示。

在"符号和箭头"选项中将箭头改为"实心闭合"，在"文字"选项中将"文字方向"中"与尺寸线对齐"方式设置为"水平"，然后依次单击【确定】、【关闭】，退出标注样式管理器对话框。

② 创建半径、直径标注样式

参照创建角度标注样式的方法，创建半径、直径标注样式。

3）标注尺寸

① 在绘图界面鼠标右键单击任意工具条→弹出工具条菜单→在"标注"前单击鼠标→"标注"工具条就浮现在绘图界面→将光标指向"标注"工具条的两端头任意一处，按住鼠标左键拖放到适当的位置松开。

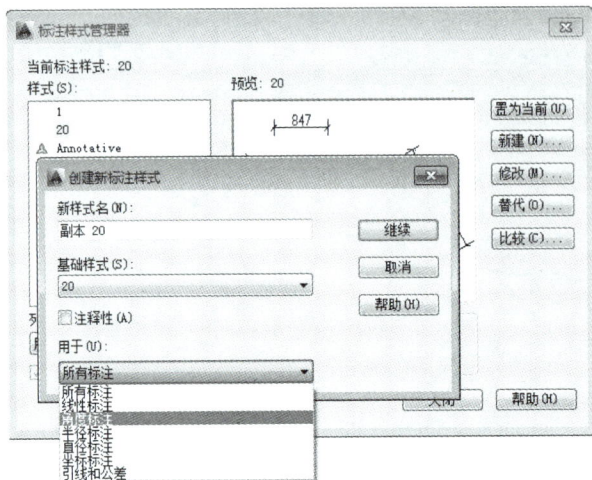

图 5-28　角度标注

② 在"标注"工具条中，设置"20"为当前样式。

③ 利用线性标注、连续标注、半径标注和角度标注按钮，完成图形尺寸标注。

（11）调整比例

因详图比例为 1∶20，绘制的图形是按 1∶1 绘制，标注的文字已按规范缩小了 0.2 倍，现将绘制内容放大 5 倍。

在命令栏输入缩放命令快捷键 SC→选择对象，选择绘制的全部图形及标注→指定基点，在图形处任一点单击→指定比例因子，输入"5"→回车，如图 5-29 所示。

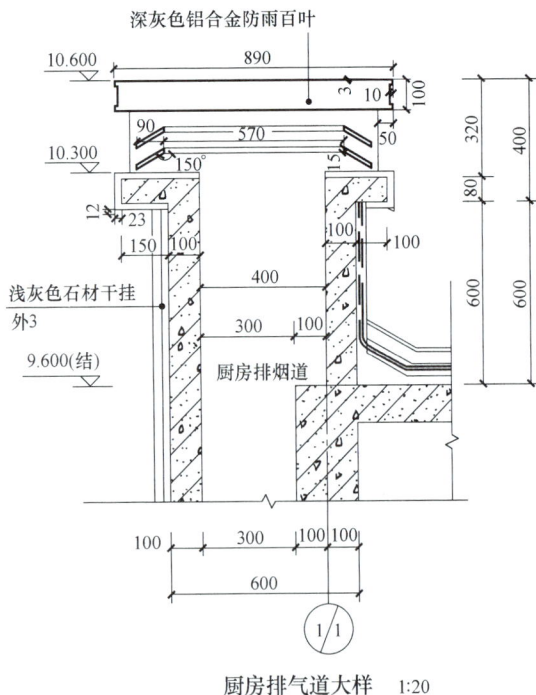

图 5-29　完整的尺寸标注

技巧

三道尺寸标注时，先标注一个线性标注（第一道），再标注两个基线标注（第二道、第三道），最后标注连续标注，这样的标注能保证尺寸线之间的距离一致。

项目总结

通过学习建筑详图基础知识，掌握了绘制详图的基本流程和步骤。通过任务训练，学习了绘图环境的设置，掌握了绘图步骤，了解了CAD绘制图形时有时不需全部绘出图形，对称的图形只要绘制一半，另外一半可通过镜像命令实现；两者图形相似时，可复制一个，在复制的图形上修改，省时省力。

本项目中，学生第一次接触综合性图形绘制，绘图步骤较多、运用知识较综合，又要结合建筑规范绘制，难免有些手足无措，要在后续的单元中加强练习，熟练掌握绘图技巧，相信操作起来会更加得心应手。本项目主要培养学生养成规范画图的习惯、耐心细致的工作态度和正确的绘图顺序。

提升演练

1. 单选题

（1）一条多段线（　　）。

A. 可以有宽度　　　　　　B. 可以被分解

C. 是一个对象　　　　　　D. 以上均可以

（2）将非多段线命令绘制的直线转化为多段线，使用的命令是（　　）。

A. 多段线　　　　　　　　B. 多段线编辑

C. 多线　　　　　　　　　D. 多线编辑

（3）哪个命令可以设置AutoCAD图形的边界？（　　）

A. GRID　　　　　　　　　B. SNAP

C. LIMITS　　　　　　　　D. OPTIONS

（4）下面哪个对象不可以分解？（　　）

A. 文字　　　　　　　　　B. 块

C. 图案　　　　　　　　　D. 尺寸

（5）哪一项不属于"图案填充"命令中的参数？（　　）

A. 比例　　　　　　　　　B. 旋转

C. 关联　　　　　　　　　D. 角度

2. 绘图题

（1）绘制某某小区别墅建施14中的J2详图，出图比例1∶20，如图5-30所示。

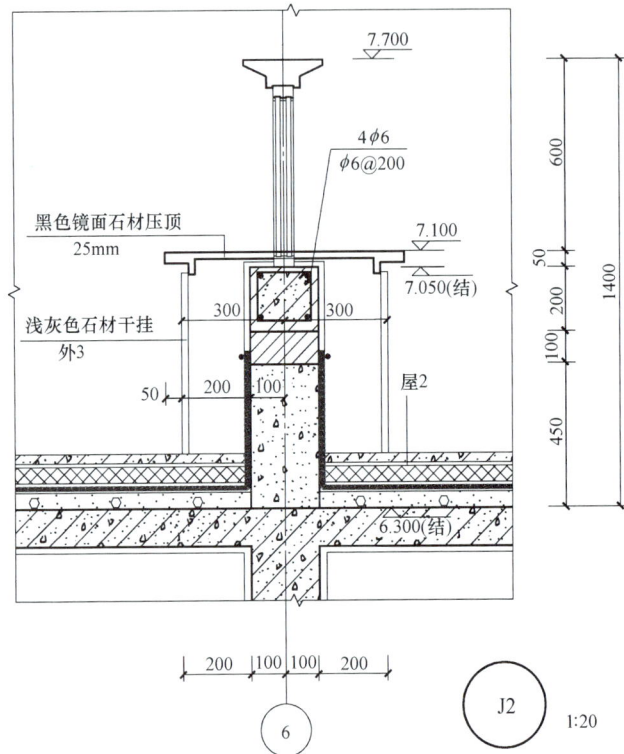

图 5-30　室外围护节点详图

（2）绘制图 5-31 室外台阶节点详图，出图比例 1：20。

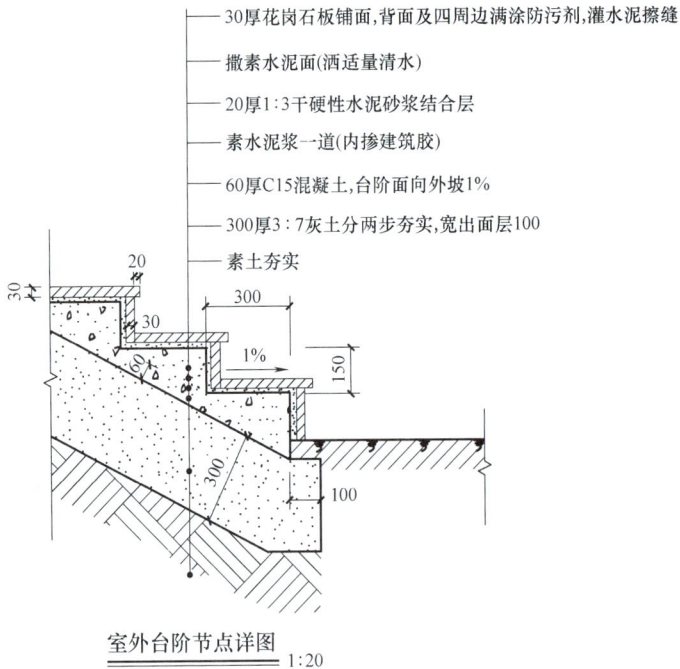

30厚花岗石板铺面,背面及四周边满涂防污剂,灌水泥擦缝

撒素水泥面(洒适量清水)

20厚1:3干硬性水泥砂浆结合层

素水泥浆一道(内掺建筑胶)

60厚C15混凝土,台阶面向外坡1%

300厚3:7灰土分两步夯实,宽出面层100

素土夯实

室外台阶节点详图　1:20

图 5-31　室外台阶节点详图

項目**6**

Chapter 06

楼梯大样图的绘制

三维教学目标

目标内容	教学目标
知识与技能	通过楼梯大样图的绘制,学生能掌握直线、偏移、多线、圆、矩形、图案填充等命令的使用技巧,并掌握非1:100比例详图的文字和尺寸标注的处理方法,能运用这些命令和方法完成其他楼梯大样图的绘制。
过程与方法	先在小组内学习楼梯大样图不同楼层的含义,再分析可以用哪些命令来完成绘制,讨论用哪些方法更快捷,最后根据老师的指点,参照绘图步骤自主完成学习任务。在自主学习的过程中,培养学生分析问题、解决问题的能力。
情感态度与价值观	本项目在进行楼梯大样绘制练习时,引入住宅、幼儿园、商场和养老院不同类型楼梯,让学生根据所给楼梯参数(踏步高、踏步宽、扶手高度等)进行讨论,如"为什么不同建筑的楼梯参数需要设置不同的参数?"。引导学生发现楼梯建筑规范中体现出的"以人为本"的设计原则和尊老爱幼的传统美德,让学生能时刻牢记建筑人的使命。

思维导图

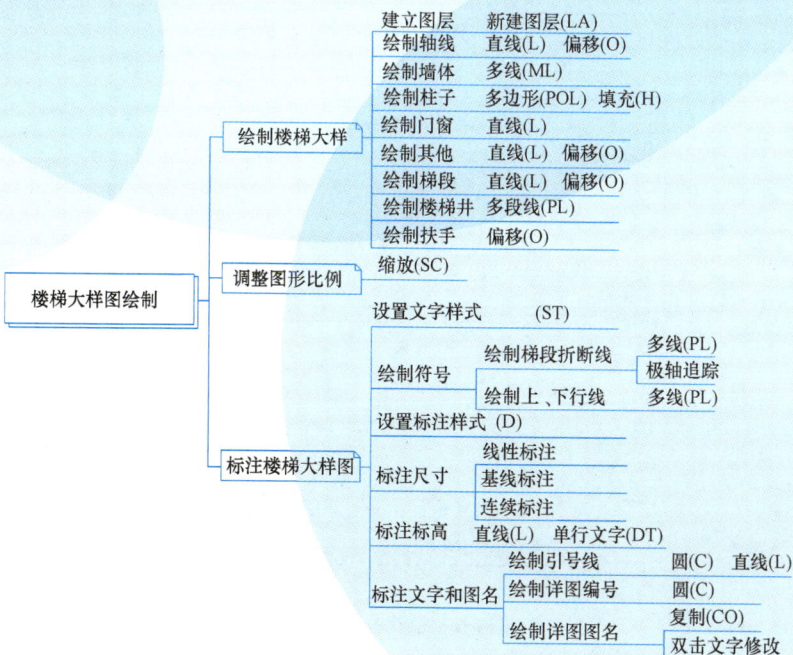

任务 6.1 楼梯大样图的绘制

1. 任务描述与分析

绘制某某小区别墅建施 13 中的 1 号楼梯二层平面图，如图 6-1 所示。该楼梯二层平面图的图例为一间房间，开间 3400mm，进深 3700mm，休息平台 900mm，踏面宽 220mm，位置在©、①轴交③、④轴线处，由墙体、门窗、楼梯段等组成，绘图比例 1∶60。图形较小，但是绘图步骤较多，需建立图层、绘制轴线、绘制墙体、绘制门窗、绘制楼梯段、文字标注、尺寸标注等。轴线用直线（L）命令和偏移（O）命令完成，墙体、窗户用多线（ML）命令完成，其他的图形还会用到圆（C）命令、矩形（REC）命令、修剪（TR）命令、阵列（AR）命令、图案填充（H）命令等。

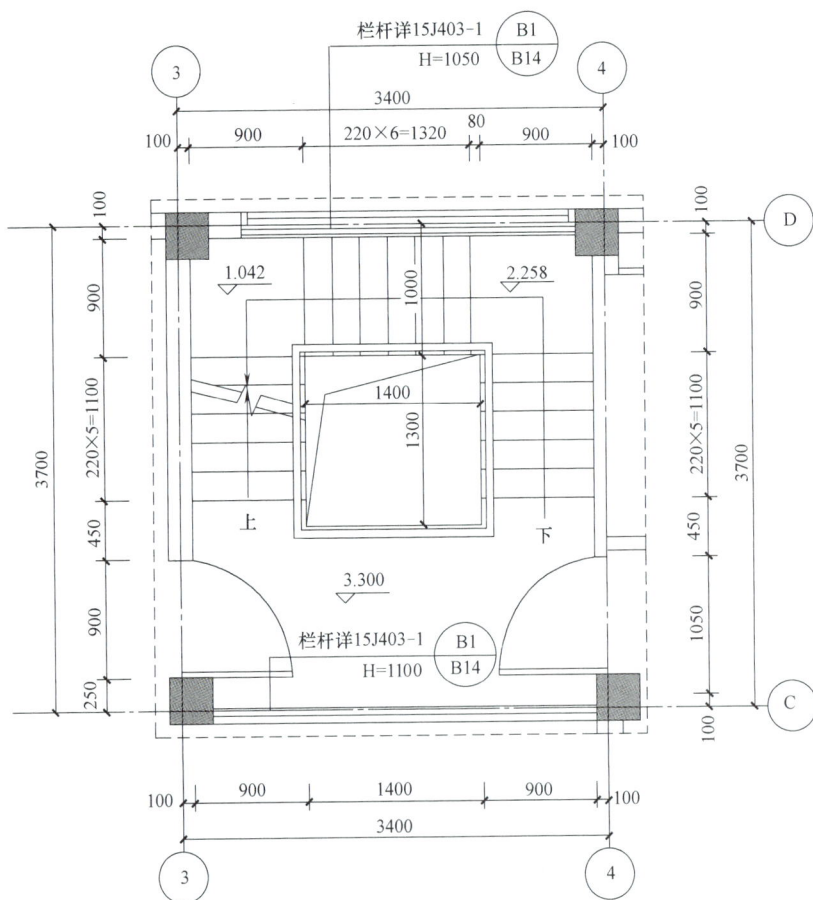

图 6-1　楼梯平面详图

楼梯平面详图的水平剖切位置一般在该层上行方向第一梯段的休息平台下适当位置，各层被剖切的梯段按照标准要求用一条折断线断开梯段来表示剖切位置，并用上行箭线和下行箭线来表示梯段的上行和下行方向。

知识链接

《建筑制图标准》GB/T 50104—2010 中对建筑物平面图做出以下规定：

4.1.4　建筑物平面图应在建筑物的门窗洞口处水平剖切俯视（屋顶平面图应在屋面以上俯视），图内应包括剖切断面及投影方向可见的建筑构造以及必要的尺寸、标高等，如需表示高窗、洞口、通气孔、槽、地沟及起重机等不可见部分，则应以虚线绘制。

2. 方法与步骤

（1）绘制楼梯大样

楼梯间的开间和进深分别为"3400"和"3700"，主要墙体的厚度为"200"，轴线居中；部分墙体的厚度为"100"，轴线和一侧墙面平齐。柱子的尺寸在图纸上没有相应的标注，为了方便大家绘图，根据其他图纸相关标注，统一按"350×350"的正方形截面进行绘制。

1）建立图层

在命令栏输入图层特性管理器快捷键 LA→弹出【图层特性管理器】对话框，按图 6-2 建立图层。

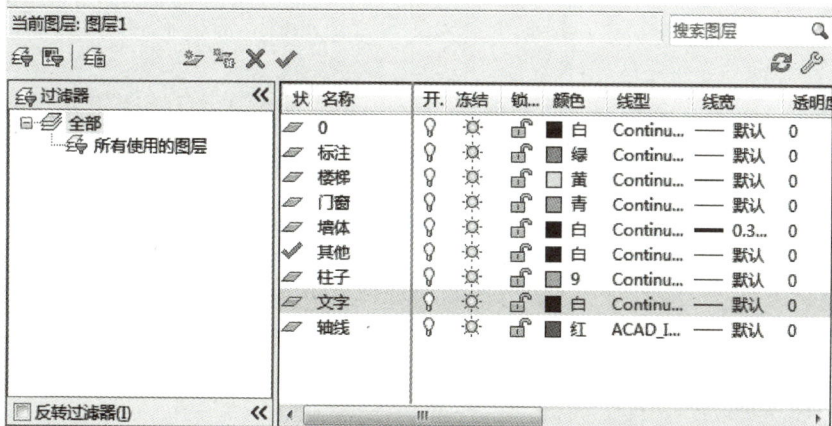

图 6-2　图层设置

2）绘制轴线

① 将轴线图层设置为当前层。点击"图层"工具条右边的"▼"显示所有创建的图层，将光标移到"轴线"图层上，呈现蓝色显示，点击鼠标左键，"轴线"图层就设置为当前图层。

② 绘制轴线。在命令栏输入直线命令快捷键 L→绘制③、ⓒ轴线→在命令栏输入偏移命令快捷键 O→偏移出④、Ⓓ轴线，如图 6-3 所示。

③ 标注轴线号。轴号和轴线一起组成轴网，是设计绘图和建筑施工时的主要参考定

图 6-3　轴线图（一）

位线，规范规定轴号圆的直径为 8～10mm，实际工程中以直径 8mm 的圆居多。将文字图层设置为当前层，在命令栏输入圆命令快捷键 C→确定圆心，光标靠近③轴下端，出现端点时慢慢向下移动出现虚线，输入"400"→指定圆的半径，输入"400"→回车，在命令栏输入单行文字命令快捷键 DT→输入"J"→回车→输入"MC"→回车→点击圆中心点→指定高度，输入"500"→指定文字的旋转角度，回车（默认旋转角度为 0）→输入"3"（轴线号）→回车。同理标注④、Ⓒ、Ⓓ轴号，如图 6-3 所示。

3）绘制墙体

① 将墙体图层设置为当前层。

② 设置多线样式。菜单【格式】→【多线样式】→弹出【多线样式】对话框→点击"新建"→弹出【新建多线样式】对话框→在对应的直线处起点和端点框中打钩→点击【确定】→点击"置为当前"→点击【确定】。

③ 绘制墙体。在命令栏输入多线命令快捷键 ML→输入"J"→输入"Z"→输入"S"→输入"200"→指定起点，对象追踪③、Ⓒ轴交点向上输入"1150"→指定下一点，在③、Ⓓ轴交点处单击→指定下一点，输入"400"→回车。同理完成其他墙体的绘制，如图 6-4 所示。

4）绘制柱子

① 将柱子图层设置为当前层。

② 绘制柱子。在命令栏输入多边形命令快捷键 POL→回车（默认 4 条）→输入"E"→指定边的第一个端点，单击③、Ⓓ轴外墙交点处→指定边的第二个端点，光标垂直向下，输入"350"→回车。

③ 填充柱子。在命令栏输入图案填充命令快捷键 H→弹出【图案填充和渐变色】对话框→选择图案为"SCLID"→单击"添加：拾取点"→回到绘图区域，在柱子中间单击→回车→弹出【图案填充和渐变色】对话框→单击【确定】。

④ 绘制填充其他柱子。

同理完成其他 3 个柱子的绘制和图案填充，如图 6-5 所示。

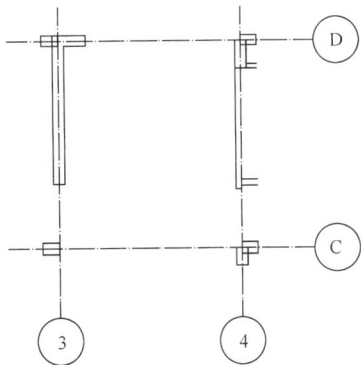

图 6-4　轴线图（二）

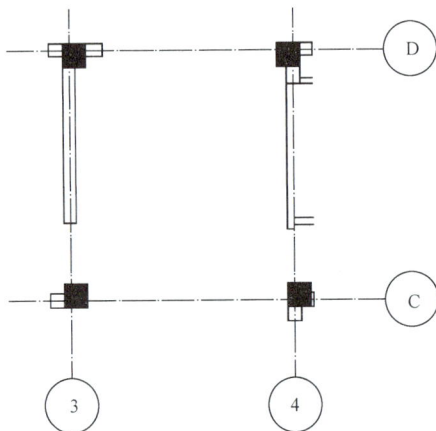

图 6-5　柱子图

5）绘制门窗

① 将门窗图层设置为当前层。

② 绘制门。在命令栏输入直线命令快捷键 L→指定第一个点，在门的对应位置上单击→向右，输入"900"→向上，输入"40"→向左，输入"900"→输入"C"→回车。在命令栏输入圆弧命令快捷键 A→输入"C"→指定圆心，在圆弧的起点单击→指定圆弧的起点，在圆弧逆时针转的起点处单击→指定圆弧的端点，在墙体边缘中点处单击。同理绘制另外一个门。

③ 绘制窗。按图用直线绘制窗户。

6）绘制其他

① 将其他图层设置为当前层。

② 绘制栏杆。用直线命令直接绘制，宽度"120"。

③ 绘制截断线。用矩形命令绘制轴线间的矩形，用偏移命令将矩形向外偏移"200"，把原来绘制的矩形图线删掉，将截断线的图线设置为虚线，如图 6-6 所示。

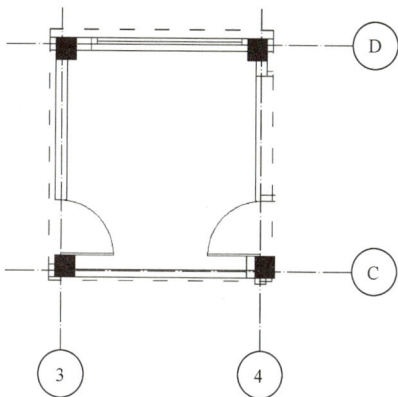

图 6-6　绘制完成后的楼梯间

技巧

① 在修剪过程中，如果遇到某些对象修剪不掉，可以先用分解（X）命令进行分解然后再修剪。

② 一层、三层的楼梯间平面一般和二层的区别不大，为了节省时间我们可通过对二层楼梯平面进行复制，然后做一些必要的修改即可。

③ 楼梯详图可以利用复制（CO）命令把楼梯间相应图形复制到绘图区域的空白处，然后用矩形（REC）命令在楼梯间外绘制一个适当大小的矩形，如图 6-6 图中外围的那个虚线矩形，然后利用修剪（TR）命令把矩形外的线条修剪掉，再根据详图内容修改。

7）绘制梯段

绘制梯段是楼梯平面详图绘制的关键一步，根据楼梯平面详图中有一层、标准层（中间层）和顶层三种类型的特点，我们一般先从中间层楼梯平面详图开始绘制，一层和顶层的梯段详图可通过对标准层（中间层）梯段进行复制后编辑得到。

① 将楼梯图层设置为当前层。

② 绘制梯段。在命令栏输入直线命令快捷键 L→指定第一点，追踪③轴线处门洞内侧墙向上输入"450"（第一个踏步的控制线）→指定下一点，光标水平向右输入"900"→回车。在命令栏输入偏移命令快捷键 O→指定偏移距离，输入"220"→选择刚绘制的直线向上偏移，连续偏移 5 条→回车。同理绘制第二跑、第三跑的梯段，如图 6-7 所示。

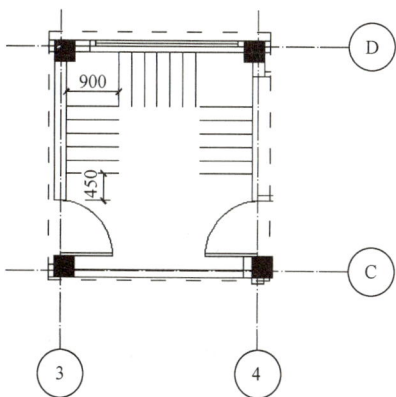

图 6-7　楼梯踏步线绘后的图

技巧

踏步可以用阵列（AR）命令完成，在阵列过程中【关联（AS）】选项，如果选择"是"，阵列后的踏步线将是一个整体对象，不利于后面的编辑。若选择"否"选项，则阵列后的踏步线都是独立的对象。

知识链接

《民用建筑设计统一标准》GB 50352—2019 中关于楼梯有以下规定：

楼梯踏步的宽度和高度应符合表 6.8.10 的规定。

表 6.8.10　楼梯踏步最小宽度和最大高度（m）

楼梯类别		最小宽度	最大高度
住宅楼梯	住宅公共楼梯	0.260	0.175
	住宅套内楼梯	0.220	0.200
宿舍楼梯	小学宿舍楼梯	0.260	0.150
	其他宿舍楼梯	0.270	0.165
老年人建筑楼梯	住宅建筑楼梯	0.300	0.150
	公共建筑楼梯	0.320	0.130
托儿所、幼儿园楼梯		0.260	0.130
小学校楼梯		0.260	0.150
人员密集且竖向交通繁忙的建筑和大、中学校楼梯		0.280	0.165
其他建筑楼梯		0.260	0.175
超高层建筑核心筒内楼梯		0.250	0.180
检修及内部服务楼梯		0.220	0.200

注：螺旋楼梯和扇形踏步离内侧扶手中心 0.250m 处的踏步宽度不应小于 0.220m。

8）绘制楼梯井

从图 6-1 二层楼梯平面图中可知，梯井为长度"1400"、宽度"1300"的矩形。

在命令栏输入多段线命令快捷键 PL→指定起点，在梯井的左上角点"A"点处单击→光标水平向右输入"1400"→光标垂直向下输入"1300"→光标水平向右输入"1400"→输入"C"→回车。如图 6-8 所示。

技巧

①在梯井绘制过程中，多段线需连续绘制，如果中途中断绘制，多段线完成后将是多条多段线，不利于下一步的扶手绘制操作。

②若使用矩形（REC）命令中的【尺寸】选项绘制梯井，绘制工作会更加快捷高效。

9）绘制扶手

从图 6-1 二层楼梯平面图中可知，扶手的做法见《楼梯 栏杆 栏板（一）》15J403-1 中的标准图，为了方便大家绘图，扶手宽度统一按"60"进行绘制，距离梯井结构边线为"30"。

在命令栏输入偏移命令快捷键 O→指定偏移距离，输入"30"→选择楼梯井线→在楼梯井线的外侧任意位置单击→回车→回车（重复偏移命令）→输入"60"→选择刚偏移的线→在外侧任意位置单击→回车。

在命令栏输入修剪命令快捷键 TR→选择修剪对象，再选择两根扶手线→回车→选择修剪的对象，再选择两根扶手线之间的踏步线→回车。如图 6-9 所示。

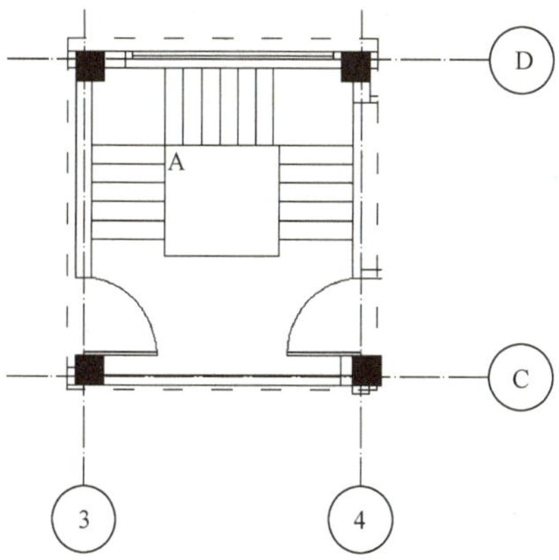

图 6-8　楼梯井绘制后的图

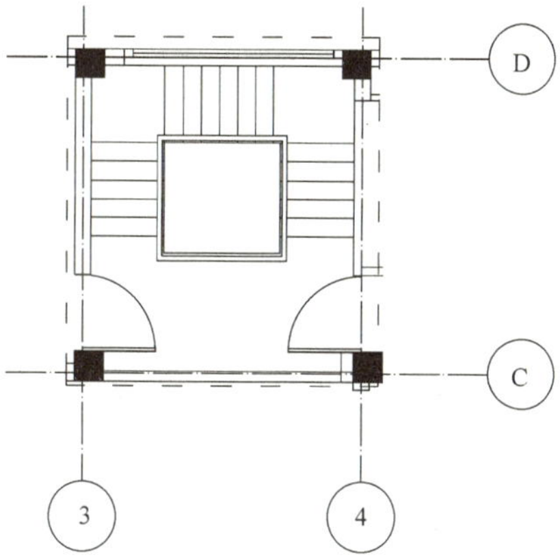

图 6-9　扶手编辑完成后的图

技巧

① 若绘制梯井时使用的是直线（L）命令，或者使用多段线（PL）命令在绘制过程中不连续，可以使用合并（J）命令先合并为一个对象，然后再偏移。

② 扶手修剪过程中，使用修剪（TR）命令中的【栏选（F）】选项，修剪效率会更高。

知识链接

《民用建筑设计统一标准》GB 50352—2019 规定：

楼梯应至少于一侧设扶手，梯段净宽达三股人流时应两侧设扶手，达四股人流时宜加设中间扶手。

（2）调整图形比例

至此，二层楼梯平面详图的绘制任务基本完成，大家心中肯定存在疑问："楼梯的绘制比例可是 1∶60，而我们以上绘制楼梯平面详图的过程和其他 1∶100 的图形却是一样的，这是为什么呢？"。这样做的目的是方便大家利用已有的绘图比例为 1∶100 的绘图环境，为了解决比例问题，使用缩放（SC）命令，将绘制的图像放大"100/60"，注意轴线

图 6-10　调整为比例为 1∶60 后的图

号不放大，所以不选轴线号。

在命令栏输入缩放命令快捷键 SC→选择绘制的图形→回车→指定基点，单击④、ⓒ轴的交点→指定比例因子，输入"100/60"→回车。将轴线号移动到对应的轴线上，如图 6-10 所示。

（3）标注楼梯大样

楼梯平面图缩放完成后，接下来完成文字、符号和尺寸的注释，建筑图形的注释由于建筑制图标准和 AutoCAD 提供的缺省设置还有不小的差距，所以在注写文字和标注尺寸之前，还需要对文字样式和尺寸样式进行必要的设置。

图形大小先按照 1∶100 的绘图环境进行绘制，绘制完成后把图形放大为原图的"100/60"倍，符号、文字的大小仍按 1∶100 时进行标注。

1）设置文字样式

参照"项目 5-任务 5.1-2-（9）设置文字标注样式"，新建两种样式，样式名分别为"HZ""XT"。

2）绘制符号

① 绘制梯段折断线

把标注图层置为当前图层，此处折断线的绘制可以使用直线（L）命令，也可使用多段线（PL）命令（注意此处多段线的宽度应为 0）。注意：绘制时各条线的角度一般为 30°或其倍数，将极轴追踪中的增量角设置为 30°，如图 6-11 所示。

绘制完成后用修剪（TR）命令进行编辑，如图 6-12 所示。

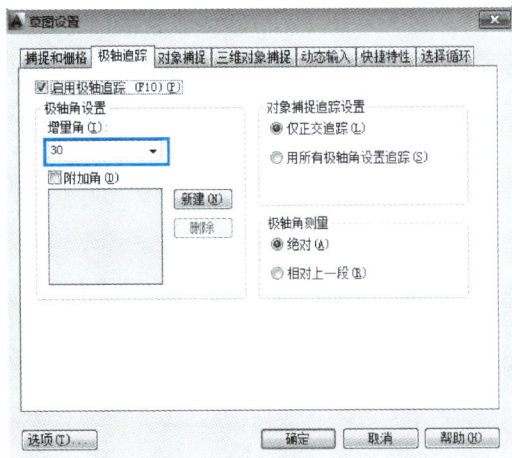

图 6-11　极轴追踪增量角设置

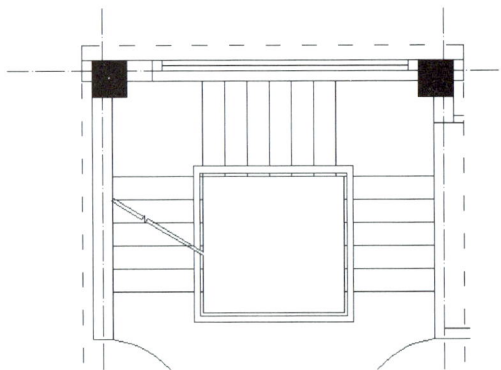

图 6-12　梯段折断线

② 绘制上、下行线

在命令栏输入多段线命令快捷键 PL→指定起点，追踪上行梯段的中点向下，在适当位置处单击→指定下一点，在箭头附近处单击→指定下一点，输入"W"→输入起点宽度"80"→输入端点宽度"0"→指定下一点，输入"320"→回车。同理绘制下行线。

在命令栏输入单行文本命令快捷键 DT→指定文字的中间点，追踪上行线起始点向下，在适当位置处单击→指定高度，输入"350"→指定旋转角度，输入"0"→输入"上"。同理，完成"下"的输入，如图 6-13 所示。

3）设置标注样式

参照"项目 5-任务 5.1 -2-(10) 设置尺寸标注样式"，新建样式名为"BZ60"。因为绘图比例已调整为 1∶60，所以在主单位选项中把比例因子调为 0.6，如图 6-14 所示。

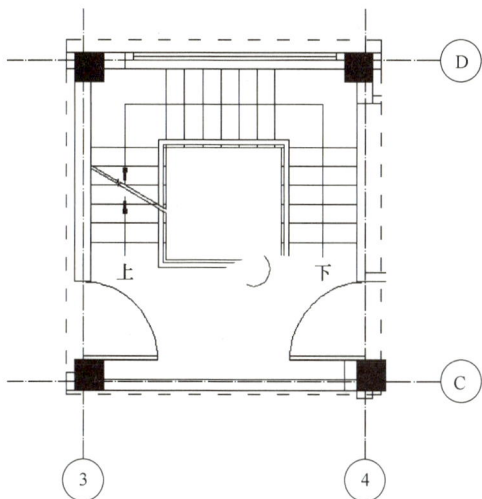

图 6-13　梯段上、下行线

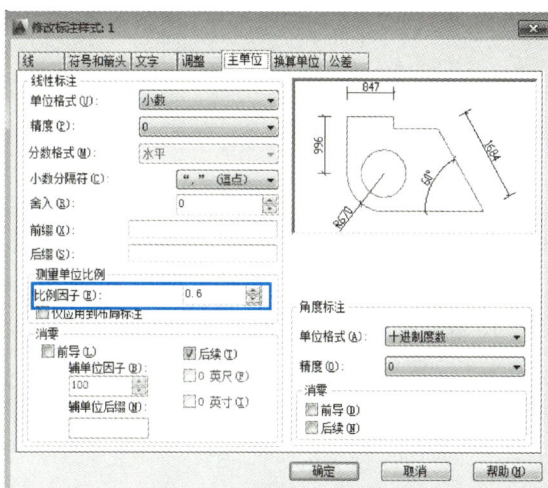

图 6-14　修改标注样式

各选项卡的参数设置完成后，点击【确定】→界面返回到【标注样式管理器】对话框→点击【关闭】，即可完成标注样式的设置。至此，文字和尺寸标注的准备工作已全部结束，可以进行尺寸标注和文字注释的工作。

知识链接

《房屋建筑制图统一标准》GB/T 50001—2017 规定：

① 图样轮廓线可用作尺寸界线。

② 尺寸线应用细实线绘制，应与被注长度平行。图样本身的任何图线均不得用作尺寸线。

③ 图样轮廓线以外的尺寸界线，距图样最外轮廓之间的距离，不宜小于 10mm。平行排列的尺寸线的间距，宜为 7～10mm，并应保持一致。

4）标注尺寸

完整的尺寸标注是楼梯平面详图的重要组成部分，也是施工和预决算的主要依据之一，建筑施工图标注主要用到的标注命令有线性（DLI）、基线（DBA）和连续（DCO），我们以二层楼梯平面图下方的尺寸为例进行详细地讲解。

① 线性标注

点击【标注】菜单→选择"线性"选项→指定第一条尺寸界线原点，拾取③轴线上一点→指定第二条尺寸界线原点，拾取该墙体的右侧边线→向下移动鼠标至合适位置点击鼠标左键，确定尺寸线的位置，这样第一个尺寸就标注好了，如图 6-15 所示。

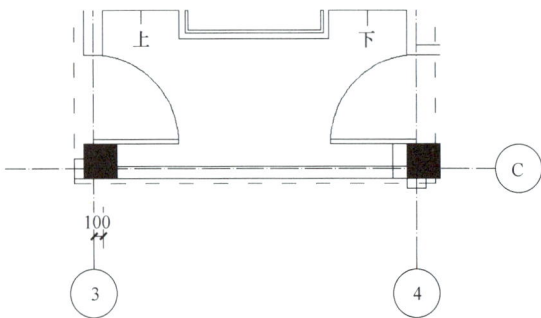

图 6-15　线性标注完成后效果

② 基线标注

接着第一步，点击【标注】菜单中"基线"选项→指定第二条尺寸界线原点，拾取④轴线上的任一点→回车，即可完成开间尺寸的标注，如图 6-16 所示。

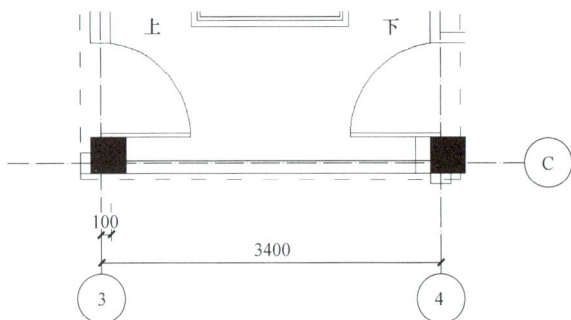

图 6-16　基线标注完成后效果

③ 连续标注

基线标注完成后继续点击【标注】菜单中的"连续"选项→指定第二条尺寸界线原点或［放弃（U）/选择(S)]〈选择〉→回车，执行〈选择〉选项→拾取线性标注尺寸"100"的右边的尺寸界限→依次拾取梯井的左侧结构边线、右侧结构边线、④轴线墙体左侧边线，最后拾取④轴线完成连续标注，连续标注完成后用夹点编辑的方式拖动两侧的"100"尺寸数字至合适位置，标注最后效果如图 6-17 所示。

同理标注剩余的尺寸，其中踏步等式的标注方法为双击对应的尺寸数字，待【文字格式】编辑框出来后，只需在原数字前面加上相应的等式后，点击右上角【确定】即可，标注完成后的效果如图 6-18 所示。

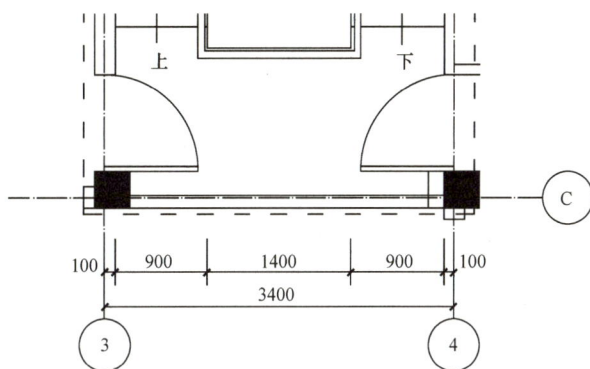

图 6-17　连续标注完成后效果

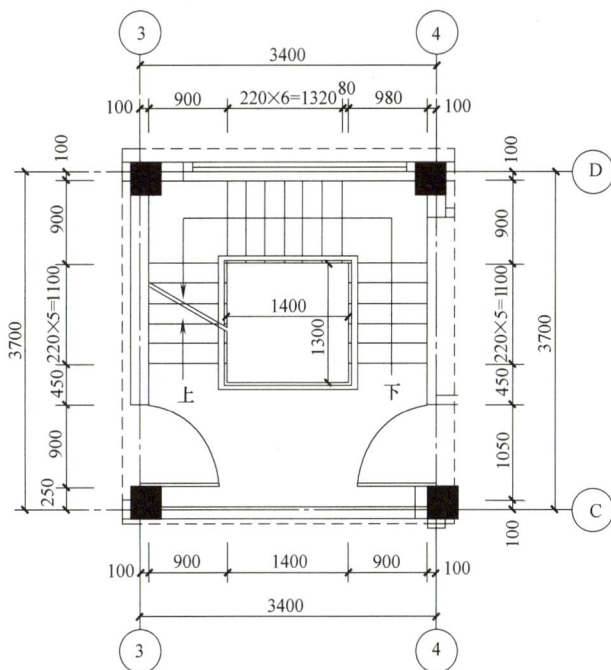

图 6-18　标注完成后效果

技巧

　　① 电脑键盘上没有对应运算符"×"乘号键，此时大家可以用键盘上的字母"＊"代替。

　　② 一侧的轴线符号、尺寸标注绘制完成后，另一侧的轴线符号、尺寸标注可以用"镜像"（MI）命令得到，这样更快捷。

5）标注标高

规范规定标高符号的高度为 3mm 的等腰直角三角形，使用 CAD 绘制标高符号的方法有多种，可以把【极轴追踪】的角度设为 "45"，用直线（L）命令直接绘制，也可以用矩形（REC）或正多边形（POL）命令绘制后，再适当编辑得到，标高符号中的文字高度可以为 "300" 或 "250"，标高符号标注完成后的效果如图 6-19 所示。

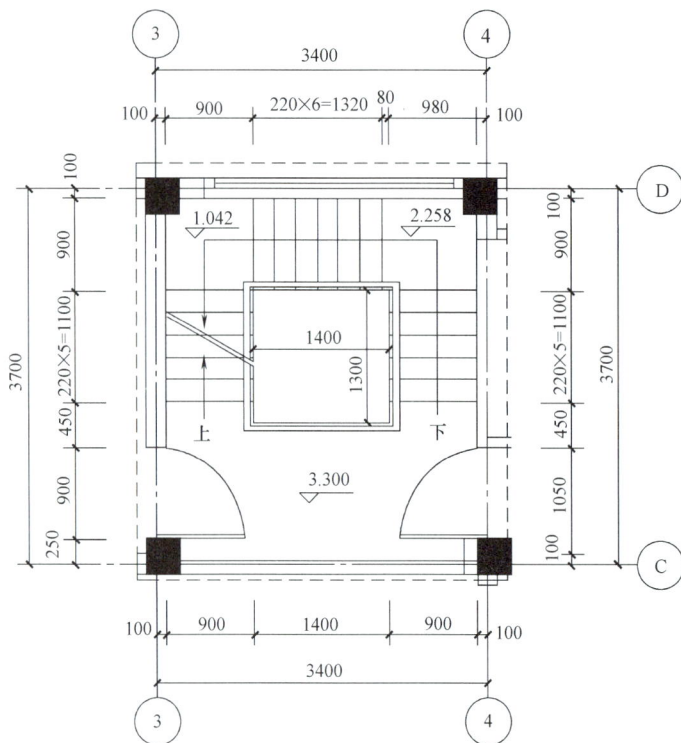

图 6-19　标高符号

技巧

当图中若有多个标高符号时，可以先绘制完成一个，其他的可以用 "复制"（CO）命令先复制到指定位置，然后只需双击文字，按需修改标高值即可。

知识链接

《房屋建筑制图统一标准》GB/T 50001—2017 规定：

11.8.1　标高符号应以等腰直角三角形表示，并应按图 11.8.1（a）所示形式用细实线绘制，如标注位置不够，也可按图 11.8.1（b）所示形式绘制。标高符号的具体画法可按图 11.8.1（c）、（d）所示。

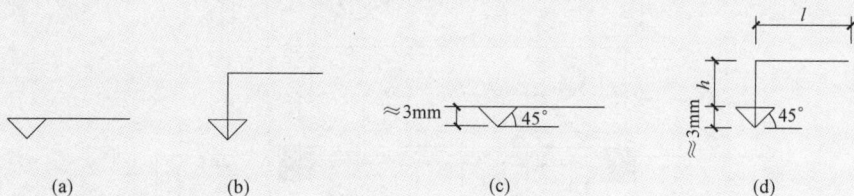

图 11.8.1　标高符号

l—取适当长度注写标高数字；*h*—根据需要取适当高度

11.8.2　总平面图室外地坪标高符号宜用涂黑的三角形表示，具体画法可按图 11.8.2 所示。

图 11.8.2　总平面图室外地坪标高符号

11.8.3　标高符号的尖端应指至被注高度的位置。尖端宜向下，也可向上。标高数字应注写在标高符号的上侧或下侧（图 11.8.3）。

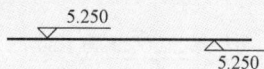

图 11.8.3　标高的指向

11.8.4　标高数字应以米为单位，注写到小数点以后第三位。在总平面图中，可注写到小数点以后第二位。

11.8.5　零点标高应注写成±0.000，正数标高不注"＋"，负数标高应注"—"，例如 3.000、—0.600。

6）标注文字和图名

把当前图层由"标注"切换为"文字"图层。建筑图纸中文字注释是对图形表达的有效补充，图名也是快速识别不同图纸的途径之一，图中文字注释和图名标注多用单行文字（DT）命令进行标注，图名的字号制图规范规定为 7 号，比例的字号可以比图名小 1～2 个字号，一般多取 4 号字，图中其他文字注释结合图面表达可以在 5 号字、3.5 号字和 2.5 号字之间选取。

①绘制引出线。用圆（C）命令绘制一直径为"40"的圆，标识详图对应位置；用直线（L）命令在合适的位置绘制引出线。

②绘制详图编号。用圆（C）命令绘制一直径为"500"的圆，放在引出线尾部。

③绘制详图文字注释。用复制（CO）命令复制"3.300"文字到对应的引出线上→双击"3.300"→输入"栏杆详 15J403-1"→回车。同理完成其他文字说明。

④ 绘制详图图名。用复制（CO）命令复制"上"文字到对应的引出线上→双击"上"→输入"1号楼梯二层平面图"→回车。同理完成其他文字说明，如图 6-20 所示。

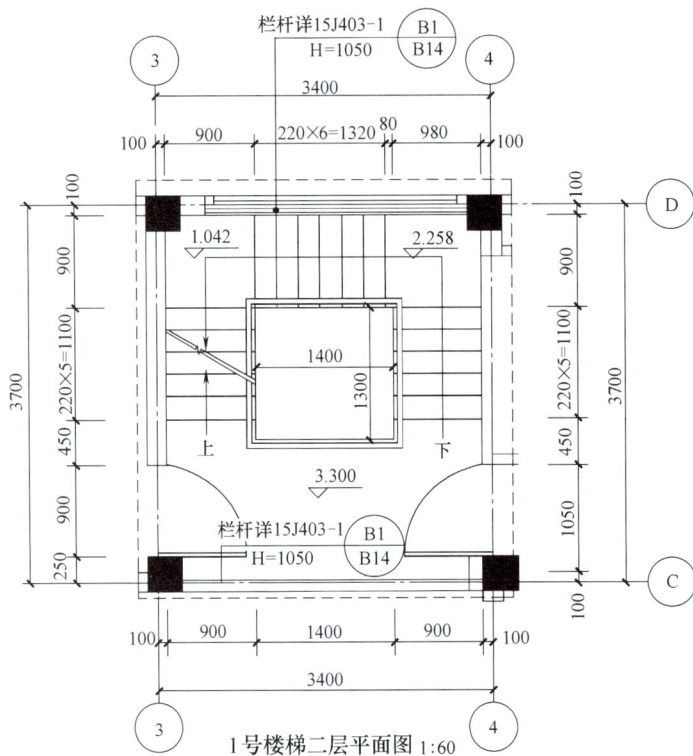

图 6-20　1号楼梯二层平面图

二层（标准层）楼梯绘制好后，用复制（CO）命令复制出一层和三层（顶层），然后根据需要进行编辑，具体步骤此处不再赘述，结果如图 6-21 所示。

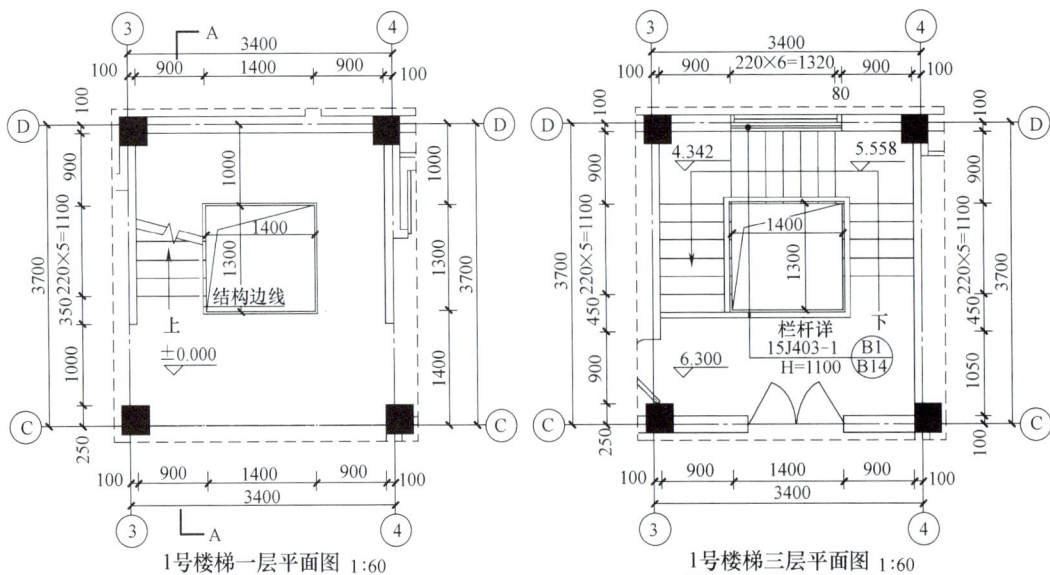

图 6-21　绘制完成后的一层和三层楼梯平面详图

知识链接

《房屋建筑制图统一标准》GB/T 50001—2017 规定：
图样的比例，应为图形与实物相对应的线性尺寸之比。

项目总结

建筑施工图中建筑详图一般包括楼梯详图和节点大样图，节点大样图一般都有比较齐全的相关图集。而楼梯对于不同建筑物有不同的结构形式和构造尺寸，具有鲜明的构造特色，所以标准图集就很难满足不同建筑的需要。由于楼梯详图其小尺寸线条多、楼梯形式变化丰富，因此楼梯详图绘制也是建筑施工图绘制中难度比较大的。

楼梯平面详图中需要注明楼梯间的开间和进深尺寸、休息平台的尺寸以及梯段各踏步的有关尺寸，通常将梯段长度和踏面数、踏面宽度尺寸合并标注在一起。例如"220×5＝1100"，该梯段有 5 个踏步面，6 级楼梯，每个踏步面宽度为 220mm，梯段总长度为 1100mm。

提升演练

1. 单选题

（1）绘制墙体主要用到的绘图命令为（　　）命令，柱子的绘制可以用"正多边形"（POL）命令进行绘制。

A. "多线"（ML）　　　　　　　B. "直线"（L）

C. "多段线"（PL）　　　　　　D. "构造线"（XL）

（2）若某梯段踏步线尺寸标注为"270×5＝1350"，则下列说法错误的是（　　）。

A. 本梯段踏步宽为 270mm　　B. 本梯段长度为 1350mm

C. 本梯段踏面数为 5 个　　　　D. 踏步线的数为 5 根

（3）轴号和轴线一起组成轴网，是设计绘图和建筑施工时的主要定位线，《建筑制图标准》GB/T 50104—2010 规定，轴号圆的直径在实际工程中以直径（　　）mm 的圆居多。

A. 7　　　　　　B. 8　　　　　　C. 11　　　　　　D. 12

（4）图名的字号为（　　）号，比例的字号可以比图名小 1～2 个字号即可。

A. 5　　　　　　B. 6　　　　　　C. 7　　　　　　D. 8

（5）完整的尺寸标注是楼梯平面详图的重要组成部分，也是施工和预决算的主要依据之一，建筑施工图标注主要用到的标注命令有：线性、基线和（　　）。

A. 连续　　　　B. 对齐　　　　C. 快速　　　　D. 坐标

2. 绘图题

绘制某某小区别墅建施 13 中的 1 号楼梯一层平面图和三层平面图。

Chapter 07

项目**7**

卫生间大样图的绘制

三维教学目标

目标内容	教学目标
知识与技能	通过卫生间大样图的绘制，学生能掌握图层建立、多线、圆、椭圆、圆角、倒角、图案填充等命令的使用技巧，并能运用这些命令完成其他卫生间大样图的绘制。
过程与方法	先分析卫生间大样图图形，结合手工绘图的步骤，先建立图层，再按绘制轴线、墙体、门窗、卫生洁具、标注等顺序绘制。通过学习该项目内容，为后续学习并绘制平、立、剖面图打下基础。
情感态度与价值观	通过分组学习卫生间大样图的绘制，要求学生绘制的图形尺寸准确，不能少一条线，否则表达的意思就会完全不同。 防水属于隐蔽工程，一旦漏水，返工返修增加成本，必须按规范要求完成，培养学生严谨的学习态度、一丝不苟的工作作风、任重道远的责任感。

思维导图

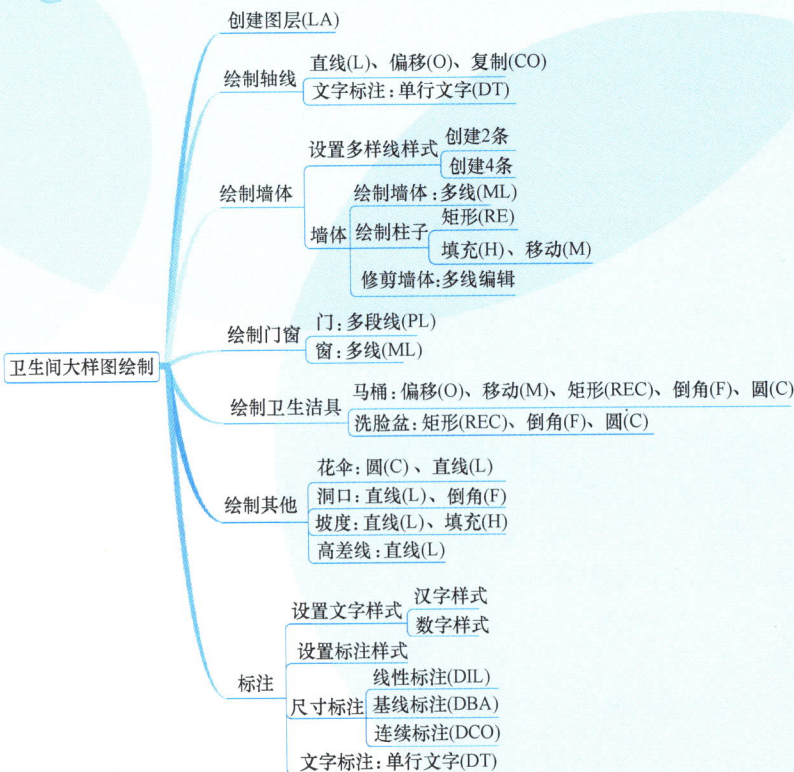

任务 7.1　卫生间大样图的绘制

1. 任务描述与分析

绘制某某小区别墅建施 14 中的卫生间 T-1 详图，如图 7-1 所示。该卫生间详图的图例为一间房间，开间 1500mm，进深 2100mm，位置在Ⓓ、Ⓔ轴交⑴/⑶、④轴线处，由墙体、门窗、卫生洁具等组成，绘图比例 1∶50。图形较小，但是绘图步骤较多，需建立图层、绘制轴线、绘制墙体、绘制门窗、绘制卫生洁具、文字标注、尺寸标注等。轴线用直线（L）命令和偏移（O）命令完成，墙体、窗户用多线（ML）命令完成，其他的图形还会用到圆（C）命令、椭圆（EL）命令、圆角（F）命令、倒角（CHA）命令、图案填充（H）命令等。

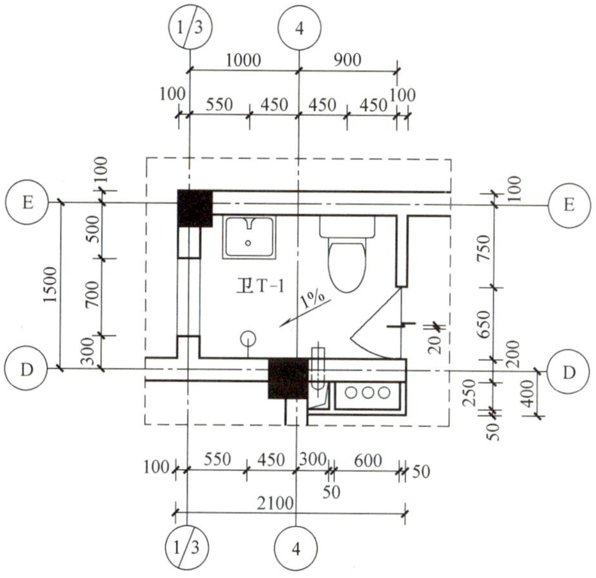

卫生间T-1详图　1:50

图 7-1　卫生间 T-1 详图

2. 方法与步骤

7-1 卫生间大样图的绘制

（1）创建图层

在命令栏输入图层特性管理器快捷键 LA→弹出【图层特性管理器】对话框（图 7-2）→点击 （新建一个图层）→点击图层 1，修改为“轴线”→点击图层对应的颜色→弹出【选择颜色】对话框→点击“红色”图标→点击【确定】→点击图层对应的线型→弹出【选择线型】对话框→点击【加载】→弹出【加载或重载线型】对话框→点击 ACAD-IS004W100 线型→点击【确定】→点击 ACAD-IS004W100 线型→点击【确定】。

重复新建图层，创建墙体、门窗、标注、文字、卫生洁具等图层，根据制图规范修改各图层特性，如图 7-3 所示。

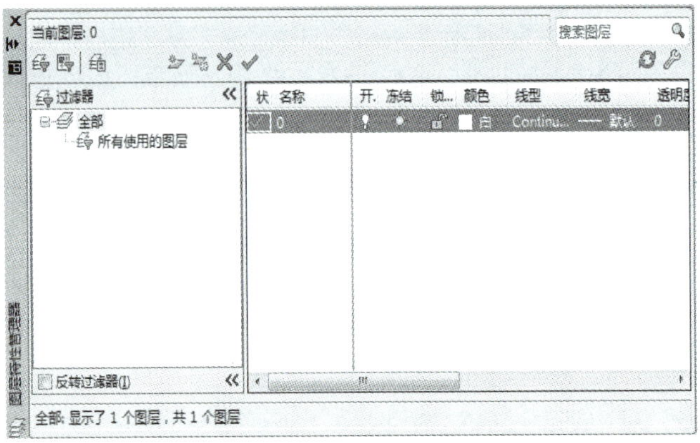

图 7-2　图层特性管理器

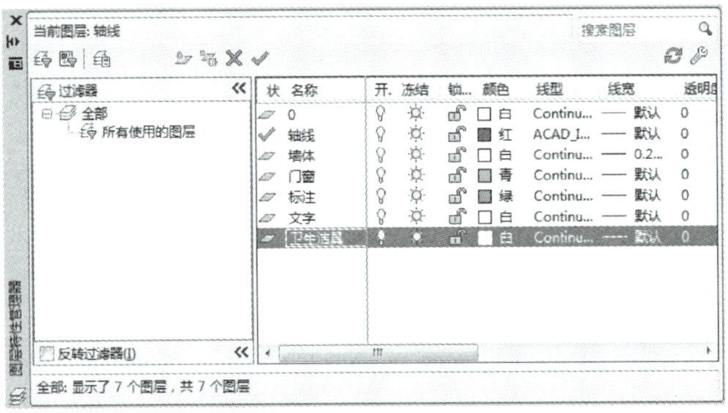

图 7-3　建立轴线图层

技巧

　　创建图层，新建一个图层后，直接回车，再回车（重复建图层），建完图层后，再修改每个图层特性，以 0 图层为基础修改比较方便。

　　（2）绘制轴线

　　1）将轴线图层置于当前图层

　　2）绘制①轴、⅓轴两条轴线

　　在命令栏输入直线命令快捷键 L→绘制①轴线→绘制⅓附加轴线，在命令栏输入圆命令快捷键 C→确定圆心，光标靠近①轴左端出现端点时慢慢向左移动出现虚线，输入"200"（利用追踪确定圆心位置，距离①轴线左端 200mm）→指定圆的半径，输入"200"→回车，在命令栏输入单行文字命令快捷键 DT→输入 J（对正）→回车→输入"MC"（正中）→回车→点击圆中心点→指定高度，输入"250"→指定文字的旋转角度，回车（默认旋转角度为 0）→输入"D"（轴线号）→回车，利用复制（CO）命令复制①轴线号到其他轴线端部，修改文字，如图 7-4 所示。

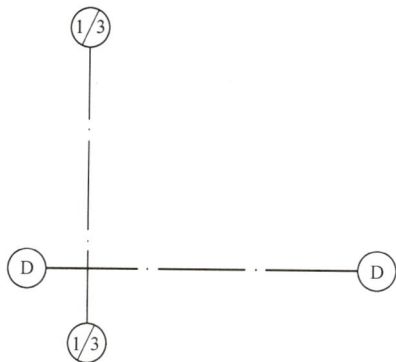

图 7-4　①轴和①/③轴交叉轴线

技巧

① 出图比例为 1：50，采用模型空间出图，所以轴线号直径、文字缩小了 1 倍。
② 使用复制命令时，基点的选择一定要选择复制位置确定的点。

3）绘制其他轴线

在命令栏输入偏移命令快捷键 O→指定偏移距离，输入"1000"（④轴距离①/③轴 1000mm）→选择要偏移的对象，点击①/③轴线→指定要偏移的那一侧上的点，点击①/③轴线右边任意一点→回车（生成④轴线）→回车（重复 O 命令）生成其他几条轴线。复制其中一个轴线号到其他轴线端部，修改轴线号，如图 7-5 所示。

（3）绘制墙体

1）设置多线样式

点击主菜单【格式】→点击多线样式→弹出【多线样式】对话框（图 7-6）→点击【新建】→在名称栏输入"2"（多线样式名为 2）→勾选【封口】项中直线的"起点"、"端点"（红色标识处），如图 7-7 所示→点击【确定】。

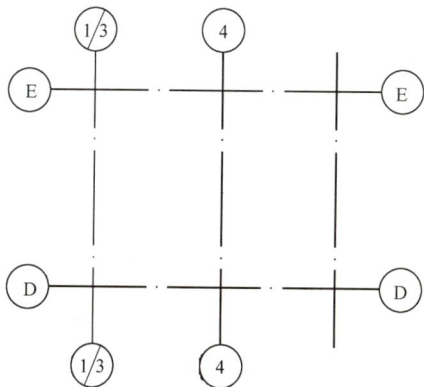

图 7-5　轴网

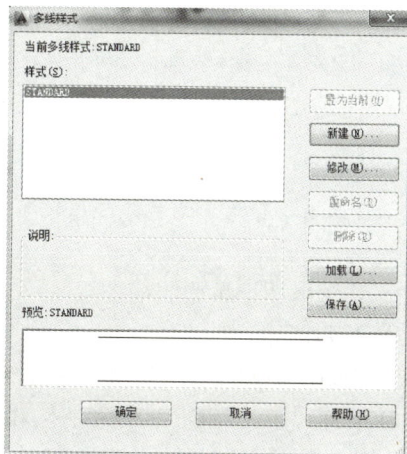

图 7-6　多线样式对话

图 7-7　多线样式：2

同理，创建 4 条多线，命名：4，在图元下方点击【添加】，在偏移处将 0 改为 0.17，再点击【添加】，在偏移处将 0 改为"−0.17"，如图 7-8 所示，点击【确定】。

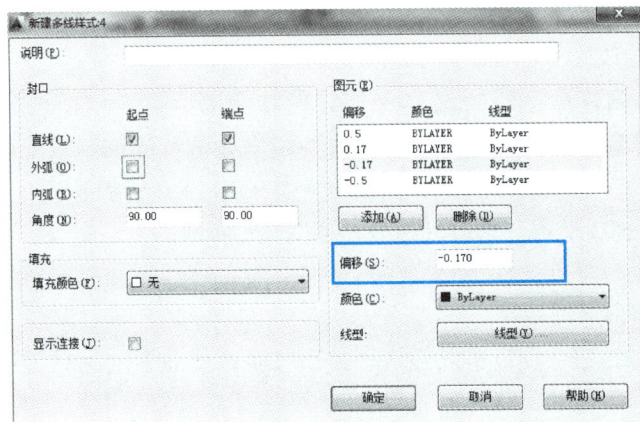

图 7-8　多线样式：4

技巧

① 设置多线样式，宽度默认为 1，不要修改，在调用的时候，根据构件宽度调整比例即可。

② 新建多线时，名称建议用数字，建"几"条线就用"几"的数字命名，方便调用。

2）将墙体图层置为当前图层

3）绘制墙体

① 绘制四周虚线：用直线命令先绘制墙体四周的虚线（用来限制墙体的长度）。

② 绘制"200 墙体"：在命令栏输入多线命令快捷键 ML→输入 J（对正）→输入 Z（无）→输入 S（比例）→输入多线比例"200"（墙厚 200mm）→将鼠标放在Ⓔ轴交①/③轴的交点上（出现交点），鼠标垂直向下移动出现追踪线后输入"500"，如图 7-9 所示→回车

（确定墙体在①/3轴交Ⓔ轴向下 500mm 的位置 A 点）→点击 B 点→点击 C 点（完成 BC 两点之间的墙体）→回车（重复 ML 命令）→完成其他墙体的绘制，如图 7-10 所示。

图 7-9　墙体绘制起点

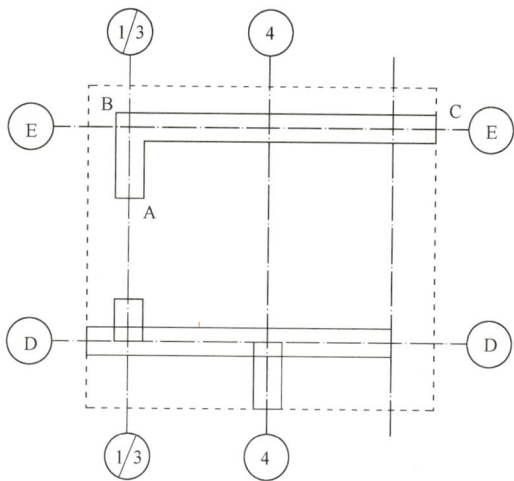

图7-10　墙体绘制图

③ 绘制Ⓔ、Ⓓ轴交④轴右侧 100mm 墙体：在命令栏输入多线命令快捷键 ML→J（对正）→T（上）→S（比例）→输入多线比例"100"（墙厚 100mm）→点击 D 点→鼠标垂直向下输入"750"→回车。

④ 绘制Ⓓ轴交④轴右下侧 50mm 墙体：在命令栏输入多线命令快捷键 ML→J（对正）→T（无）→S（比例）→输入多线比例"50"→按图位置绘制完成，如图 7-11 所示。

⑤ 绘制柱子：在命令栏输入矩形命令快捷键 REC→点击Ⓔ、①/3轴处墙体左上角点→指定另一个角点，输入"@300，−300"→回车（图 7-12）；图案填充柱子，在命令栏输入图案填充命令快捷键 H→弹出【图案填充和渐变色】对话框→点击样例对应的图案→弹出【图案填充图案选项板】→点击图案→点击【确定】→回到【图案填充和渐变色】对话框→点击边界下方对应的添加拾取点对应标红图标（图 7-13）→回到绘图区域→在柱子里面点击→选择完成后回车→回到【图案填充和渐变色】对话框→点击【确定】。

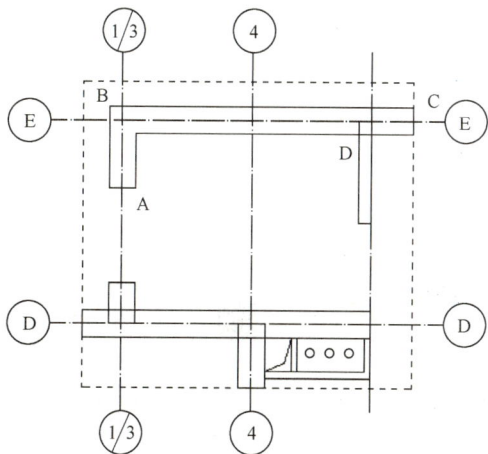

图 7-11　墙体绘制图

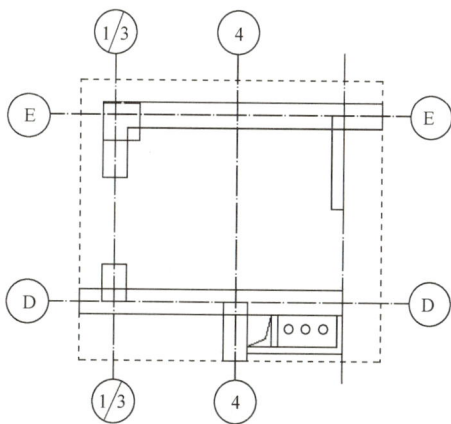

图 7-12　柱子绘制图

在命令栏输入复制命令快捷键 CO→选择图案填充的柱子→选择基点（选在柱子右上角点）→指定第二个点，在对应位置点击→回车，如图 7-14 所示。

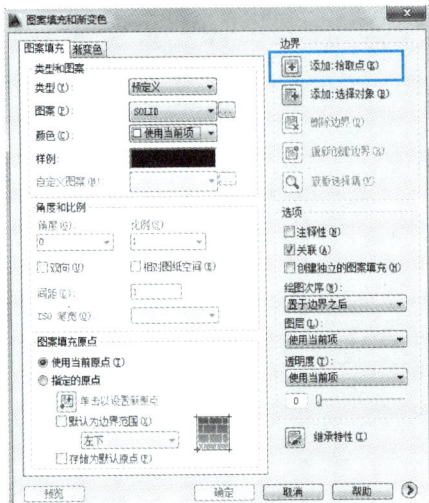

图 7-13　图案填充和渐变色

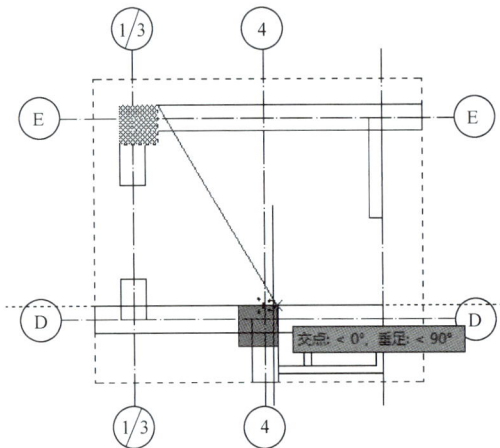

图 7-14　图案填充复制

技巧

① 使用图案填充命令时，第一次需选择边界，第二次直接回车选择。

② 使用复制命令时，基点的选择要根据第二点的位置来确定。

③ 常用建筑材料图例，通常在比例 1：50 及以上比例的详图中表达，因此本图中墙体用粗实线表示砖墙，柱子用涂黑表示混凝土。

⑥ 修剪墙体交接处：双击任意多段线→弹出【多线编辑工具】对话框（图 7-15）→点击 T 形打开图标→选择第一条多线，点击第一条多线→选择第二条多线，点击第二条多线→同理编辑另一个交点，如图 7-16 所示。

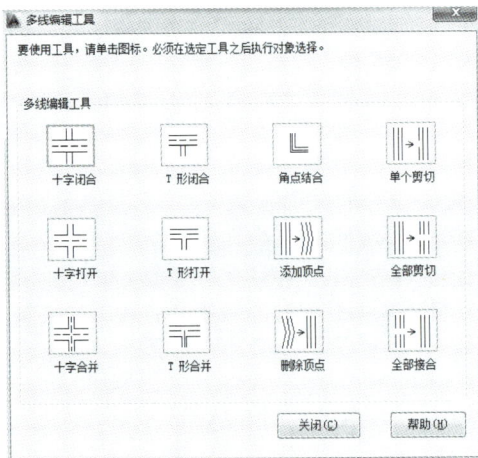

图 7-15　多线编辑工具

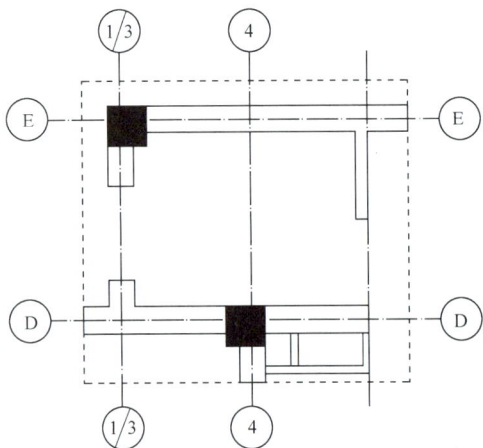

图 7-16　多线编辑后墙体

技巧

① 绘制 T 形墙时，先绘制 T 形处丁字头的线，再绘制丁字尾的线，如图 7-16 中 ①轴交 ⅓轴处，如果是其他绘图顺序，则不能用多线编辑修改。

② 多线绘制时很难保证第一点的绘图顺序，也可绘制完后分解，直接用修剪命令修剪。

⑦ 绘制 50mm 墙洞的风道和管道：分别用直线（L）命令和圆（C）命名完成，如图 7-17 所示。

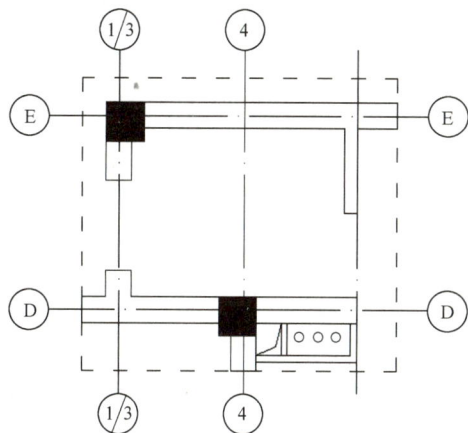

图 7-17　墙体平面图

（4）绘制门窗

门窗一般放在同一个图层上，将门窗图层置为当前图层。右键单击状态栏极轴→在"45"前打钩，如图 7-18 所示→点击工具栏极轴（打开极轴）。

1）绘制门：在命令栏输入多段线命令快捷键 PL→点击门垛中点 E 点→移动鼠标到左下方 225°方向，输入"650"（门的宽度 650mm）→A（绘制圆弧）→D（方向）→移动鼠标到右下方与刚绘制的直线垂直时单击左键→点击 F 点→回车。

2）绘制窗户：在命令栏输入多线命令快捷键 ML→J（对正）→Z（无）→S（比例）→输入多线比例"200"（窗户宽度 200mm）→ST（样式）→输入多线样式名"4"→点击窗户起点→点击窗户终点，如图 7-19 所示。

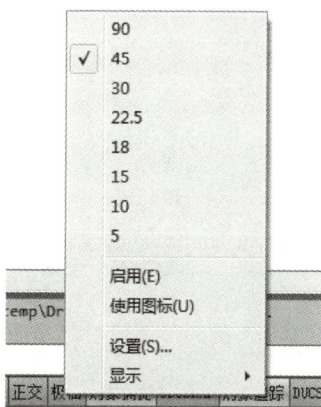

图 7-18　极轴设置

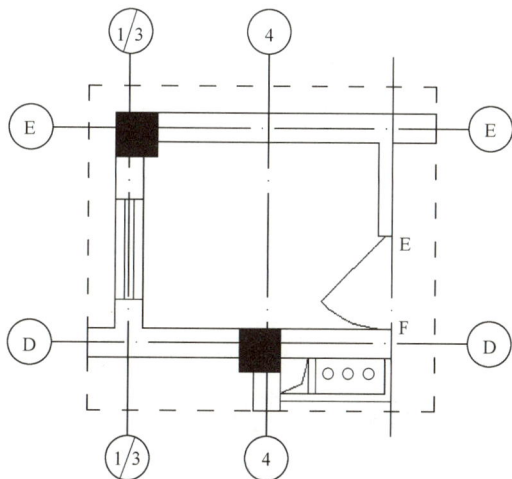

图 7-19　墙体、门窗平面图

知识链接

《建筑制图标准》GB/T 50104—2010 中对门、窗做出了以下规定：

① 门的名称代号用 M 表示。

② 窗的名称代号用 C 表示。

③ 平面图中，下为外，上为内，门开启线为 90°、60° 或 45°。

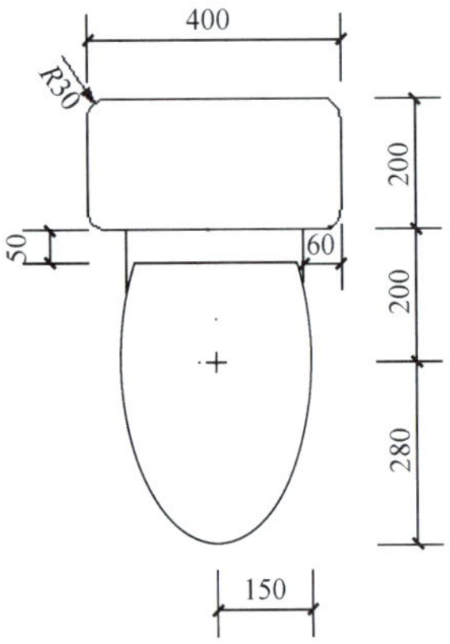

图 7-20　马桶

（5）绘制卫生洁具

1）将卫生洁具图层置为当前层。

2）绘制马桶

绘制图 7-20 的马桶，该马桶由尺寸为 200mm×400mm 的矩形水箱和一个长半轴为 280mm、短半轴为 150mm 的椭圆便池组成。水箱用矩形（REC）命令完成，四角用圆角（F）命令完成，便池用椭圆（EL）命令完成。

① 绘制水箱：在命令栏输入矩形命令快捷键 REC→在绘图区适当的位置点击一点→指定另一个角点，输入 "@400，－200"→回车；在命令栏输入圆角命令快捷键 F→R（半径）→指定圆角半径输入 "30"→M（多个）→选择第一个对象（任意点击一个角的边）→选择第二个对象（角的另一个边）→完成另外 3 个角的圆角。

② 绘制便池：在命令栏输入椭圆命令快捷键 EL→C（中心点）→鼠标靠近水箱下边线中点出现三角形符号，垂直向下移动鼠标，出现虚线时输入 "200"，如图 7-21 所示→指定轴的端点，鼠标移动到水平位置，输入短半轴长 "150"→指定另一条半轴长度，鼠标移动到垂直位置，输入 "280"→回车，如图 7-22 所示。

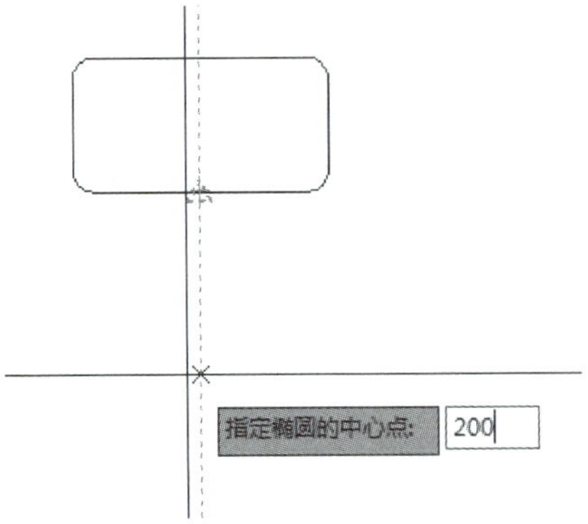

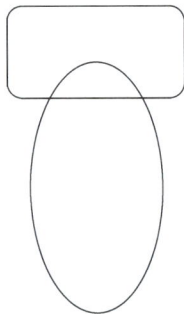

图 7-21　便池绘图过程

图 7-22　便池

技巧

绘制椭圆时，至少有三个已知条件，注意命令栏提示，先选择已知条件参数，再输入数据。

③ 编辑修改：在命令栏输入分解命令快捷键 X→点击矩形水箱任意边；在命令栏输入偏移命令快捷键 O→指定偏移距离，输入"50"→选择要偏移的对象，点击矩形下边→鼠标移动到下方并点击；在命令栏输入修剪命令快捷键 TR→回车（全部选择）→选择要修剪的对象→回车。

④ 绘制便池的边线：在命令栏输入直线命令快捷键 L→鼠标靠近矩形水箱下边线中点，出现三角形符号后向右移动出现追踪虚线，输入"140"→鼠标垂直向下移动到椭圆上相交点击→回车（结束右边线绘制），重复直线命令完成左边的线，如图 7-23 所示。

⑤ 将马桶放入详图中：用移动命令（M）将马桶移动放入合适的位置，如图 7-24 所示。

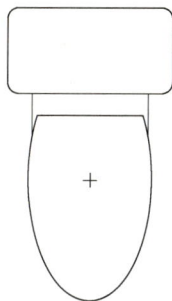

图 7-23 马桶

3）绘制洗脸盆

绘制图 7-25 的洗脸盆，该洗脸盆由尺寸为 500mm×400mm 的矩形水槽和圆直径为 35mm 的泄水孔及水龙头组成。水槽用矩形（REC）命令完成，四角用圆角（F）命令完成，泄水孔用圆（C）命令完成。

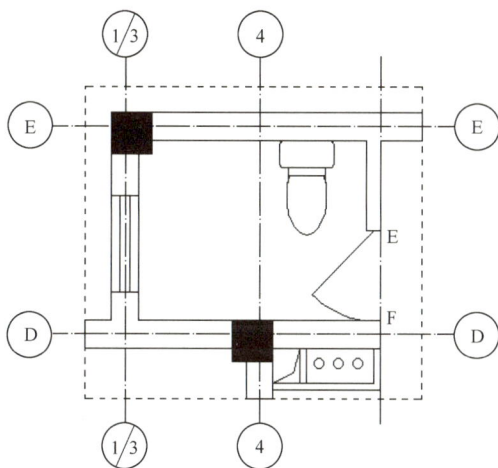

图 7-24 马桶放入后平面图

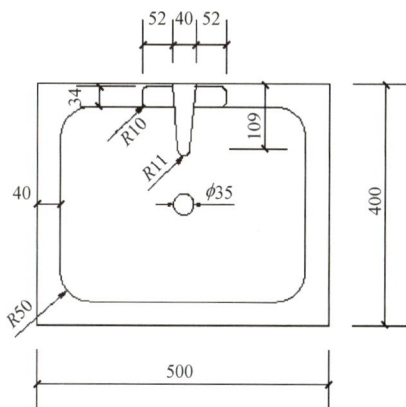

图 7-25 洗脸盆

① 绘制水槽：在命令栏输入矩形（REC）命令→在绘图区适当的位置点击一点→指定另一个角点，输入"@500，-400"→回车；在命令栏输入偏移命令快捷键 O→指定偏移距离，输入"40"→选择要偏移的对象，选择刚绘制的矩形边任意一点→指定要偏移一侧上的点，在矩形内部任意一点点击→回车；在命令栏输入圆角命令快捷键 F→R（半径）→指定圆角半径，输入"50"→M（多个）→选择第一个对象（任意点击里面矩形的一个边）→选择第二个对象（角的另一个边）→完成另外 3 个角的圆角，如图 7-26 所示。

② 绘制泄水孔：在命令栏输入圆命令快捷键 C→指定圆心，将鼠标移到内矩形横边的中点，直到出现三角形符号→鼠标移到另一条边的中点，直到出现三角形符号→鼠标移到矩形中心出现交点（图 7-27）→点击（确定圆心）→指定圆的半径，输入"17.5"→回车。

③ 绘制水龙头：在命令栏输入直线命令快捷键 L→点击外矩形上边中点→鼠标垂直向下输入"109"→回车（垂直的辅助线）→回车（重复 L 命令）→鼠标靠近辅助线上端点出现

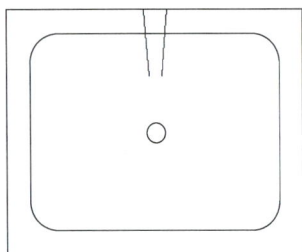

图 7-26　水槽

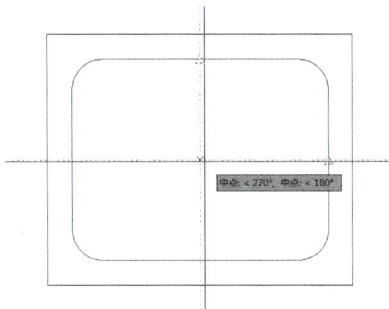

图 7-27　追踪确定圆心

交点后向左移动鼠标，出现追踪虚线，输入"20"（确定直线起点）→指定下一点，鼠标向右输入"40"→回车（重复 L 命令）→鼠标靠近辅助线下端点出现交点后向左移动鼠标，出现追踪虚线，输入"11"→指定下一点，鼠标向右移输入"22"→回车（辅助线）；用 L 直线命令将刚绘制的 2 条平行线连接起来，删除 3 条辅助线，如图 7-28（a）所示；在命令栏输入圆角命令快捷键 F→R（半径）→指定圆角半径，输入"11"→选择第一个对象→选择第二个对象，如图 7-28（b）所示。

用直线命令（L）、圆角命令（F）和镜像命令（MI）完成水龙头剩下部分图形的绘制，如图 7-29 所示。

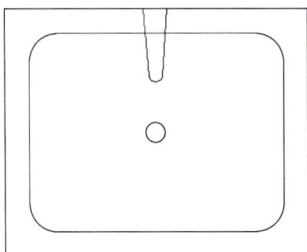

（a）　　　　　　　　　（b）

图 7-28　水龙头绘图过程

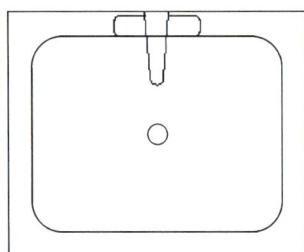

图 7-29　洗脸盆

技巧

在使用编辑命令 F 的时候，注意修改条件中的半径。如果使用中圆角半径相同，则选择 M 多项；如果是两条平行线，不管当前状态半径是多少，都是将两条平行线端部用平行线的半距离进行半圆连接。

用 M 移动命令将绘制好的洗脸盆移入到厕所详图中，如图 7-30 所示。

（6）绘制其他

1）绘制花伞：用圆（C）命令（半径 60mm）和直线（L）命令完成。

2）绘制①轴线上墙体洞口：洞口直径 100mm，用直线（L）命令和圆角（F）命令完成，改为虚线。

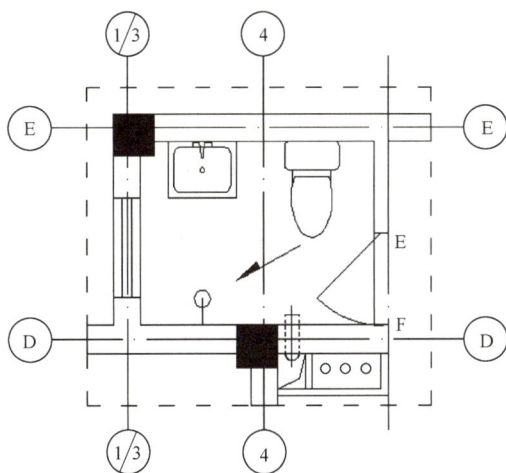

图 7-30　洗脸盆放入后平面图

3）绘制坡度符号：用直线（L）命令和图案填充（H）命令完成。

4）绘制门口高差线：用直线（L）命令完成，如图 7-31 所示。

图 7-31　厕所详图

知识链接

《建筑制图标准》GB/T 50104—2010 中孔洞做出了以下规定：

墙体预留洞，应采用虚线绘制。

（7）标注

1）设置文字样式

建立文字样式：参照"项目 5-任务 5.1-2-（9）"，建立数字、符号、西体样式，样式名为"数字"。

同理，建立汉字样式，样式名为"汉字"。

2）设置标注样式

同理，设置尺寸标注样式，样式名为"50"。

3）尺寸标注

① 在绘图界面右键单击任意工具条→弹出工具条菜单→在【标注】前面点击→标注工具条就浮现在绘图界面上，拖放放到适当的位置。

② 将标注图层置于当前层。

③ 点击标注工具条第一个图标 ⊢ （线性标注）→指定第一个尺寸界线原点，点击Ⓔ轴和①/③轴的交点→指定第二个尺寸界线原点，点击洗脸盆中心点→拖动鼠标到合适位置→点击工具条第十个图标 ⊟ （基线标注）→指定第二条尺寸界线原点，点击④轴对应图像任意点，如图 7-32 所示。

④ 点击标注工具条第十一个图标 ⊩ （连续标注）→选择连续标注，点击第一道尺寸（550mm）→指定第二条尺寸界线的原点，点击④轴与Ⓔ轴的交点→指定第二条尺寸界线的原点，点击对应的点标注其他几个尺寸→回车。重复连续标注，完成第二道尺寸标注的其他标注，如图 7-33 所示。

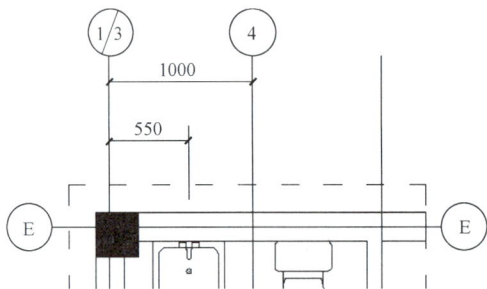

图 7-32　基线标注

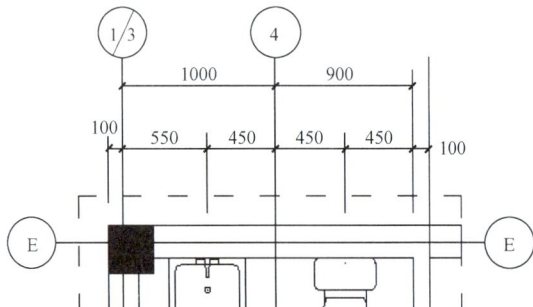

图 7-33　两道尺寸标注

⑤ 同理，按照第④步的方法步骤，完成其他方向的两道尺寸标注，如图 7-34 所示。

4）文字标注

① 将文字图层置为当前层。

② 在命令栏输入单行文字命令快捷键 DT→S（样式，前文已定义了两种样式）→输入

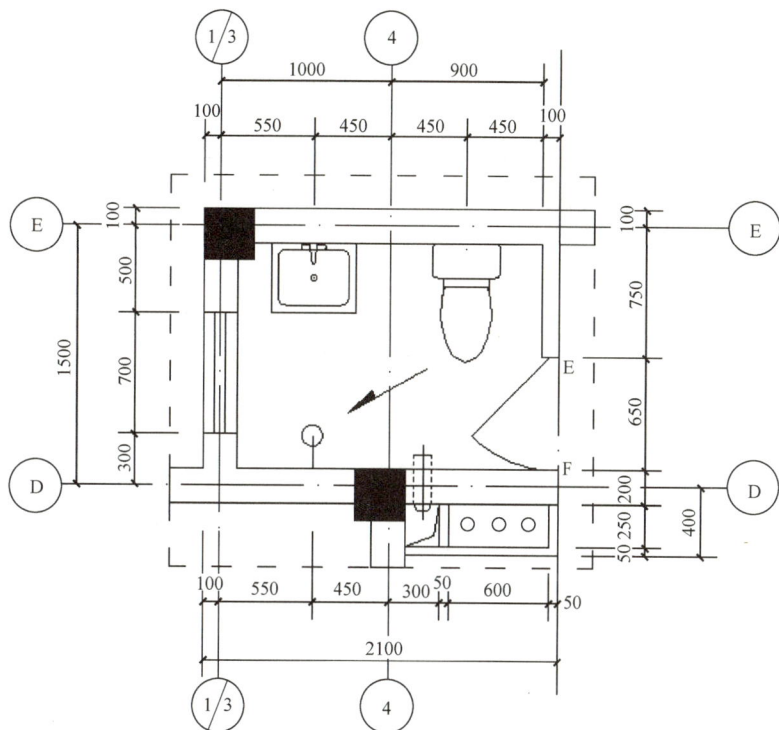

图 7-34 完整的尺寸标注

样式名"汉字"→指定文字的中间点,在①、⑥轴交⅓、④轴的适当地方点击左键→指定文字高度,输入"175"→指定文字的旋转角度,回车(默认旋转 0°)→输入"卫 T-1"→回车(确认文字)→回车(结束命令)。

③ 同理第②步,标注图名,文字高度为"350"。

④ 同理第②步,标注坡度,文字样式名为数字,旋转角度"30°",文字高度为"150"。

⑤ 在命令栏输入多段线命令快捷键 PL→在图名左下角点击(确定多段线起点)→W(宽度)→指定起点宽度,输入"30"→指定端点宽度,输入"30"→指定下一个点,在图名右下角点击(确定多段线端点)。

⑥ 用直线(L)命令绘制图名下的细实线,如图 7-35 所示。

项目总结

　　卫生间详图就是一个小的平面图,首先掌握建筑详图的基础知识,学习建筑详图的绘图步骤,再通过任务训练,学习绘图环境的设置,掌握添加标注、文字说明、图名等绘制步骤。卫生间详图图形较小,但是包含的绘图过程复杂,难点是绘图步骤较多,学生第一次接触完整的平面图绘制,又要结合建筑规范并运用所学的命令绘图,即要将专业和软件完美地结合。总之首先需要熟悉绘图步骤、建筑规范,理解之后才能熟练掌握绘图技巧,掌握其绘制过程将为项目 9 的绘制打下良好的基础,同时培养学生养成规范画图的习惯、耐心细致的工作态度和正确的绘图顺序。

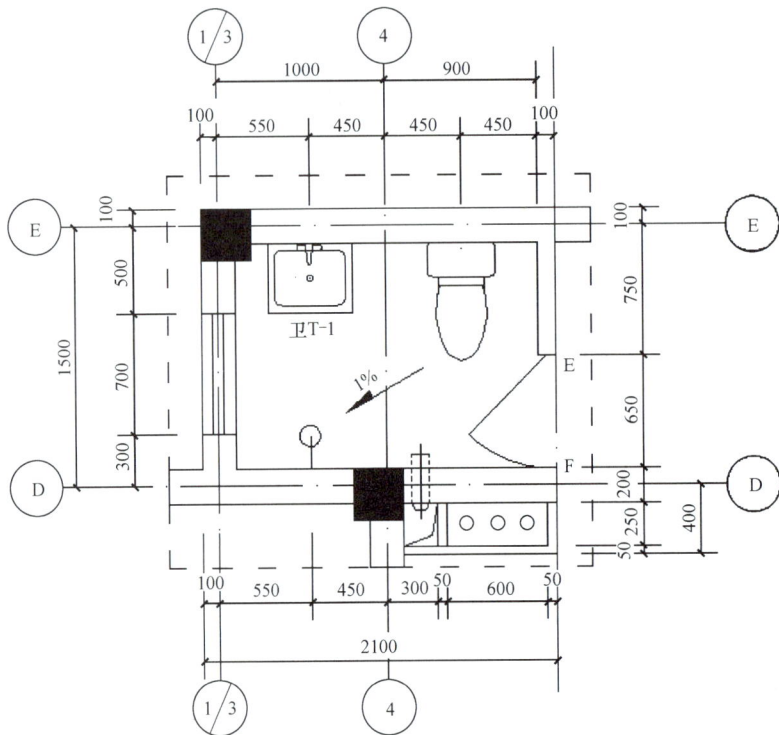

图 7-35 卫生间 T-1 详图

提升演练 🔍

1. 单选题

（1）轴线用（ ）线绘制。

A. 实线　　　　　　B. 虚线　　　　　　C. 点画线　　　　　　D. 粗实线

（2）剖到的墙体用（ ）线绘制。

A. 实线　　　　　　B. 虚线　　　　　　C. 点画线　　　　　　D. 粗实线

（3）图名文字高度是（ ）mm。

A. 3.5　　　　　　B. 5　　　　　　C. 7　　　　　　D. 10

（4）轴线号直径是（ ）mm。

A. 3～5　　　　　　B. 5～6　　　　　　C. 8～10　　　　　　D. 11～12

（5）窗户的长宽高模数是（ ）。

A. 1M　　　　　　B. 2M　　　　　　C. 3M　　　　　　D. 4M

2. 绘图题

绘制某某小区别墅建施 14 中的卫生间 T-2、T-3 详图、卫生间 T-5 详图。

项目 **8**

Chapter 08

样板文件的绘制

▶▶▶

三维教学目标

目标内容	教学目标
知识与技能	通过绘制样板文件,学生能掌握文字样式、尺寸标注样式的设置,以及绘制图框的方法,并能运用这些命令完成其他样板文件的绘制。
过程与方法	通过前面项目的学习,学生已基本掌握了运用 AutoCAD 软件命令绘制图形的基本方法和建筑制图的常用规范,利用前面的知识点并按照建筑规范建立样板文件,要求所有同学独立完成并提交作业,充分理解样板文件的重要性,为后续项目的图形绘制提供基本样板。
情感态度与价值观	本组成员分任务查阅规范,按规范要求完成样板文件的设置,通过讲解样板文件的用途,使同学们了解在后续的绘图中直接调用样板文件,将节约大量时间、提高工作效率,告诉同学们做事要讲方法、讲技巧,激发创新思维。

思维导图

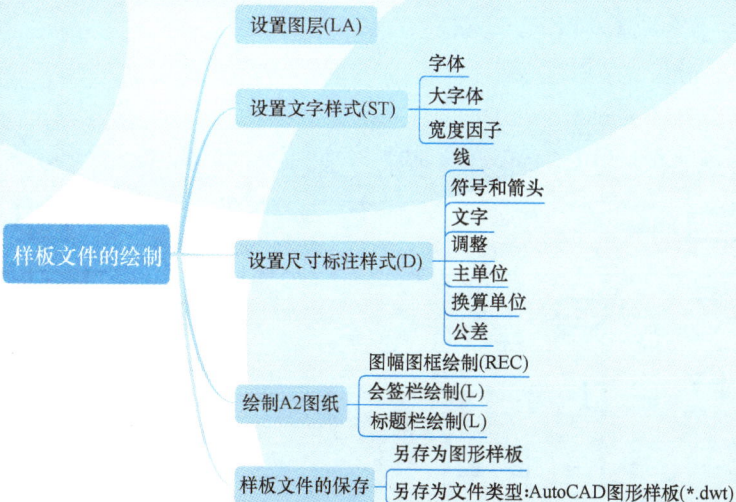

任务 8.1　样板文件的绘制

1. 任务描述与分析

绘制某某小区别墅施工图 A2 图纸样板，如图 8-1 所示。该样板由图幅图框、标题栏和会签栏组成。可以利用矩形（REC）命令绘制图幅、图框，再利用直线（L）命令绘制标题栏和会签栏，最后输入文字。在绘制之前，先设置图层、文字样式和尺寸标注样式。

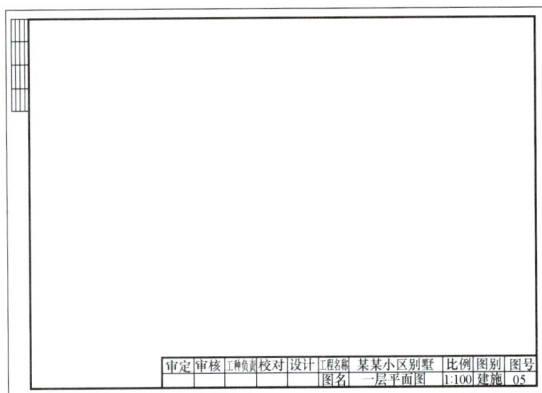

图 8-1　A2 图纸样板

2. 方法与步骤

（1）设置图层

1）设置图层方式

① 命令行：LA 或 LAYER。

② 菜单栏：格式→图层。

③ 工具栏：图层→ 。

2）图层管理器状态说明，如图 8-2 所示。

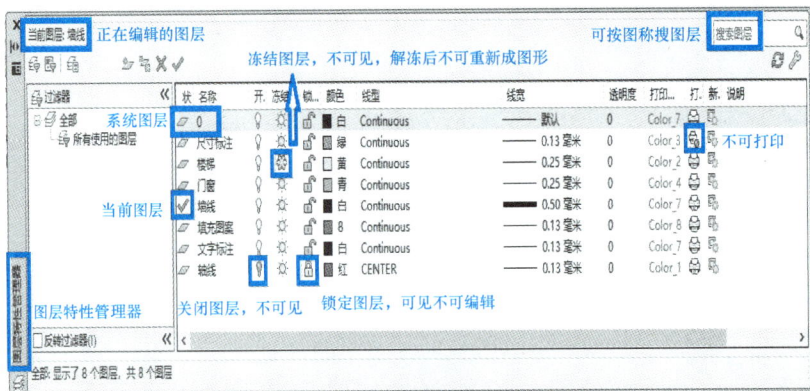

图 8-2　图层管理器状态说明

3）设置"轴线"图层

① 设置轴线图层：在命令栏输入图层特性管理器快捷键 LA→弹出【图层特性管理器】对话框，利用该对话框可以新建图层或修改当前图层，点击 ✍ （新建图层）按钮→在名称列下输入"轴线"，如图 8-3 所示。

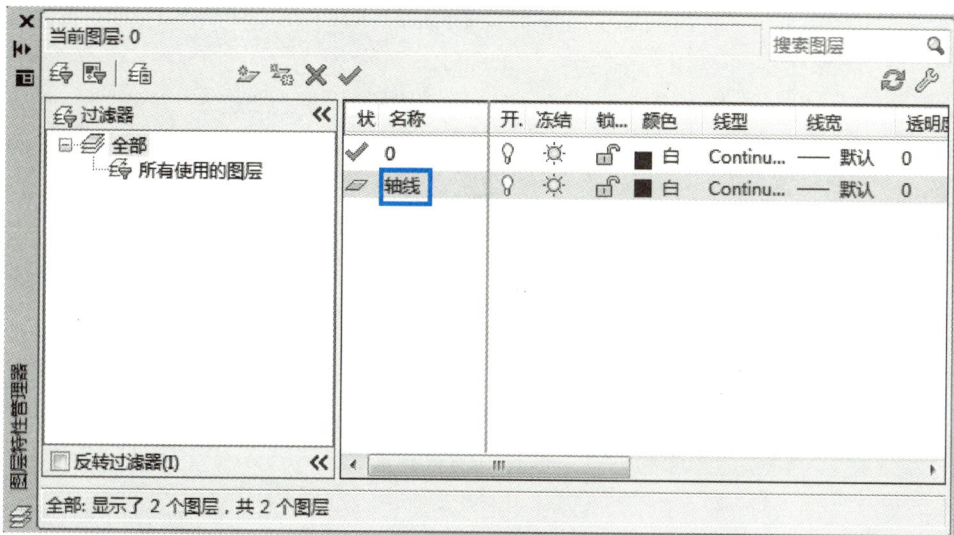

图 8-3　图层命令

② 设置图层颜色：点击颜色列下色块→弹出【选择颜色】对话框，选中红色→点击【确定】，如图 8-4 所示。

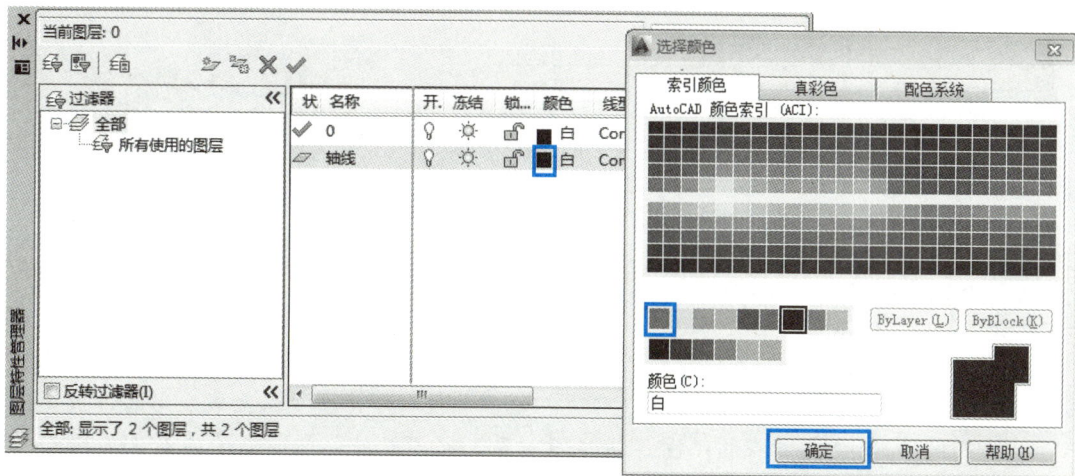

图 8-4　图层颜色

③ 设置图层线型：点击线型列下"Continuous"→打开【选择线型】对话框→点击【加载】→打开【加载或重载线型】对话框→选择线型"CENTER"→点击【确定】，如图 8-5 所示。

④ 设置线宽：点击线宽列下默认→打开【线宽】对话框→点击选择线宽"0.13mm"→点击【确定】，如图 8-6 所示。

图 8-5　图层线型

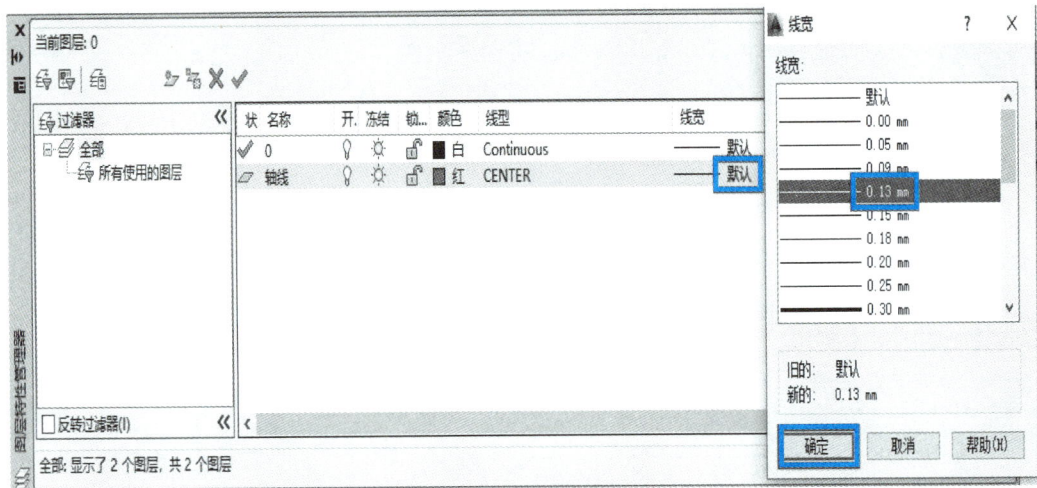

图 8-6　图层线宽

⑤ 同样步骤设置其他图层，图层特性可参考图 8-2。

技巧

　　0 图层是系统图层，不能删除。在操作中，有且只有一个当前图层，且够用的前提下，图层越少越好。关闭的图层不可见，也不能被打印，当重新生成图形时，被关闭的图层将一起生成，冻结的图层同样不可见，也不能被打印，但是重新生成图形时，系统不再重新生成该图层上的对象。

（2）设置文字样式

1）设置文字样式方式

① 命令行：ST 或 STYLE 或 DDSTYLE。

② 菜单栏：格式→文字样式。

③ 工具栏：样式→文字样式。

2）操作步骤

① 打开文字样式对话框

在命令栏输入快捷键 ST→弹出【文字样式】对话框，如图 8-7 所示，利用该对话框可以新建文字样式或修改当前文字样式。

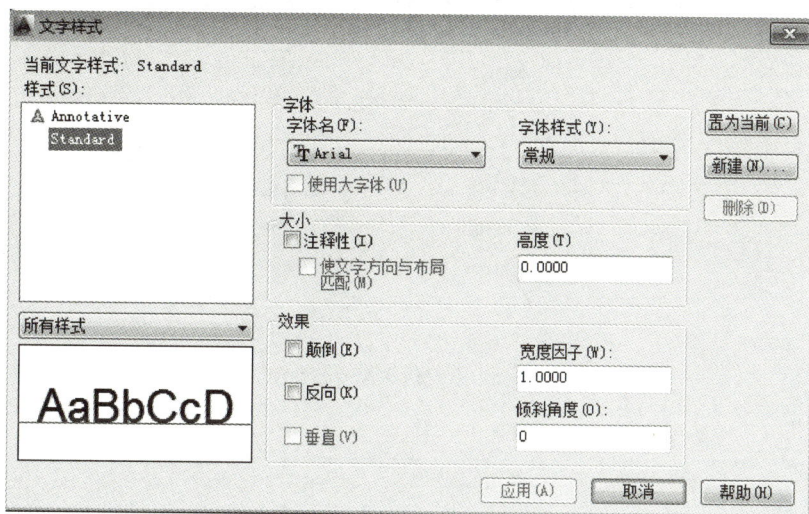

图 8-7　文字样式对话框

② 新建文字样式

点击【新建】→输入样式名"汉字"→选择字体名的下拉菜单"宋体"→选择字体样式的下拉菜单"常规"→输入宽度因子"0.7"，其他参数选择默认值→点击【应用】，如图 8-8 所示。

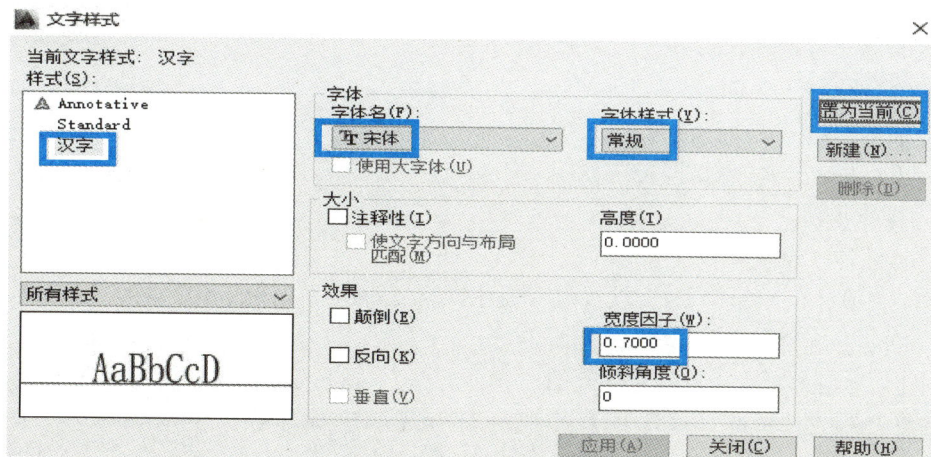

图 8-8　设置汉字的文字样式

再次点击【新建】→输入样式名"数字"→选择字体名的下拉菜单"gbenor. shx"→勾选"使用大字体"→选择大字体的下拉菜单"gbcbig. shx"（需勾选使用大字体才设置大字体样式）→输入宽度因子"1"，如图 8-9 所示。

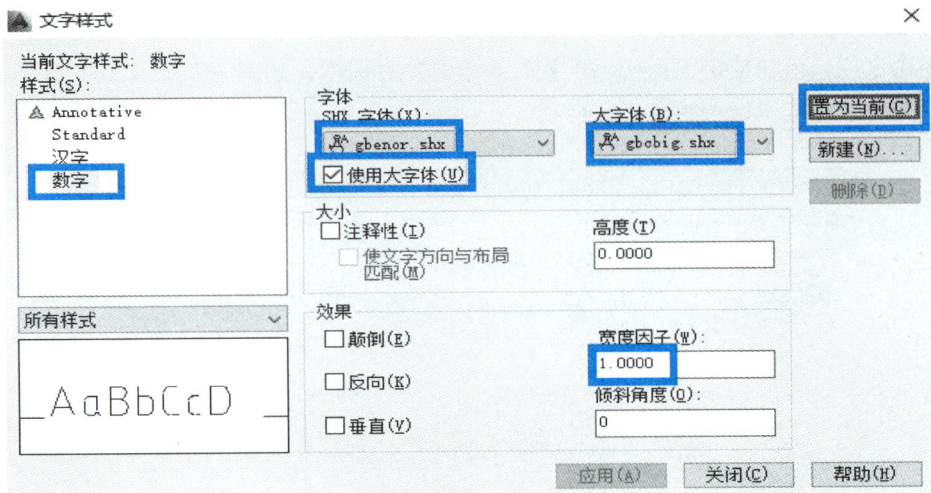

图 8-9　设置数字的文字样式

> **技巧**
>
> 　　设置文字样式时，默认样式"Standard"不能删除，也不能重命名。若打开一个 *.dwg 文件后，文字出现"？"，则表明在 AutoCAD 中没有改字库文件，只要把文件中的字体改为本文推荐的字体即可正常显示。中文文字样式如果不采用大字体时，宽高比应设为 0.7，采用大字体时应设为 1。文字高度为 0，满足使用时不同字高的要求。

（3）设置尺寸标注样式

1）设置尺寸标注样式方式

① 命令行：D 或 DIMSTYLE。

② 菜单栏：格式→标注样式。

③ 工具栏：样式→标注样式。

2）操作步骤

① 标注样式设置

参照"项目 5-任务 5.1-2"设置尺寸标注样式，新建标注样式名为"100"。

② 创建"直径标注"子样式

创建以标注样式"100"为基础的"直径标注"子样式→在【用于】的下拉列表中，选择"直径标注"→点选【继续】按钮→打开【新建标注样式】对话框，如图 8-10 所示。

在"符号和箭头"选项卡中，选择箭头第一个和第二个为"实心闭合"→输入箭头大小"1.5"，如图 8-11 所示。

在"文字"选项卡中，选择"文字位置"垂直下拉菜单"外部"→选择"文字对齐"中"水平"按钮，如图 8-12 所示。

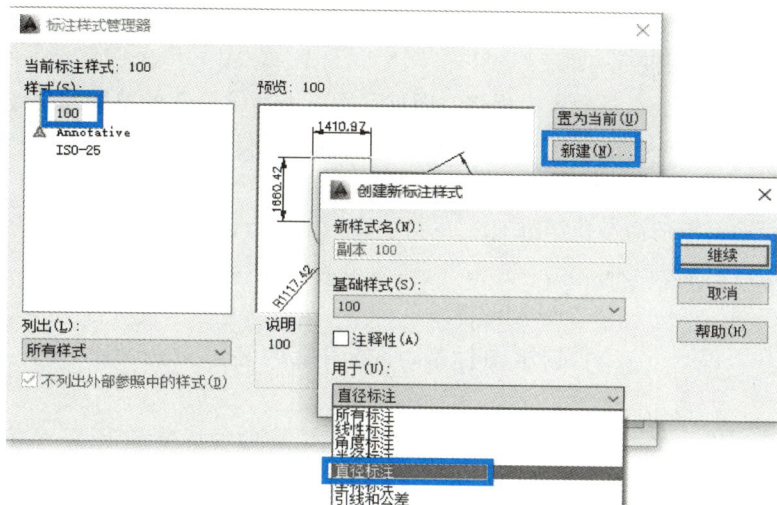

图 8-10　创建"直径标注"样式

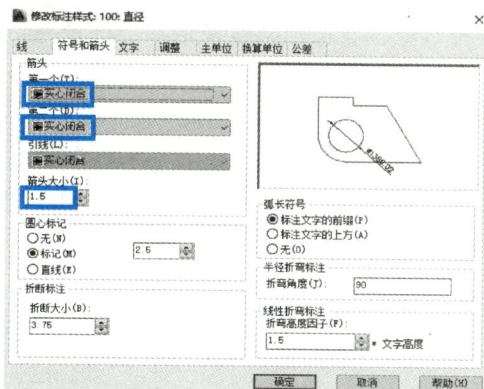

图 8-11　直径标注—"符号和箭头"选项卡

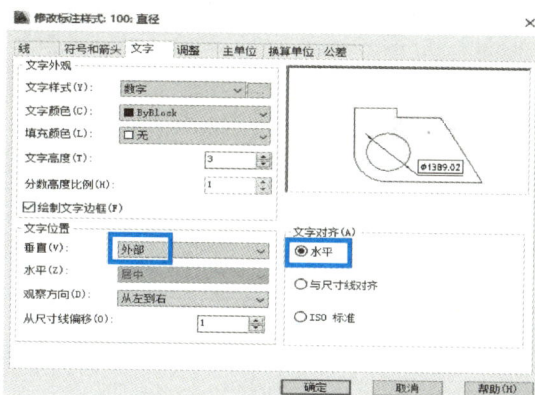

图 8-12　直径标注—"文字"选项卡

📑 **技巧**

　　在尺寸标注样式中，尺寸标注的数字、箭头大小等于标注样式中各项值与调整选项卡中全局比例的乘积，出图比例若为 1：50，则表示此图打印是缩小为 1/50 打印，标注样式中全局比例应设为 50。

📑 **知识链接**

　　《房屋建筑制图统一标准》GB/T 50001—2017 中对尺寸标注做出了以下规定：

　　① 图样本身的任何图线均不得用作尺寸线。

　　② 尺寸数字应依据其方向注写在靠近尺寸线的上方中部。如没有足够的注写位置，最外边的尺寸数字可注写在尺寸界线的外侧，中间相邻的尺寸数字可上下错开注写，可用引出线表示标注尺寸的位置。

（4）绘制 A2 图纸

1）绘制图幅、图框

图纸幅面是指图纸本身的大小规格，图框是图纸上所供绘图的范围的边线。图纸不论采用横式或立式，图幅线用细实线、图框线用粗实线绘制。

① 绘制 A2 图幅（59400mm×42000mm）

在命令栏输入矩形命令快捷键 REC→指定第一个角点，输入（0，0）（矩形的起点）→指定另一个角点，输入"59400，42000"（输入矩形的另一个角点）→回车。

② 绘制图框线

根据制图标准，A2 图纸的装订边为"2500"，其余三边为"1000"。

方法一：在命令栏输入矩形命令快捷键 REC→指定第一个角点，输入（2500，1000）（矩形的起点）→指定另一个角点，输入"58400，41000"（输入矩形的另一个角点）回车。

方法二：在命令栏输入偏移命令快捷键 O→输入指定偏移距离，输入"1000"→选择偏移对象，点选图幅线任意一个位置→指定要偏移的那一侧上的点，光标移动到图幅线以内，再点击→选择左边图框线中间夹点，向右移动"1500"。

选中图框线→右键单击→选择"特性"→弹出【特性】对话框→在"全局宽度"处输入"100"（图 8-13）→点击【关闭】，完成后的图幅图框，如图 8-14 所示。

图 8-13　特性赋值

图 8-14　A2 图幅图框

2）绘制会签栏

按图 8-15 尺寸绘制会签栏，用细实线绘制，并摆放在图框左上角外侧。

在命令栏输入矩形命令快捷键 REC→指定第一个角点，点击图框左上角作为起点 C→指定另一角点，输入"@−1600，−7200"（矩形的另一个角 A 点）→回车，在命令栏输入分解命令快捷键 X→选择对象，选择刚绘制的矩形→回车，在命令栏输入偏移命令快捷键 O→指定偏移距离，输入"400"→选择 AB 直线向右任意一点点击，以此类推，向右偏移 2 条，同理，将 BC 直线向下偏移"1800"，向下偏移 3 条，如图 8-16 所示。

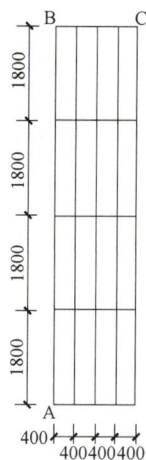

图 8-15　会签栏

图 8-16　A2 会签栏

3）绘制标题栏

① 绘制标题栏

按图 8-17 尺寸绘制标题栏，并摆放在图框的右下角，标题栏的外框线为中粗实线，中粗实线线宽为"50"，其余分格线为细实线，其画法可参照会签栏的绘图步骤。

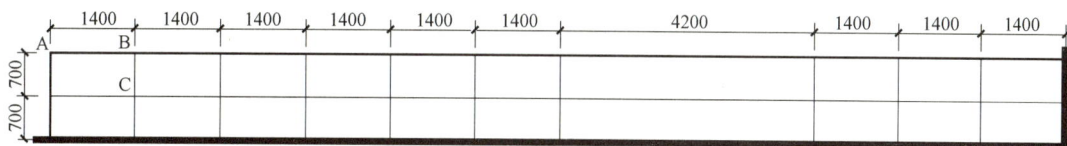

图 8-17　标题栏

② 标注文字

在格式工具栏中选择文字样式"汉字"→在命令栏输入单行文本快捷键 DT→指定文字中点，输入"J"→输入"MC"→追踪 AB、BC 直线中点点击→指定高度，输入"300"→文字的旋转角度，输入"0"→回车→输入"审定"→回车。利用复制（CO）命令，把"审定"文字复制到其他格子，双击修改文字即可。如图 8-18 所示。

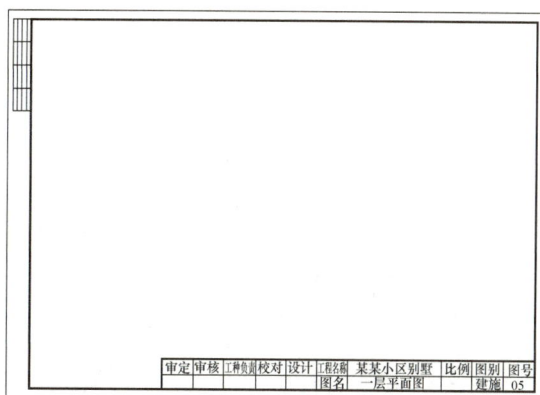

图 8-18　A2 图框

技巧

① 绘图采用的是 1∶1，所以绘制 A2 号图框的时候，将尺寸放大了 100 倍。

② 标注多处文字时，利用单行文本标注，先标注一处文字，其他文字通过复制、双击文字、修改文字内容即可。

知识链接

单行文字用于输入比较简单的文字信息，每一行都是单独对象，可以灵活地移动、复制和旋转。在创建多行文字（MT）时，只要指定文字的起始点和宽度后，AutoCAD 就会打开文字编辑器选项卡和多行文字编辑器，如图 8-19 所示。该编辑器与 Word 编辑器界面相似，功能上趋于一致。

图 8-19　文字编辑器选项卡

（5）样板文件保存（文件名为：样板文件.dwt）

将设置好的图层、文字样式、标注样式、A2 图纸格式等保存为样板文件，方便以后可以直接使用。

方法一：点击主菜单"文件"→选择下拉菜单中"另存为"→弹出【图形另存为】对话框→选择"文件类型"下拉菜单中的"AutoCAD 图形样板（∗.dwt）"→在"文件名"中输入"样板文件"（图 8-20）→点击【保存】→点击【确定】。

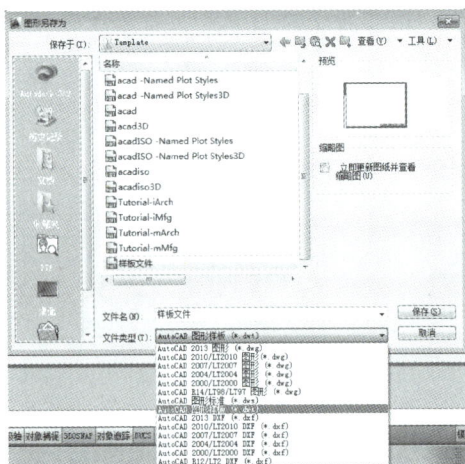

图 8-20　图形另存为对话框

方法二：点击左上角图标▲→点击下拉菜单中的"另存为"→选择"图形样板"（图8-21）→弹出【图形另存为】对话框→在文件名中输入"样板文件"→点击【保存】→点击【确定】。

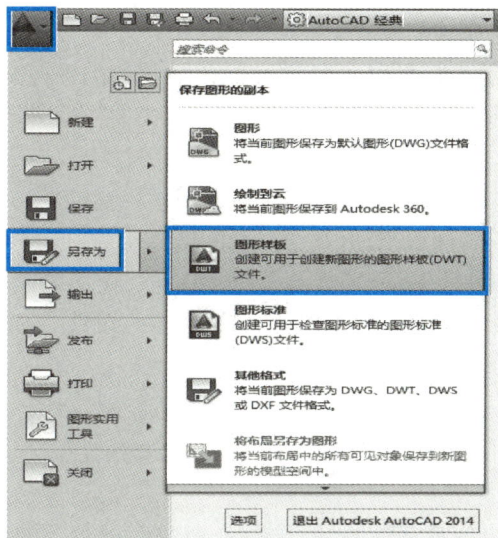

图 8-21　另存为图形样板对话框

知识链接

① 在工程中常用的图纸图幅包括有 A0、A1、A2 和 A3 等，可针对每种标准图幅定义一个样板图，其扩展名为".dwt"，当要新建文件时，可在打开的"选择样板"对话框中直接调用所需的样板。

②《房屋建筑制图统一标准》GBT 50001—2017 中第 3.1.5 条：一个工程设计中，每个专业所使用的图纸，不宜多于两种幅面，不含目录和表格所采用的 A4 幅面。

项目总结

样板文件是用于储存图形所有设置的文件，包括图层、文字样式、标注样式等参数，样板文件的后缀名是".dwt"。样板文件作为预设文件，可以使我们快速打开投入工作，在这个文件的基础上，根据实际情况进行各种参数的修改、重新设置等，同时，可将修改后的文件保存为".dwg"文件。

提升演练

1. 单选题

（1）在设置标注样式时，系统提供了（　　）种文字对齐方式。

A. 4   B. 3   C. 2   D. 1

(2) 下列有关文字样式的说法错误的是（   ）。

A. STANDARD 文字样式可以修改，但是不能被删除或重命名

B. 在文字样式对话框中，可以对文字样式进行新建、修改、重命名和删除操作

C. 字体的默认值为 2.5

D. 在字体文件设置区中，可以使用 Windows 中提供的任何字体

(3) 下列选项当中不需要设置文字样式的是（   ）。

A. 标注样式   B. 表格样式

C. 图块属性   D. 图层

(4) 当前图层（   ）被关闭，（   ）被冻结。

A. 不能，不能   B. 不能，可以

C. 可以，不能   D. 可以，可以

(5)（   ）的名称不能被修改或删除。

A. 0 层   B. 标准层

C. 当前层   D. 未命名的层

2. 绘图题

(1) 按图 8-22 所示，完成相应图层、线型、线宽、颜色等的设置。

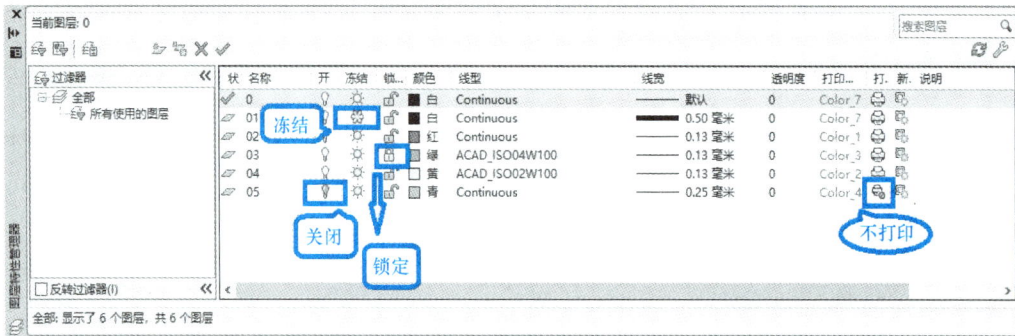

图 8-22　图层属性管理设置

(2) 创建以下标题栏并填写文字，文字高度为 5，字体为仿宋，并将其修改到相应的图层上，如图 8-23 所示。

(3) 按 1∶1 的比例绘制 A3 图纸，且创建 A3 样板图，如图 8-24 所示。

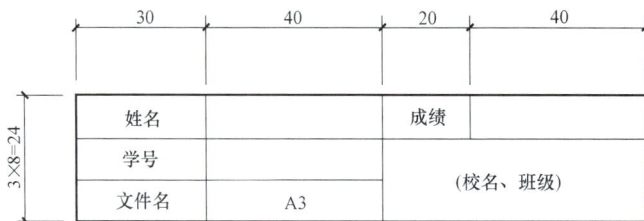

图 8-23　标题栏

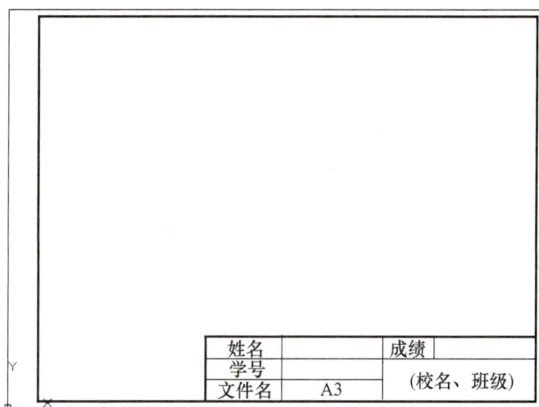

图 8-24　A3 图纸

（4）设置标注样式，并完成以下标注，如图 8-25 所示。

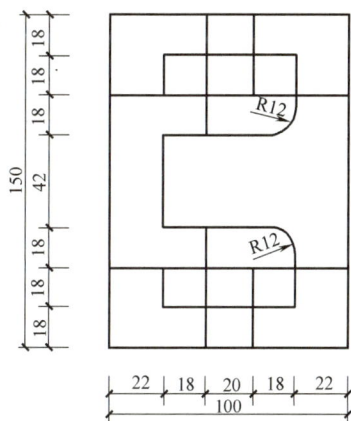

图 8-25　尺寸标注练习

平面图的绘制

三维教学目标

目标内容	教学目标
知识与技能	通过建筑平面图的绘制学习,熟悉建筑平面图的基本知识,掌握 AutoCAD 绘制建筑平面图的基本步骤。理解绘制所涉及的基本绘图命令和编辑命令,理解图层的作用,掌握线型的运用、比例的设置和规范绘制的方法技巧。
过程与方法	学生在绘制平面图时,按不同类型的学生进行分组并选出负责人,各组成员团结互助、分工协作。调用样板文件,并根据需要修改样板文件,在样板文件中绘制,共同完成任务。掌握建筑平面图的绘制原理和方法,理解建筑制图规范,培养学生识图、绘图能力。
情感态度与价值观	通过分组学习平面图的绘制,要求学生既能独立思考,又善于团队协作,适应工作后的工作模式和习惯。通过该项目的学习,锻炼学生实操能力、培养良好的建筑观和大局意识。

思维导图

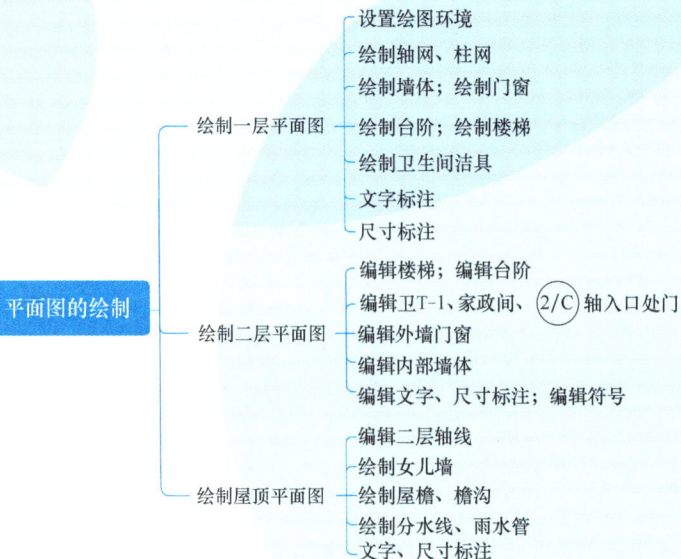

建筑平面图即为房屋的水平剖面图，也就是假想用一个水平平面经门窗洞口处将房屋剖开，把上部移走，对剖切面以下部分用正投影法得到的投影图。

建筑平面图是用来表达建筑物的平面大小、形状，门、窗、柱等建筑构件，房间的布局的图形。一栋建筑物每一层都有对应层的平面图，分别叫一层（底层）平面图、二层平面图……屋顶平面图。如果有一些楼层的平面布置相同，就可以共用一个平面图，但要标出这些层的层数，如"2～4层平面图"或"标准层平面图"。

建筑平面图绘制内容，一般包括轴线、墙、柱、门窗、楼梯等构件的位置、形状和材料，尺寸与文字标注等内容。有时还可能要绘制平面详图。对不同结构的多层建筑应分层绘制对应层的平面图。建筑平面图所绘制的构件和内容较多，为了绘制、编辑管理的方便，对每一类构件应建立对应的图层，便于分类、分层管理。

在绘制建筑平面图时，一般应先绘制一层平面图，再利用一层平面图依次修改成其他层次（包括屋顶）的平面图。根据建筑构件的位置和尺寸关系，建筑平面图的一般绘制步骤如下：

（1）设置绘图环境：包括图形界限、图层、线型设置。

（2）绘制轴网和柱网。

（3）绘制墙体。

（4）绘制门窗。

（5）绘制台阶。

（6）绘制楼梯。

（7）绘制卫生间洁具。

（8）文字标注。

（9）尺寸标注。

任务 9.1　绘制一层平面图

1. 任务描述与分析

绘制某某小区别墅建施 05 中的一层平面图，如图 9-1 所示。该图为双拼别墅，主要用到直线（L）、多线（ML）、矩形（REC）等绘图命令，还会用到偏移（O）、延伸（EX）、修剪（TR）等修改命令。用 AutoCAD 绘制平面图的步骤与手工绘图相似，先绘制轴线，再绘制墙体、门窗洞口，然后文字注释、尺寸标注等，最后整理平面图。

2. 方法与步骤

（1）设置绘图环境

1）调用样板文件

调用样板文件→找到样板文件存放位置→双击打开，如图 9-2 所示。

2）图层修改

打开样板文件后，根据不同图纸的需要，增加、删除图层，修改图层属性，打开"图层特性管理器"，如图 9-3 所示。图层数量、图名、颜色等仅供大家参考，实际操作时，可根据需要自行调整。

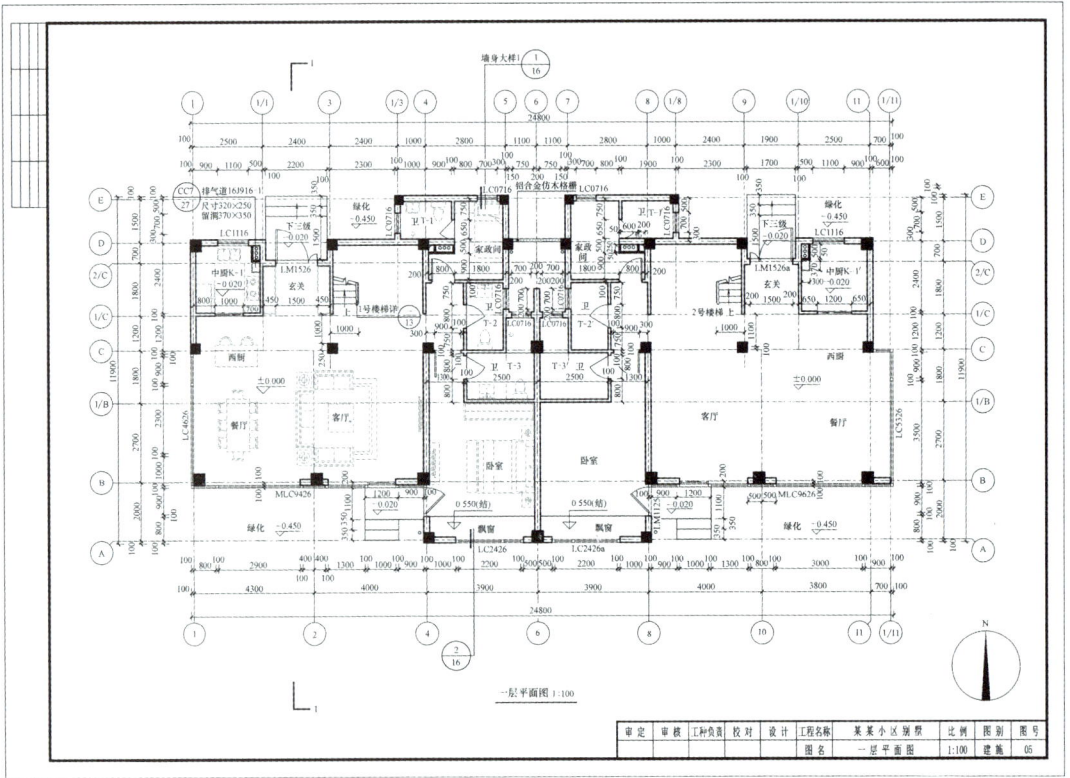

图 9-1　一层平面图

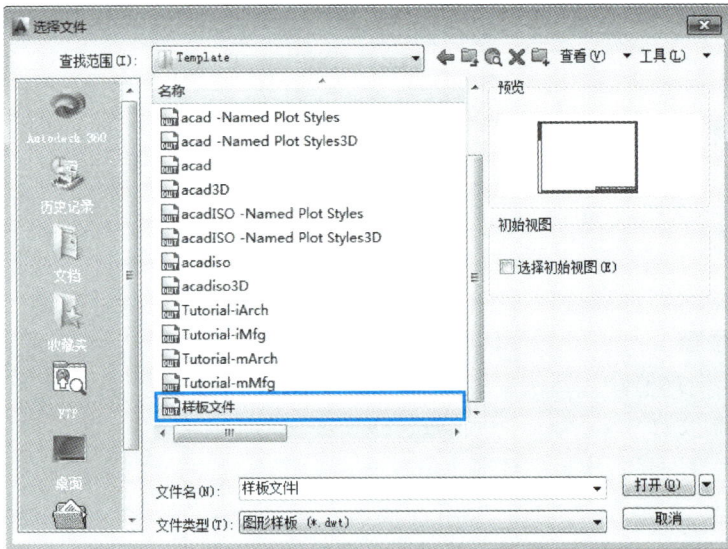

图 9-2　打开样板文件

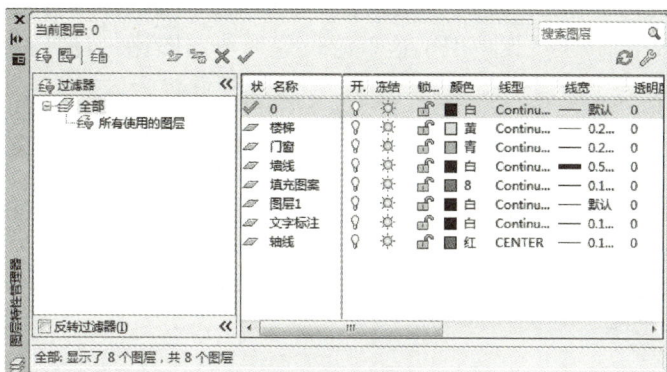

图 9-3　图层特性

① 新建图层：在绘制平面图时，有时需要绘制辅助线，所以在样板文件提供的图层数量的基础上，新建图层"辅助线"，颜色为"白色"、线型为"Continuous"、线宽为"0.13"。

② 删除图层：根据绘图需要，可以删除不需要的图层，选中图层，点击"×"图标进行删除。

③ 修改图层名称：需要修改图层名时，双击图层名，删除原有图层名，输入新的图层名。

④ 修改图层颜色：根据不同的用户操作习惯和公司规定，图层可分别设置不同的颜色。点击需要修改颜色图层对应的颜色→弹出【选择颜色】对话框（图 9-4）→比如选择蓝色→点击【确定】。

⑤ 修改图层线型：根据《房屋建筑制图统一标准》GB/T 50001—2017 规定，修改如图 9-3 所示的线型特性，比如点击轴线图层对应的"CENTER"→弹出【选择线型】对话框（图 9-5）→点击【加载】→弹出【加载或重载线型】对话框（图 9-6）→重新选择"CENTER"线型，点击【确定】。

⑥ 修改图层线宽：点击图层对应的线宽→弹出【线宽管理器】对话框，选定需要的线宽→点击【确定】。

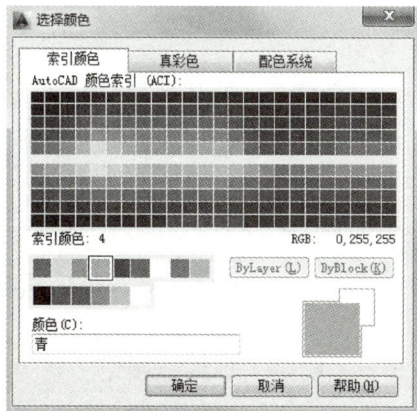

图 9-4　图层颜色

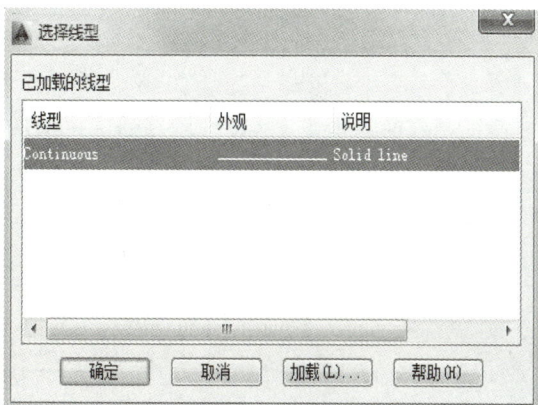

图 9-5　图层线型

⑦ 设置线型比例：点击菜单栏【格式】→线型，打开【线型管理器】对话框（图 9-7）→点击"显示细节"，全局比例因子这里应设置为与出图比例保持一致，例如出图比例为 1∶100，则全局比例因子应为 1∶100，缩放比例设置为"1"。

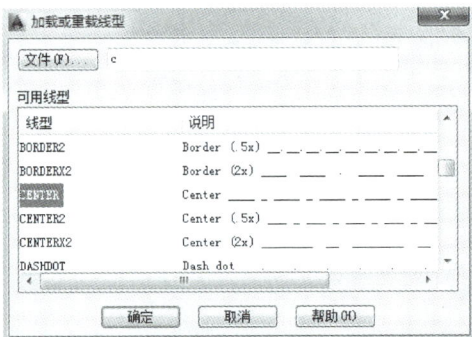

图 9-6　加载线型

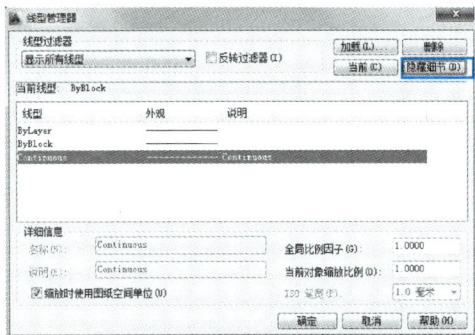

图 9-7　线型管理器

3）图层的理解

为了便于理解图层概念，可以结合手工绘图时借助透明的硫酸纸作图的情况进行说明，例如当图需要修改时，可以利用硫酸纸透明的特性，将需要修改的各部分分别绘制在不同的硫酸纸上，并将其叠放在一起。当需要修改某一部分时，可以直接抽出单独修改。

现在我们把图层也理解成为透明的图纸，现有 8 个图层，分别可以将轴线绘制在轴线图层上，将墙体绘制在墙线图层上，比如需要修改墙体，可以对墙体图层进行单独修改，不会影响到其他图层的绘制。每个图层上都有对应的颜色、线型、线宽等各种特性和开、关、冻结等不同的状态。

技巧

① 通过【图层控制】选项窗口，可以修改图层的开关、加锁和冻结，对于快速编辑图形是个非常好用的命令。

② 如果新建图层，在 0 号图层下点击新建，建完需要的图层后再修改各层特性。

知识链接

《房屋建筑制图统一标准》GB/T 50001—2017 中对图线做出了以下规定：

① 图线的基本线宽 b，宜按照图纸比例及图纸性质从 1.4mm、1.0mm、0.7mm、0.5mm 线宽系列中选取。每个图样，应根据复杂程度与比例大小，先选定基本线宽 b，再选用相应的线宽组。

② 工程建设制图中，定位轴线应采用单点长划线。

9-1 轴网的绘制

（2）绘制轴网和柱网

建筑平面设计绘制一般从定位轴线开始。确定了轴线就确定了整个建筑物的承重体系和非承重体系，也就确定了建筑物房间的开间深度以及楼板柱网等细部的布置。所以，绘制轴线是使用 AutoCAD 进行建筑绘图的基

本功之一。

1）绘制纵向轴线

① 将"轴线"图层置为当前图层：点击【图层】工具栏上【图层控制】右侧下拉菜单，点击"轴线"图层，则轴线图层设置为当前图层。也可在命令栏输入图层命令快捷键 LA→弹出【图层特性管理器】→双击"轴线"图层→点击【确定】。第一种操作更便捷一些，当然通过图层控制窗口，也可以快捷进行图层开关、冻结等操作。

② 绘制Ⓐ轴线：在命令栏输入直线命令快捷键 L→任意位置点击指定第一点→输入"25600"（Ⓐ轴长度 24800mm，加长 800mm)→回车。

③ 偏移出其他纵向轴线：在命令栏输入偏移命令快捷键 O→指定偏移距离，输入"2000"→回车→选择要偏移的对象，点取Ⓐ轴线上任意一点→指定要偏移的那一侧上的点，在Ⓐ轴线的上方任意位置点击，偏移生成Ⓑ轴线。按空格键重复偏移命令，依次输入纵向定位轴线分别为"2700、1800、1200、1800、700、1500"，完成纵向定位轴线Ⓑ～Ⓔ的绘制，具体如图 9-8 所示。

图 9-8　绘制纵向轴线

2）绘制横向轴线

① 绘制①轴线：在命令栏输入直线命令快捷键 L→靠近Ⓐ轴左端点右下方指定一点→输入"12700"（①轴长度 11900mm，加长 800mm)→回车。

② 绘制下开间横向轴线：利用偏移命令，将①轴线依次向右偏移"4300、4000、3900、3900、4000、3800、700"，完成横向定位轴线下开间②～⑩轴线的绘制。

③ 绘制上开间横向轴线：利用偏移命令，将①轴线依次向右偏移"2500、2400、2400、1000、2800、1100、1100、2800、1000、2400、1900、2500、700"，完成横向定位轴线上开间⑰～⑩轴线的绘制，如图 9-9 所示。

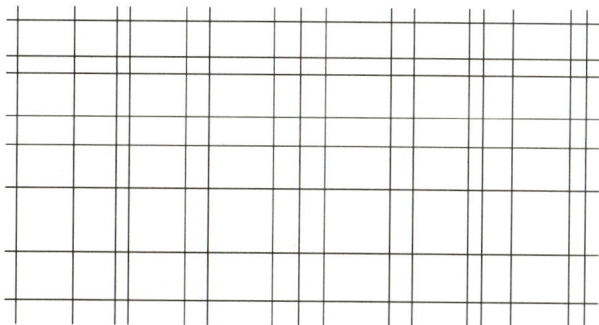

图 9-9　绘制轴网

3）整理轴网

① 四周轴线：可以通过拉伸命令对轴线进行拉长或缩短，保持四周轴线长短一致。

② 上下开间轴线：上下开间轴线交叉会影响图纸的绘制，可以利用夹点、拉伸命令缩短上下轴线，适当处理中间部分轴线。修改完毕后如图 9-10 所示。

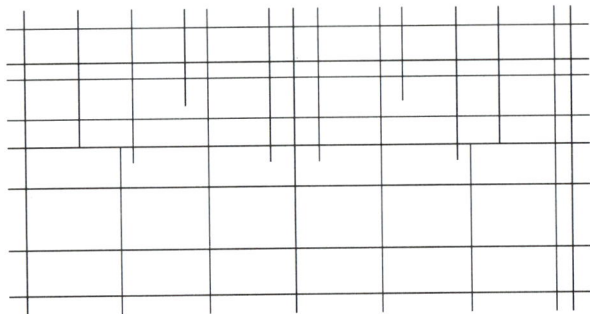

图 9-10　整理后轴网

4）标注轴线编号

标注轴线编号有 2 种方式，第一种方式：先绘制一个轴线编号图，其他各个轴线编号选用复制命令，然后再编辑文字内容；第二种方式：先创建轴线号图块，然后插入图块的方法完成其他轴线编号的绘制。在本例中，以创建图块方式完成轴线编号的标注。利用图块与属性功能绘图，不但可以提高绘图效率，节约图形文件占有磁盘空间，还可以使绘制的工程图规范、统一。

① 绘制轴线号：在命令栏输入圆命令快捷键 C→指定圆的圆心，在绘图空白处点击→指定圆的半径，输入"400"→回车。

② 块属性定义：点击【绘图】→选择"块"→选择"定义属性"（图 9-11）→弹出【属性定义】对话框→在"属性"标记处输入"A"→在"属性"提示处输入"输入轴号"→在"文字设置"对正处选择"正中"→在"文字设置"文字样式处选择"数字"→在"文字设置"文字高度处输入"500"→点击【确定】（图 9-12）→指定起点，在绘制的圆心中点击。

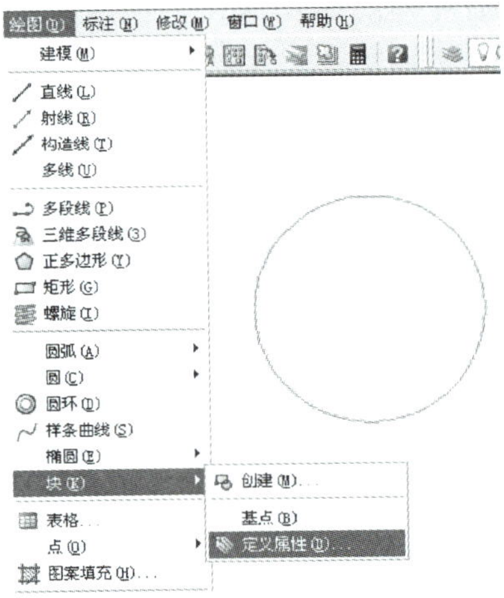

图 9-11　定义属性

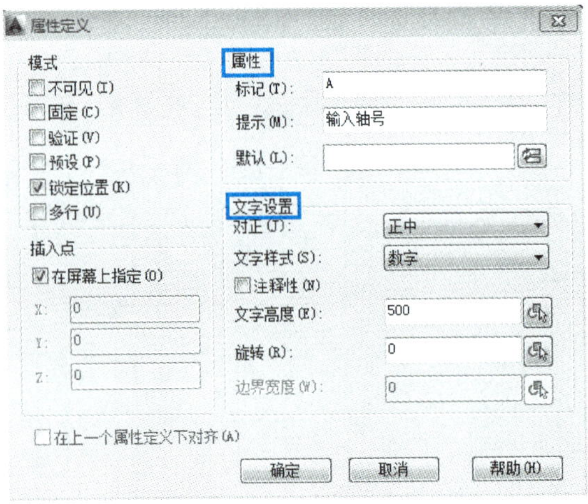

图 9-12　块属性定义

③ 块定义：在命令栏输入块定义命令快捷键 B→弹出【块定义】对话框→在名称中输入"轴线符号"→分别点击"基点""对象"下方的"在屏幕上指定"前的方框→点击【选择对象】按钮→选择上述"块属性定义"的图形→点击【拾取点】按钮，选择捕捉圆的圆心点→点击【确定】（图 9-13）→弹出【编辑属性】对话框→在"输入轴号"处输入"1"→点击【确定】。

④ 插入块：在命令栏输入插入块命令快捷键 I→弹出【插入】对话框→在"名称"处选择"轴线符号"→在"插入点""比例""旋转"下方的"在屏幕上指定"前的方框中打"√"→点击【确定】（图 9-14）→指定插入点，点击轴线端部"400"处→指定比例因子，输入"1"→指定旋转角度，输入"0"→弹出【编辑属性】对话框→在"输入轴号"处，依次重复插入块命令，输入各轴线编号。所有轴线编号完成后，如图 9-15 所示。

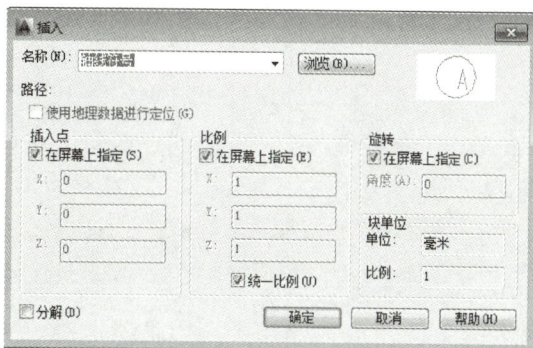

图 9-13   块定义

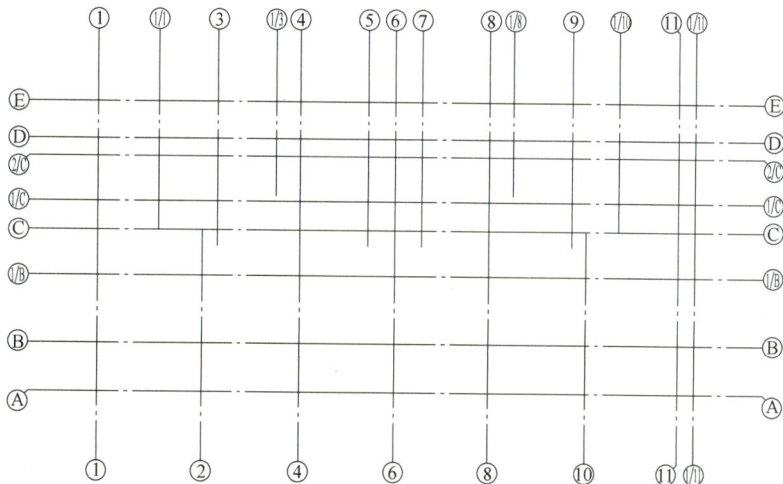

图 9-14   插入块

图 9-15   插入轴号编号

5）绘制柱网

① 将"柱子"图层置为当前图层：点击【图层】工具栏上【图层控制】右侧下拉菜单，点击"柱子"图层，则柱子图层设置为当前图层。若没有可直接新建"柱子"图层。

9-2
柱网的
绘制

② 绘制 400mm×400mm 柱子：在命令栏输入矩形命令快捷键 REC→指定第一个点，在绘图区适当位置点击一点→输入"D"→输入"400"→输入"400"→回车→指定另一个角点，在适当位置点击。同理绘 350mm×350mm 柱子。

③ 填充柱子：在命令栏输入图案填充命令快捷键 H→弹出【图案填充和渐变色】对话框→点击"图案"后的 ⋯ 按钮→弹出【填充图案选项板】→选择"其他预定义"中的"SOLID"→点击【确定】→点击"边界"下"添加：拾取点"前的按钮→回到图形绘制界面，在两种矩形框中任意处点击→点击【确定】。

④ 复制柱子：将填充的两种柱子分别复制到相应的位置。完成柱网如图 9-16 所示。

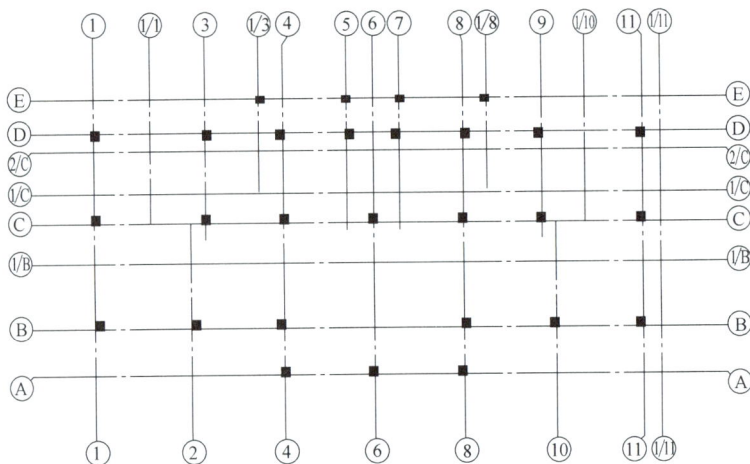

图 9-16 绘制柱网

技巧

① 执行"修剪"命令：可以通过输入快捷键"TR"，然后按"空格"两次，此时鼠标就变成了"小剪刀"，点击任何与其他相交的线段，均可以直接剪掉。

② 执行"延伸"命令：在延伸对象时，如果按着〈Shift〉键选对象则是"修剪"命令。同理，执行"修剪"命令，如果按着〈Shift〉键选对象则是"延伸"命令。"延伸"和"修剪"两命令可以交替使用。

③ 如果执行命令时，不小心做错了，后退可以直接输入"U"命令进行后退，"U"在 CAD 中是放弃。

知识链接

《房屋建筑制图统一标准》GB/T 50001—2017 中对定位轴线做出了以下规定：

① 除较复杂需采用分区编号或圆形、折线形外，平面图上定位轴线的编号，宜标注在图样的下方及左侧，或在图样的四面标注。横向编号应用阿拉伯数字，从左至右顺序编写；竖向编号应用大写英文字母，从下至上顺序编写。

② 组合较复杂的平面图中定位轴线可采用分区编号。

（3）绘制墙体

1）设置多线样式

参照"项目 7-任务 7.1-2"设置多线样式，设置样式名为"2"（可以按照自己的习惯命名，此处的"2"可以理解为 2 条平行线，墙体由 2 条平行线组成）。

9-3
墙体的
绘制

2）绘制墙体

① 绘制宽度为"200"的墙体：在命令栏输入多线命令快捷键 ML→输入 ST（样式）→输入"2"→输入 J（对正）→输入"Z"→输入 S（比例）→输入"200"→开始绘制。

依据规范要求和命令栏提示，分别指定需要的点，到柱子边缘停顿，画出厚度为"200"的墙，然后继续按"空格"重复绘制墙体命令，最后画出全部"200"厚的墙体，结果如图 9-17 所示。

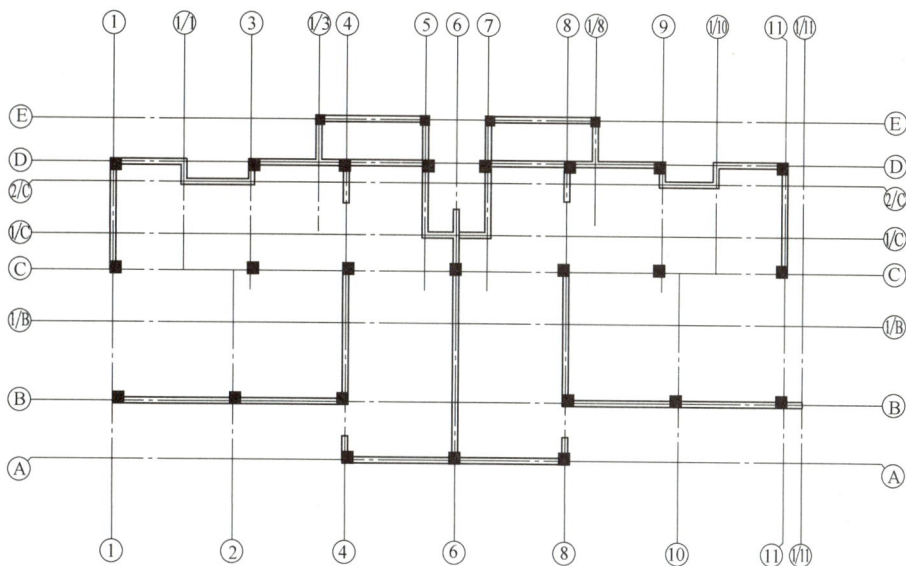

图 9-17　绘制"200"厚墙体

技巧

① 多线样式定义时，图元中的偏移量保持"1"不变，在使用多线时，不同的宽度可以通过调整多线比例（S）完成。

② 多线比例（S）是指实际绘制的多线宽度相对于多线样式中定义宽度的比例因子。若多线样式定义宽度为 2（内、外侧线偏移量各为 1），比例设定为 5，则实际绘制的多线宽度为 10（内、外侧距离为 10），此比例不影响多线的线型比例。

③ 多线对正方式（J）分为"上（T）""无（Z）""下（B）"。其中，"上"指绘制多线时以多线的外侧线为基准，"下"指以多线的内侧线为基准，"无"指以多线的中心线为基准。

② 绘制宽度为"100"的墙体：在命令栏输入多线命令快捷键 ML→输入 S（比例）→输入"100"→开始绘制。最后画出全部"100"厚的墙体，如图 9-18 所示。

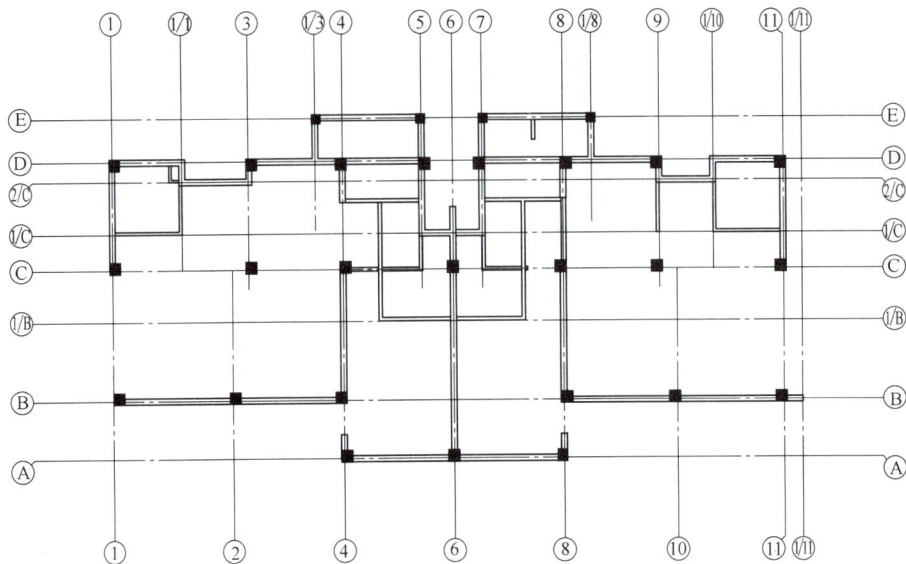

图 9-18　绘制全部墙体

技巧

　　使用空格或〈Enter〉键重复上一次的命令。绘制墙体时，可以直接空格或〈Enter〉键，重复上一步"多线"命令，这样能提高绘图效率。此部分在绘图过程中，除了灵活运用多线命令，还应该掌握空格或〈Enter〉键的重复和结束命令作用。

　　3）编辑墙体

　　首先将轴线图层关闭，在绘制好的任意多线上双击→弹出【多线编辑工具】对话框（图 9-19）→以图 9-20 为例，编辑这部分墙体→点击"T 形打开"→点击 CD 多线上任意一点→点击 AB 多线上任意一点→完成，结果如图 9-21 所示。同理，编辑其他多线 T 形接头处，打开所有 T 形接头。

　　根据上述方法，选择对应接头形状，进行墙体编辑，完成后如图 9-22 所示。

图 9-19　多线编辑

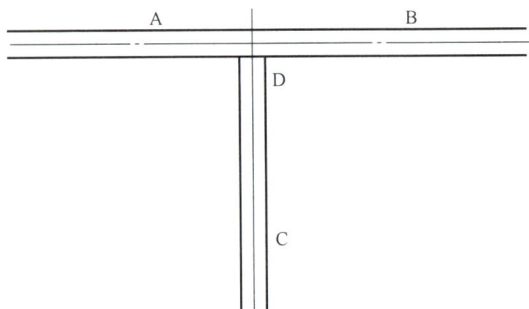

图 9-20　执行"T 形打开"命令

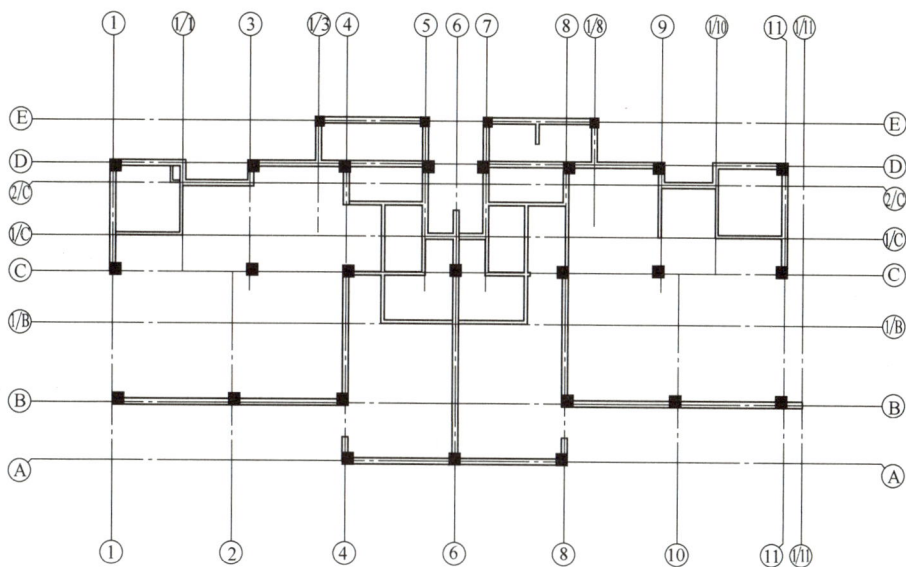

图 9-21　"T 形打开"墙体编辑完成

图 9-22　全部墙体多线编辑完成

技巧

　　在运用"多线"命令绘制墙体时，为了减少修改，建议绘图步骤为：先外后内，先长后短。即先绘制外墙，后绘制内墙。绘制内墙时，先绘制比较长的内墙，再绘制比较短的内墙。编辑墙体时候，优先采用【多线编辑工具】，打通接头处，后采用分解命令完全分解再修剪。

　　（4）绘制门窗

　　在绘制门窗之前，要在墙体上开门洞和窗洞。以①轴上①和⑴轴之间的窗为例，介绍如何在墙上开门洞和窗洞。绘制之前，分别打开"极轴""对象捕捉"和"对象追踪"功能，分别对应的快捷键为"〈F10〉〈F3〉〈F11〉"。

9-4
门窗的
绘制

　　1）开门窗洞口

　　①绘制辅助线：在命令栏输入偏移命令快捷键 O→输入"900"→选择①轴线→向右点击任一点得到 Y1→回车→回车→输入"1100"→选中 Y1→向右点击任一点→得到第二条辅助线 Y2，如图 9-23 所示。

　　②修剪窗洞口：在命令栏输入修剪命令快捷键 TR→回车→回车→点击中间需要剪切掉

的门窗洞口线和不需要的辅助线→回车。在命令栏输入特性匹配命令快捷键 MA→选择源对象，点击图上任意墙体→选择目标对象，选择窗洞口边缘直线→回车，如图 9-24 所示。

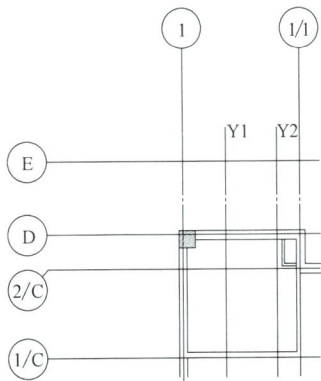

图 9-23　绘制辅助线 Y1、Y2

图 9-24　修剪出窗洞口

用同样的方法完成所有门窗洞口的绘制，如图 9-25 所示。

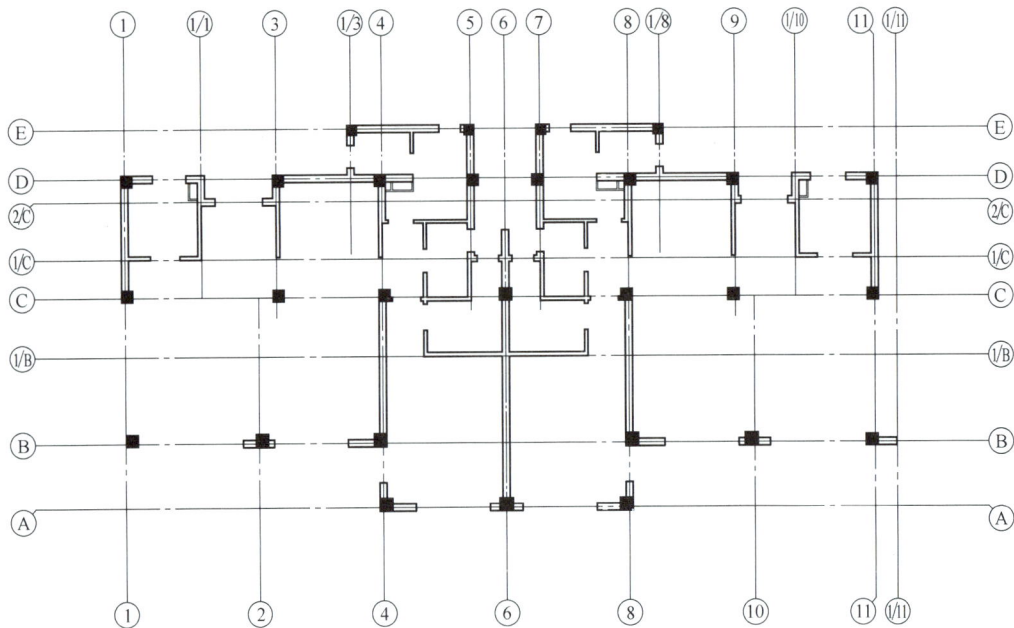

图 9-25　剪切出全部门窗洞口

技巧

　　修剪（TR）命令，按空格 2 次，直接变成修剪命令，无须选择剪切边界，直接点击要修剪对象。

　　2）绘制门窗

　　绘制门窗的方法很多，此处重点讲解"多线"绘制窗，一般的窗户在平面图中由 4 条线表示。

① 将门窗图层置为前层。

② 设置多线样式：参照"项目-任务 7.1-2"设置多线样式，设置样式名为"4"（可以按照自己的习惯命名，此处的"4"可以理解为 4 条平行线，窗户是 4 条线）。

③ 绘制窗：在命令栏输入多线命令快捷键 ML→输入 S（比例）→输入多线比例"200"→输入 J（对正）→输入 Z（无）→指定起点，点击①轴交①、⑴轴处窗洞口左侧中点→点击右侧中点→空格→完成窗的绘制，如图 9-26 所示。

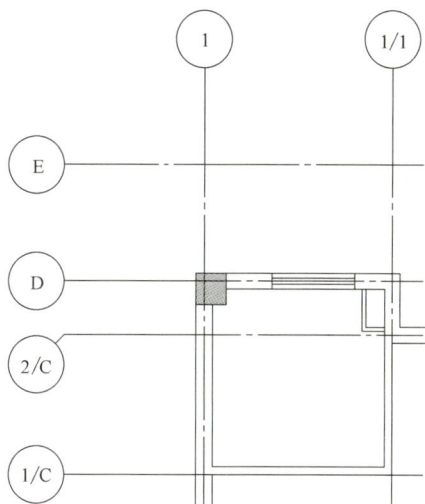

图 9-26 多线画窗

继续点击空格键重复多线（ML）命令绘制窗，最后完成所有窗的绘制，如图 9-27 所示。

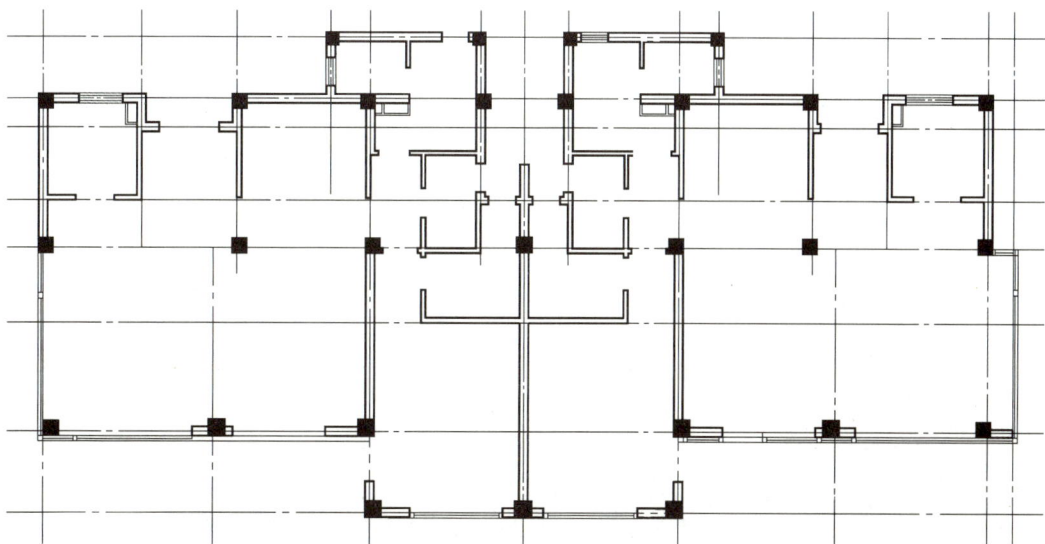

图 9-27 绘制出全部窗

④ 绘制门：利用前面讲过的绘制门的方法，完成门的绘制。需要指出的是，相同的门可以利用复制的方法快速绘制，如图 9-28 所示。

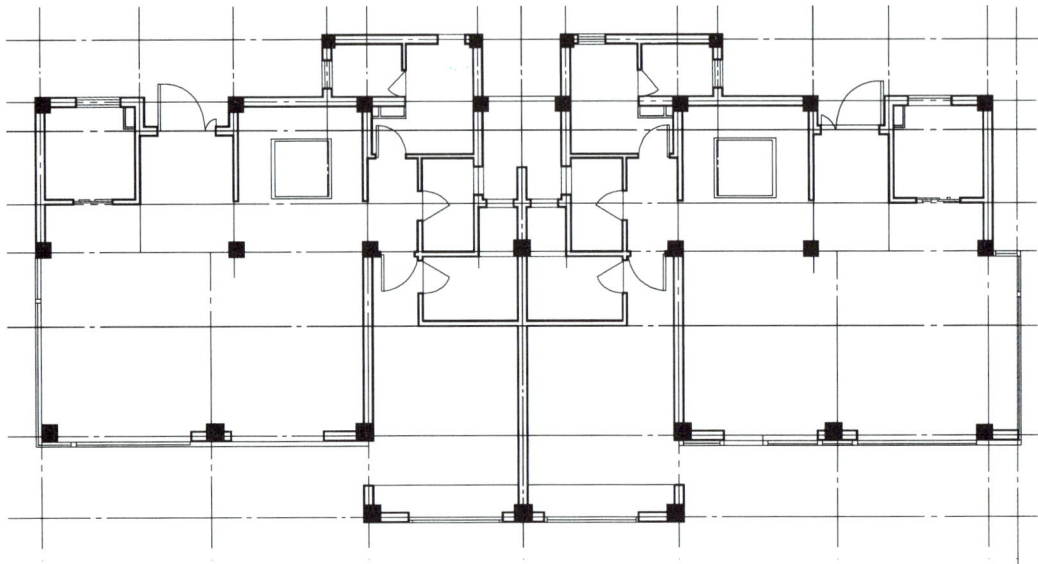

图 9-28　门的绘制

技巧

① 可以创建宽度为"1000"的单扇门的块，命名"M1000"，基点选在门框与轴线交点处，利用插入块命令完成其他门的绘制效率也高。

② 门创建块具体设置如图 9-29 所示。

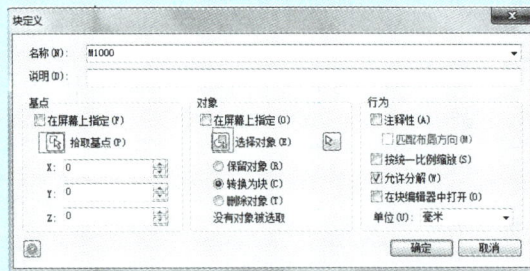

图 9-29　创建"M1000"块

【举例】 以插入一个"900"宽门为例，具体命令如下：在命令栏输入插入命令快捷键 I→在门框与轴线交点处单击→输入"0.9"→输入"0.9"→空格→输入"0"或"90"→空格，完成。

③ 当窗类型变化较小时，可采用第一个"多线"绘制或者"偏移"轴线修改绘出，后面采用复制命令，直接复制窗到对应洞口，个别不同的用"拉伸"命令或者"延伸"命令完成。当窗尺寸变化很多，应采用"多线"命令绘制，这样速度比较快。

④ 当门类型变化较小时，可采用复制门，再采用旋转命令，对门的开启方向进行修改。若门尺寸变化较多时，可采用将 1000mm 的门创建块，其他门在插入时候进行缩放不同比例，然后继续复制完成门的绘制。

知识链接

《建筑制图标准》GB/T 50104—2010 中对门做出了以下规定：

① 门的名称代号用 M 表示。

② 立面图中，开启线实线为外开、虚线为内开。开启线交角的一侧为安装合页一侧。开启线在建筑立面图中可不表示，在室内设计立面大样图中可根据需要绘出。

③ 剖面图中，左为外、右为内。

④ 立面形式应按实际情况绘制。

《建筑制图标准》GB/T 50104—2010 中对窗做出了以下规定：

① 窗的名称代号用 C 表示。

② 立面图中，开启线实线为外开，虚线为内开。开启线交角的一侧为安装合页一侧。开启线在建筑立面图中可不表示，在门窗立面大样图中需绘出。

③ 剖面图中，左为外、右为内，虚线仅表示开启方向，项目设计不表示。

④ 附加纱窗应以文字说明，在平、立、剖面图中均不表示。

⑤ 立面形式应按实际情况绘制。

（5）绘制台阶

建筑室内外有高差，大多数需要台阶来解决高差问题。以⑴、③轴外侧台阶为例，如图 9-30 所示。

1）绘制⑴、③轴处台阶

① 绘制外侧台阶线：令栏输入直线命令快捷键 L→指定第一点，点击 A 角点→光标垂直向上，输入"2200"→光标垂直向右，输入"2200"→光标垂直向下，输入"2200"→光标垂直向左，输入"2200"→回车。

② 绘制内侧台阶线：在命令栏输入偏移命令快捷键 O→输入"350"→回车→选择上方最外侧台阶线，向下偏移 2 次，完成台阶绘制。

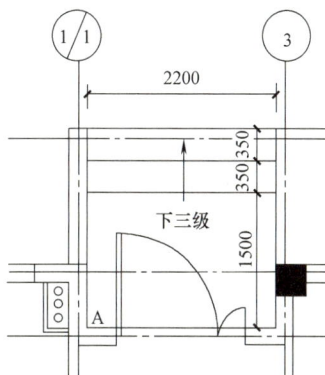

图 9-30　台阶图形

2）绘制其他台阶

同理，绘制出平面图中其他台阶，完成后如图 9-31 所示。

（6）绘制楼梯

楼梯是建筑物中作为楼层间垂直交通用的构件，用于楼层之间的交通联系。高层建筑尽管采用电梯作为主要垂直交通工具，但仍然要保留楼梯供火灾时逃生之用。楼梯由连续梯级的梯段（梯跑）、平台（休息平台）和围护构件等组成。楼梯的最低和最高一级踏步间的水平投影距离为梯长，梯级的总高为梯高。楼梯的形式有很多种，相应地它的平面表现形式也有很多种，最常见的楼梯是双跑楼梯。

本任务以③、④轴交ⓒ、ⓓ轴的楼梯为例讲解楼梯的绘制方法，在平面图中绘制楼梯，墙体、门窗等已绘制完成，只需要绘制楼梯井、梯段、栏杆扶手等，截取楼梯部分如图 9-32 所示。

技巧

① 如果是三边台阶，用多段线（PL）命令绘制，再用偏移（O）命令偏移即可。
② 如果用直线（L）命令绘制，再用偏移（O）命令还需要编辑。

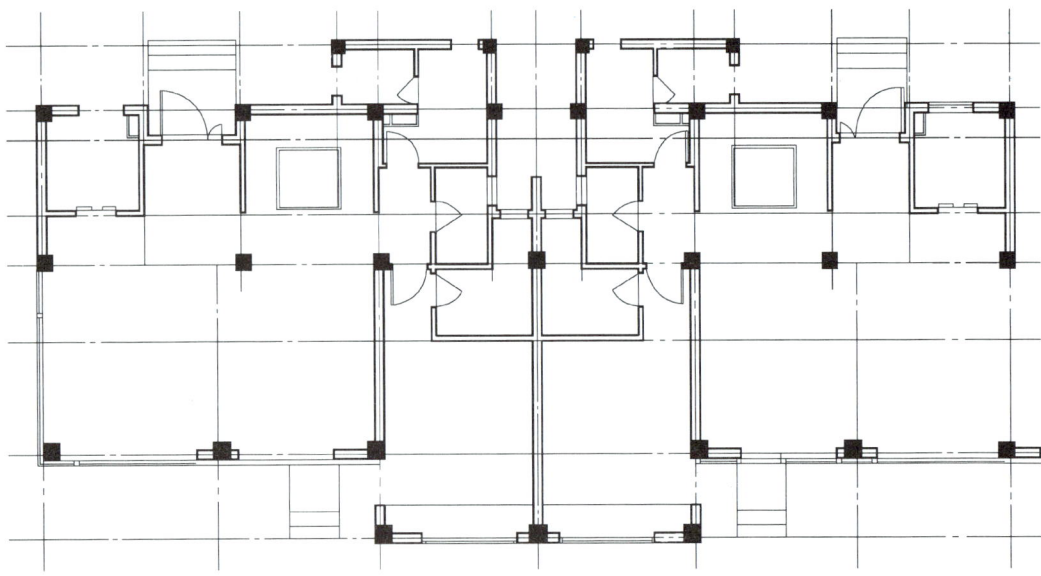

图 9-31　其他台阶的绘制

知识链接

《住宅建筑构造》11J930 图集中关于室外台阶设计和施工要求有如下规定：

① 台阶的平面尺寸应在施工图中注明，台阶踏步宽不宜小于 300mm，每步高度不宜大于 150mm，应有防滑措施。

② 台阶高度超过 0.7m 并侧面临空时，应设有防护设施，如栏杆、花池等。

③ 在寒冷、严寒冻胀土地区，室外台阶、坡道应与主体承重结构断开，以确保冻胀时，主体结构不受影响，大台阶可采用架空台阶，如需要基础时，基础埋置深度应按照当地冻深要求设计，垫层宜采用防冻胀性材料填筑。

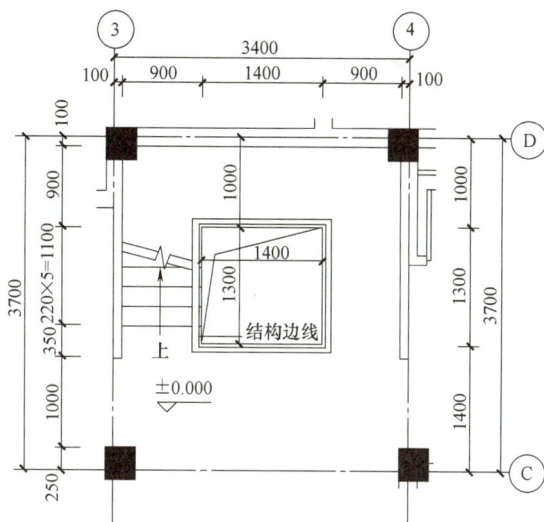

图 9-32　楼梯图

1）绘制楼梯井

① 将楼梯图层置为当前。

② 绘制楼梯井辅助线：在命令栏输入偏移命令快捷键 O→输入"1400"→选择ⓒ轴线向上偏移 1 条→回车（2 次）→输入"1000"→选择Ⓓ轴线向下偏移 1 条、选择③轴线向右偏移 1 条、选择④轴线向左偏移 1 条→回车。

③ 绘制楼梯井：在命令栏输入矩形命令快捷键 REC→指定一个角点，点击辅助线左上角点→指定另一个角点，点击辅助线右下角点→在命令栏输入删除命令快捷键 E→选择 4 条辅助线→回车。如图 9-33 所示。

2）绘制扶手和踏步

① 绘制扶手：在命令栏输入偏移命令快捷键 O→输入"30"→选择楼梯井线→在楼梯井的外侧任意位置单击→回车（2 次）→输入"60"→选择刚偏移的扶手线→在外侧任意位置单击→回车。

② 绘制踏步：在命令栏输入直线命令快捷键 L→指定第一点，追踪③轴线处门洞内侧墙角向上输入"350"（第一个踏步的控制线）→指定下一点，光标水平向右输入"900"→回车。在命令栏输入偏移命令快捷键 O→指定偏移距离，输入"220"→选择刚绘制的直线向上偏移，连续偏移 3 条→回车→利用删除命令将扶手遮住的踏步线删除。如图 9-34 所示。

3）绘制折断线

在命令栏输入多段线命令快捷键 PL→设置极轴为"30°"→绘制折断线。

4）绘制上行线

① 在命令栏输入多段线命令快捷键 PL→指定起点，追踪上行梯段的中点向下适当位置单击→指定下一点，在箭头附件单击→指定下一点，输入"W"→输入"80"→输入"0"→输入"320"→回车。

② 标注"上"：在命令栏输入单行文本命令快捷键 DT→输入"S"→输入"汉字"→在文字附近点击→输入"350"→输入"0"→输入"上"→回车（2 次）。

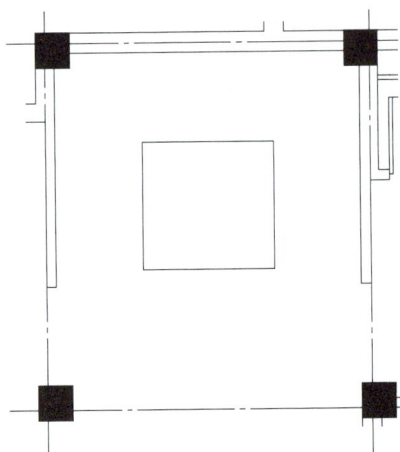

图 9-33　楼梯井

图 9-34　楼梯扶手踏步

5）绘制文字

复制文字"上"到"结构边线"处→双击"上"→输入"结构边线"→利用直线（L）命令绘制引出线。完成后如图 9-35 所示。

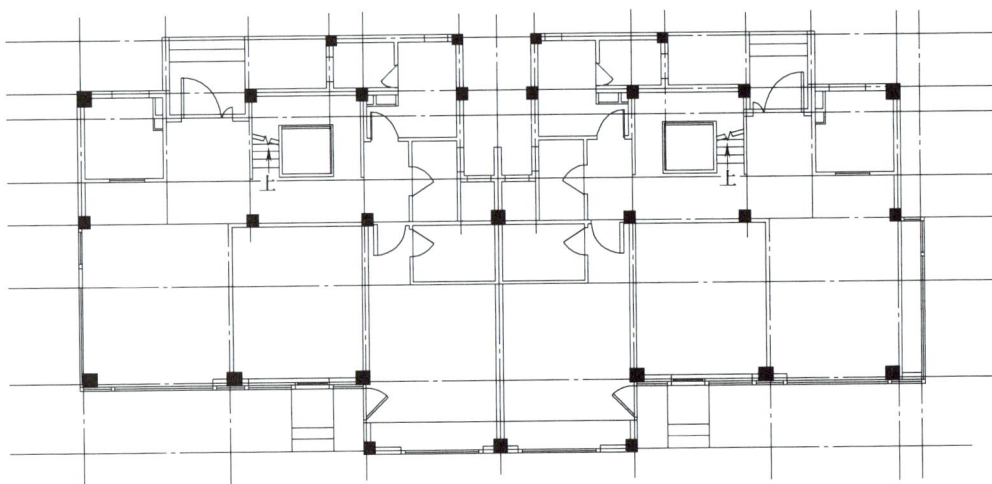

图 9-35　楼梯放入平面图

技巧

巧用多段线（PL）命令，多段线（PL）命令是 AutoCAD 中的常用命令，可绘制由若干直线和圆弧连接而成的不同宽度的曲线或折线，并且无论该多段线中含有多少条直线或圆弧，只是一个对象。

（7）绘制卫生间洁具

本任务为住宅，在任务 7.1 卫生间大样图中以 T-1 为例，已经讲解了卫生间详细画法，且在绘制平面图时卫生间的轴线、墙体、门窗均已经绘制完毕，只需要绘制洁具即可。本任务以 T-2、T-3 卫生间为例，如图 9-36 所示。本任务卫生间开间 2600mm、进深 4200mm，位置在①B、①C轴交④、⑥轴线处，绘制卫生洁具会用到圆（C）命令、椭圆（EL）命令、圆角（F）命令、倒角（CHA）命令等。

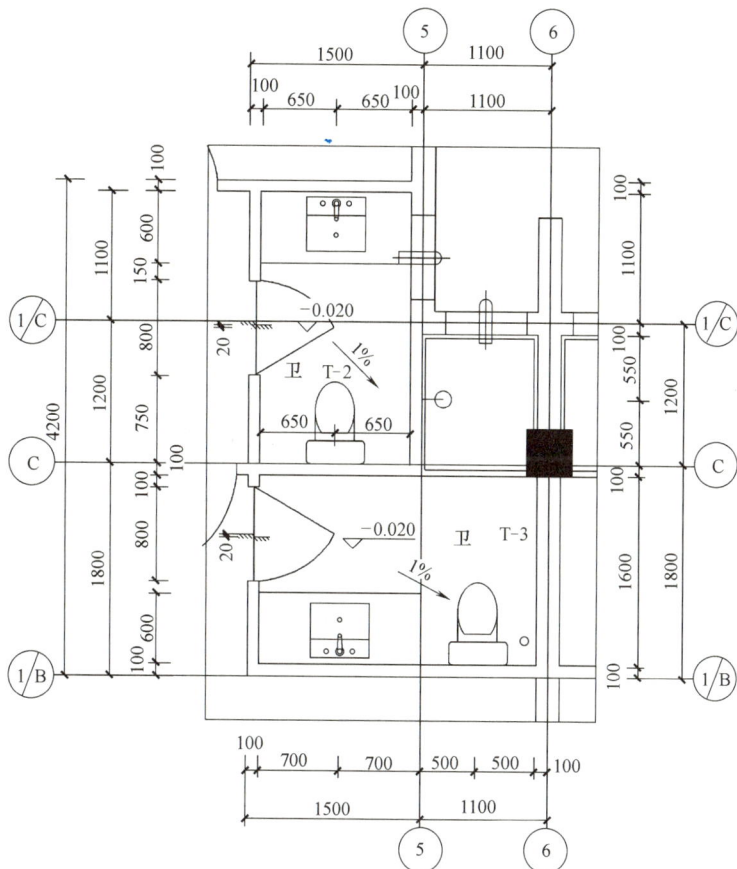

图 9-36　T-2、T-3 卫生间

1）将卫生洁具图层置为当前层

2）绘制马桶

绘制 T-2、T-3 卫生间的马桶，根据详图和设计常识可以判断，两个卫生间的马桶尺寸是一样的，且均为矩形水箱和椭圆便池组成。需要使用矩形（REC）命令、圆角（F）命令、椭圆（EI）命令等。根据"项目 7-任务 7.1-2"绘制马桶的详细步骤，完成 T-2、T-3 卫生间中马桶的绘制，再将马桶移动放入到合适的位置，如图 9-37 所示。

3）绘制洗脸盆

绘制 T-2、T-3 卫生间洗脸盆，根据详图和设计常识可以判断，两个卫生间的洗脸盆和台

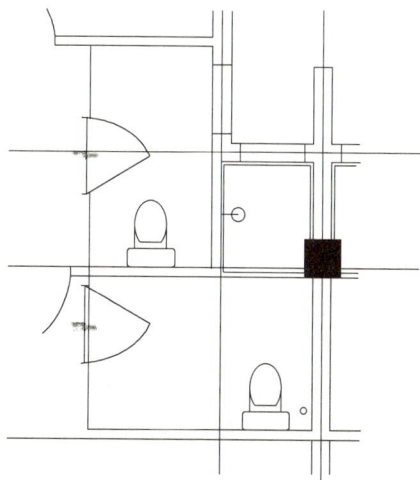

图 9-37　马桶放入平面图

面尺寸是一样的，洗脸盆由矩形水槽和泄水孔及水龙头组成。水槽用矩形（REC）命令完成，四角用圆角（F）命令完成，泄水孔用圆（C）命令完成。根据"项目 7-任务 7.1-2"绘制洗脸盆的详细步骤，完成 T-2、T-3 卫生间中洗脸盆的绘制，并利用 M 移动命令将洗脸盆放到合适的位置，完成后如图 9-38 所示。

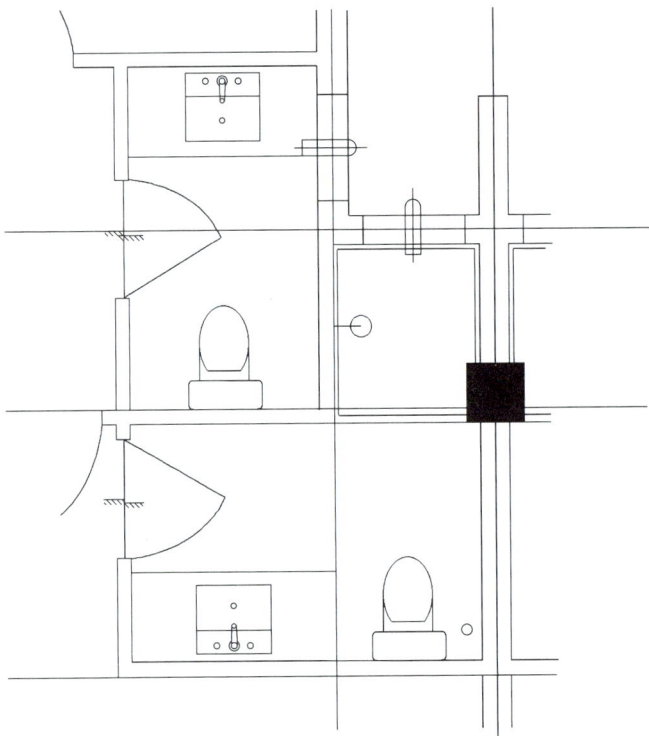

图 9-38 洗脸盆放入平面图

4）绘制其他

① 绘制花洒：用圆（C）命令（半径"60"）和直线（L）命令完成。

② 绘制坡度符号：用直线（L）命令和图案填充（H）命令完成。

③ 绘制门口高差线：用直线（L）命令完成。

④ 卫生间文字输入：用单行文本（DT）命令输入"卫 T-2、卫 T-3"。

按照同样的步骤，绘制出别墅平面图中其他卫生间，因图中左右两个户型的卫生间布置尺寸完全相同，可以只在其中一侧画上洁具，另外一个户型卫生间可以不画，索引出详图即可，完成后如图 9-39 所示。

技巧

① 卫生间绘制时，可以复制其他图形的洁具，直接按照所需位置粘贴到图形中即可，没必要每个图都重新绘制洁具。

② 卫生间平面需要绘制详图，更详细尺寸在详图中标注即可，不要重复标注，这样图看起来清爽和整洁，有利于施工人员看图。

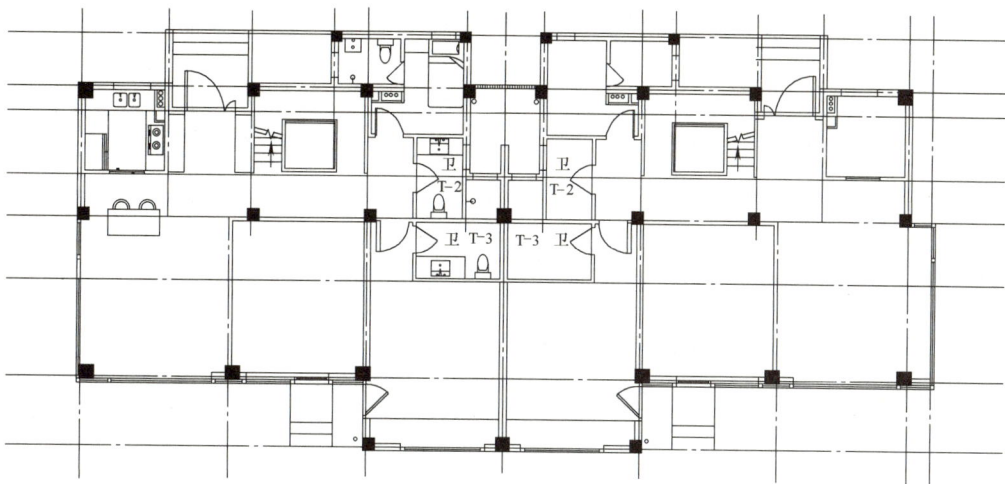

图 9-39　完成一层平面图中卫生间绘制

知识链接

《民用建筑设计统一标准》GB 50352—2019 中卫生设备间距应符合下列规定：

① 洗手盆或盥洗槽水嘴中心与侧墙面净距不应小于 0.55m；居住建筑洗手盆水嘴中心与侧墙面净距不应小于 0.35m。

② 并列洗手盆或盥洗槽水嘴中心间距不应小于 0.7m。

③ 单侧并列洗手盆或盥洗槽外沿至对面墙的净距不应小于 1.25m；居住建筑洗手盆外沿至对面墙的净距不应小于 0.6m。

④ 双侧并列洗手盆或盥洗槽外沿之间的净距不应小于 1.8m。

⑤ 并列小便器的中心距离不应小于 0.7m，小便器之间宜加隔板，小便器中心距侧墙或隔板的距离不应小于 0.35m，小便器上方宜设置搁物台。

⑥ 单侧厕所隔间至对面洗手盆或盥洗槽的距离，当采用内开门时，不应小于 1.3m；当采用外开门时，不应小于 1.5m。

⑦ 单侧厕所隔间至对面墙面的净距，当采用内开门时不应小于 1.1m，当采用外开门时不应小于 1.3m；双侧厕所隔间之间的净距，当采用内开门时不应小于 1.1m，当采用外开门时不应小于 1.3m。

⑧ 单侧厕所隔间至对面小便器或小便槽的外沿的净距，当采用内开门时不应小于 1.1m，当采用外开门时不应小于 1.3m；小便器或小便槽双侧布置时，外沿之间的净距不应小于 1.3m（小便器的进深最小尺寸为 350mm）。

⑨ 浴盆长边至对面墙面的净距不应小于 0.65m；无障碍盆浴间短边净宽度不应小于 2.0m，并应在浴盆一端设置方便进入和使用的坐台，其深度不应小于 0.4m。

（8）文字标注

建筑平面图的文字标注包括房间名称、门窗编号、装饰材料名称，以及图名比例等内容。

1）设置文字样式

设置文字样式参照"项目5-任务5.1-2"设置文字标样式，建立汉字样式，样式名为"汉字"。

> **技巧**
>
> 汉字字体一般不能选带"@"符号的字体，高度不要设定。通常执行文字编辑命令才会设定字高，一般常用字高为：图名7号字，比例5号字，正文、门窗编号等用3.5号字。

2）文字标注

选用文字样式"汉字"，在命令栏输入单行文本命名快捷键DT→指定文字的起点，在卧室房间的中间点击→输入"350"→输入"0"→输入"卧室"→回车。

3）文字编辑

在命令栏输入复制命令快捷键CO→选中要复制的文字"卧室"→放到有文字标注的合适位置→双击逐个修改，完成文字编辑。完成文字标注和门窗编号后的图形如图9-40所示。

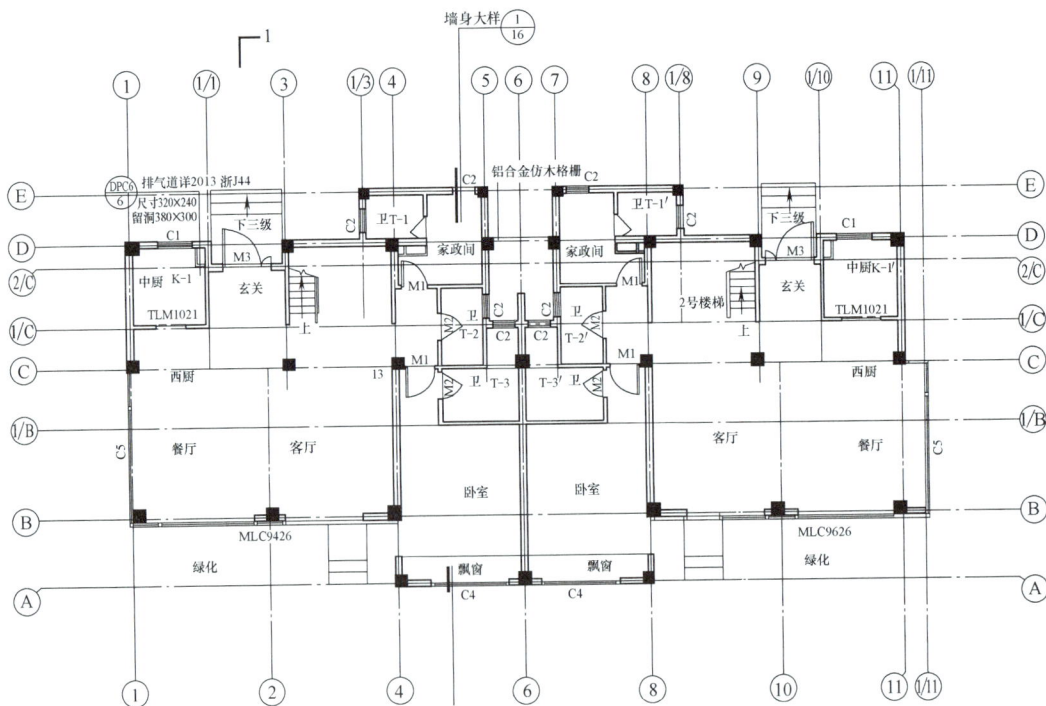

图9-40　文字标注

技巧

① 如果用多行文字标注时，文字书写矩形框的大小影响文字输入的排版情况，尽量书写时候矩形框大一些。

② 直径"φ"只能用英文字体样式输入，如用中文字体样式（例如仿宋字）输入，则会出现乱码。

③ 利用"单行文字"或者"多行文字"输入汉字时候，可以复制别的字体进行修改。

④ 巧用格式刷，如果画图时候发现字体不规范，可以写一个规范字，其他同类字采用特性匹配（MA）格式刷进行快速特性匹配，不用逐个修改。

知识链接

《房屋建筑制图统一标准》GB/T 50001—2017 中对字体做出了以下规定：

① 图纸上所需书写的文字、数字或符号等，均应笔画清晰、字体端正、排列整齐；标点符号应清楚正确。

② 汉字的简化字书写应符合国家有关汉字简化方案的规定。图样及说明中的字母、数字，宜优先采用 True type 字体中的 Roman 字体。

③ 字母及数字的字高不应小于 2.5mm。

④ 分数、百分数和比例数的注写，应采用阿拉伯数字和数字符号。

⑤ 当注写的数字小于 1 时，应写出个位的"0"，小数点应采用圆点，齐基准线书写。

⑥ 长仿宋汉字、字母、数字应符合《技术制图 字体》GB/T 14691—1993 的有关规定。

（9）尺寸标注

1）设置尺寸标注样式

设置尺寸标注样式参照"项目 5-任务 5.1-2"尺寸标样，样式名为"标注"。

2）标注尺寸

9-5
尺寸和
文字的
标注

① 标注窗户距离轴线距离：先用线性标注标注一个尺寸，然后用连续标注标注同一道的其他尺寸。在命令栏输入线性命令快捷键 DLI→指定第一个尺寸界线原点→指定第二个尺寸界线原点→指定尺寸线位置，标注文字"900"完成，如图 9-41 所示。

② 标注第一道尺寸：用连续标注标注同一道的其他尺寸。在命令栏输入连续标注命令快捷键 DCO→指定第二条尺寸界线原点，在门窗洞口处点击→指定第二条尺寸界线原点，以此类推，在需要标注的地方点击→回车→回车，完成同一道尺寸后的效果如图 9-42 所示。

③ 标注第二道尺寸和外包尺寸：用第一道尺寸标注的方法完成第二道尺寸和外包总尺寸标注，如图 9-43 所示。

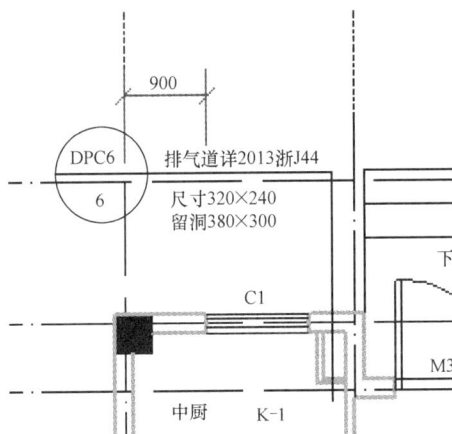

图 9-41 完成标注

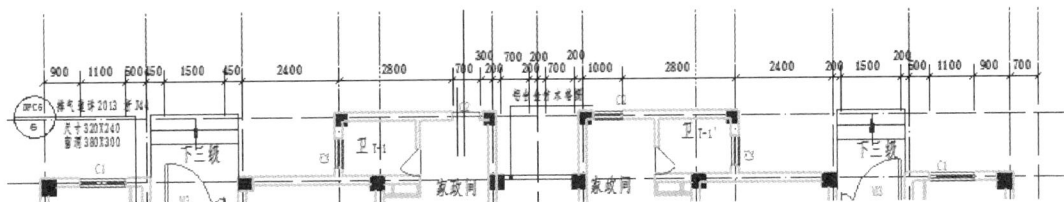

图 9-42 完成局部门窗细节标注

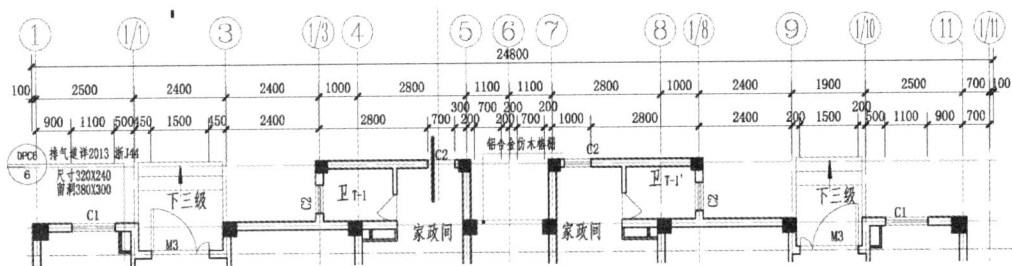

图 9-43 完成局部三道尺寸线标注

④ 标注其他三边的尺寸：用同样方法完成另外三边的外尺寸标注，完成后如图 9-44 所示。

⑤ 标注内部尺寸

以厨房为例，标注厨房推拉门尺寸，具体步骤如下：

在命令栏输入线性命令快捷键 DLI→指定第一个尺寸界限原点，在①轴上点击→指定第二条尺寸界限原点，在推拉门左边点击→指定尺寸线位置，在适当的位置点击，完成标注文字"800"（图 9-45）→输入 DCO（连续）→指定第二条尺寸界限原点，在推拉门右边点击，完成标注文字"1000"→回车→回车，完成后如图 9-46 所示。

后面用同样的方法，完成别墅首层平面图内部尺寸标注，完成后如附录建施 05 所示。

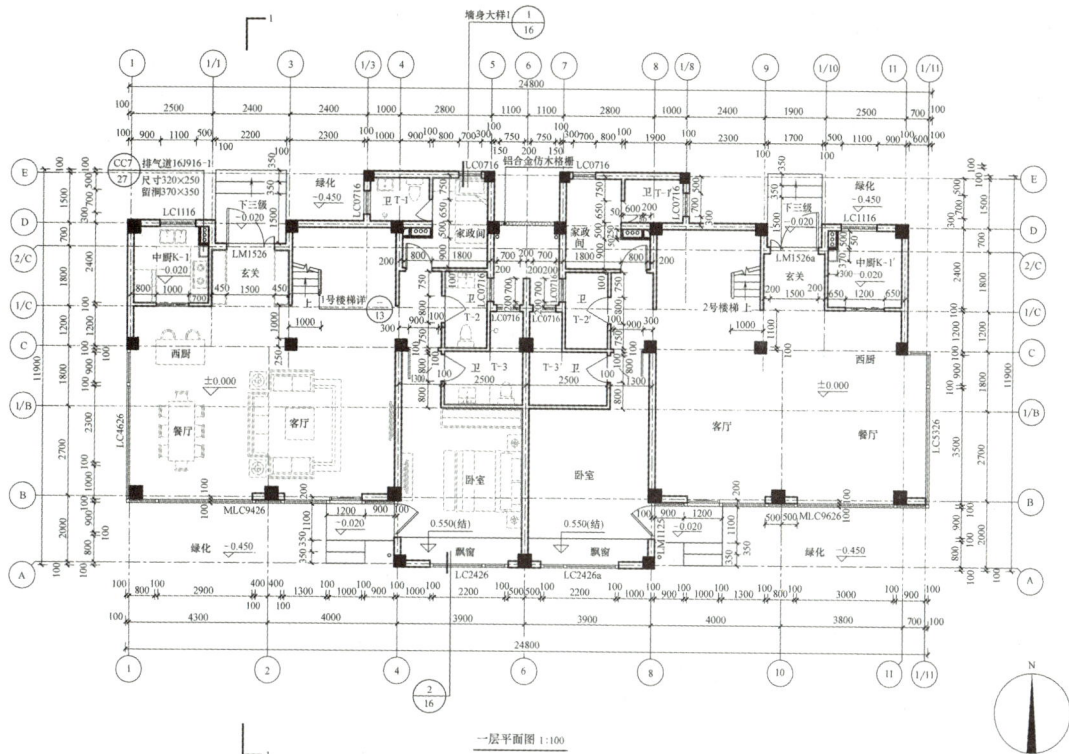

图 9-44　完成一层平面图外部尺寸标注

图 9-45　标注 TLM1021 定位尺寸

图 9-46　标注 TLM1021 宽度

技巧

① 标注完后，有的尺寸标注可能尺寸界线长短不一，要进行适当的调整。一般用直线命令绘制一根连接两端轴线端点的直线，再选择要调整的标注，将标注点往直线上移。这样可以使尺寸界线长短达到一致。

② 尺寸文本的位置调整：一般选择要调整的标注，将鼠标移到文本的控点上时，在右边会弹出一列选项，选择"仅移动文字"，这时文字会随鼠标移动，将文字移到合适位置上，这样可以调整好文本的位置。

③ 执行【连续标注】，需要连续按两次 Enter 键才能结束连续标注命令。

知识链接

《房屋建筑制图统一标准》GB/T 50001—2017 中对尺寸标注的尺寸界线和尺寸线等做出了以下规定：

① 图样上的尺寸，应包括尺寸界线、尺寸线、尺寸起止符号和尺寸数字（图9-47）。

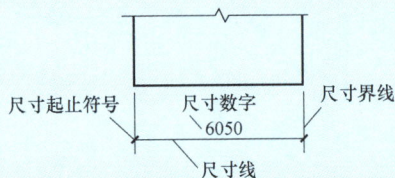

图 9-47　尺寸的组成

② 尺寸起止符号用中粗斜短线绘制，其倾斜方向应与尺寸界线成顺时针45°，长度宜为 2～3mm。轴测图中用小圆点表示尺寸起止符号，小圆点直径 1mm（图 9-48a）。半径、直径、角度与弧长的尺寸起止符号，宜用箭头表示，箭头宽度 b 不宜小于 1mm（图 9-48b）。

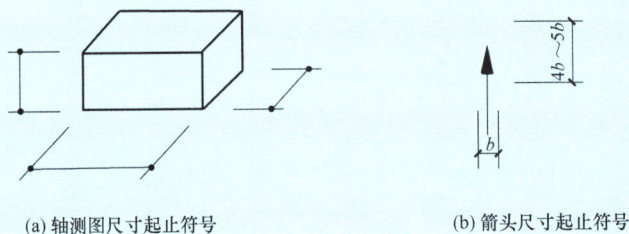

(a) 轴测图尺寸起止符号　　　　(b) 箭头尺寸起止符号

图 9-48　尺寸起止符号

《房屋建筑制图统一标准》GB/T 50001—2017 中对尺寸数字做出了以下规定：

① 图样上的尺寸，应以尺寸数字为准，不应从图上直接量取。

② 图样上的尺寸单位，除标高及总平面以米为单位外，其他必须以毫米为单位。

③ 尺寸数字的方向，应按图 9-49a 的规定注写。若尺寸数字在30°斜线区内，也可按图 9-49b 的形式注写。

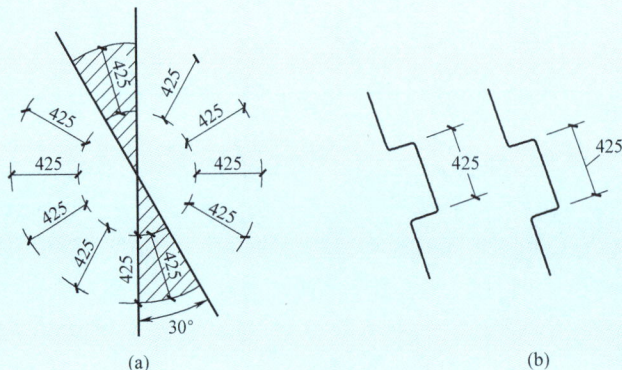

(a)　　　　　　　　　　　　　　(b)

图 9-49　尺寸数字的注写方向

④ 尺寸数字应依据其方向注写在靠近尺寸线的上方中部（图9-50）。

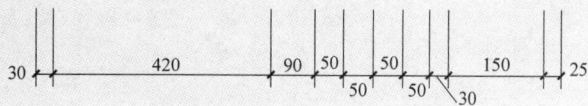

图 9-50　尺寸数字的注写位置

⑤ 尺寸宜标注在图样轮廓以外，不宜与图线、文字及符号等相交（图9-51）。

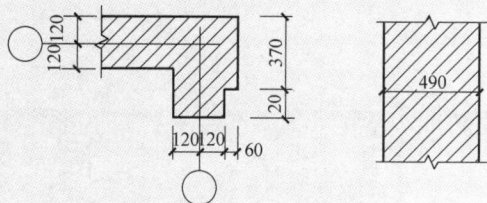

图 9-51　尺寸数字的注写

⑥ 互相平行的尺寸线，应从被注写的图样轮廓线由近向远整齐排列，较小尺寸应离轮廓线较近，较大尺寸应离轮廓线较远（图9-52）。

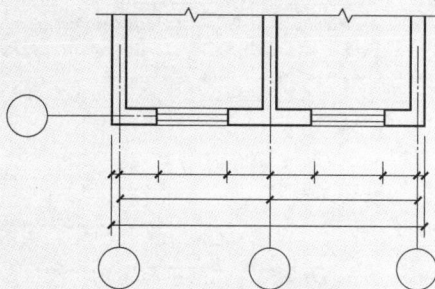

图 9-52　尺寸的排列

⑦ 图样轮廓线以外的尺寸界线，距图样最外轮廓之间的距离不宜小于10mm。

任务 9.2　绘制二层平面图

1. 任务描述与分析

二层平面图需要完成如图9-53所示，二层平面图不需要重新绘制，打开除"辅助线"外的所有图层，复制"首层平面图"，将其修改为"二层平面图"。

对照"首层平面图"，"二层平面图"需要改动的部位包括：

（1）编辑楼梯。

（2）编辑台阶。

（3）编辑卫 T-1、家政间、㉒轴入口处门。

（4）编辑外墙门窗。

（5）编辑内部墙体。

（6）编辑文字、尺寸标注。

（7）编辑符号。

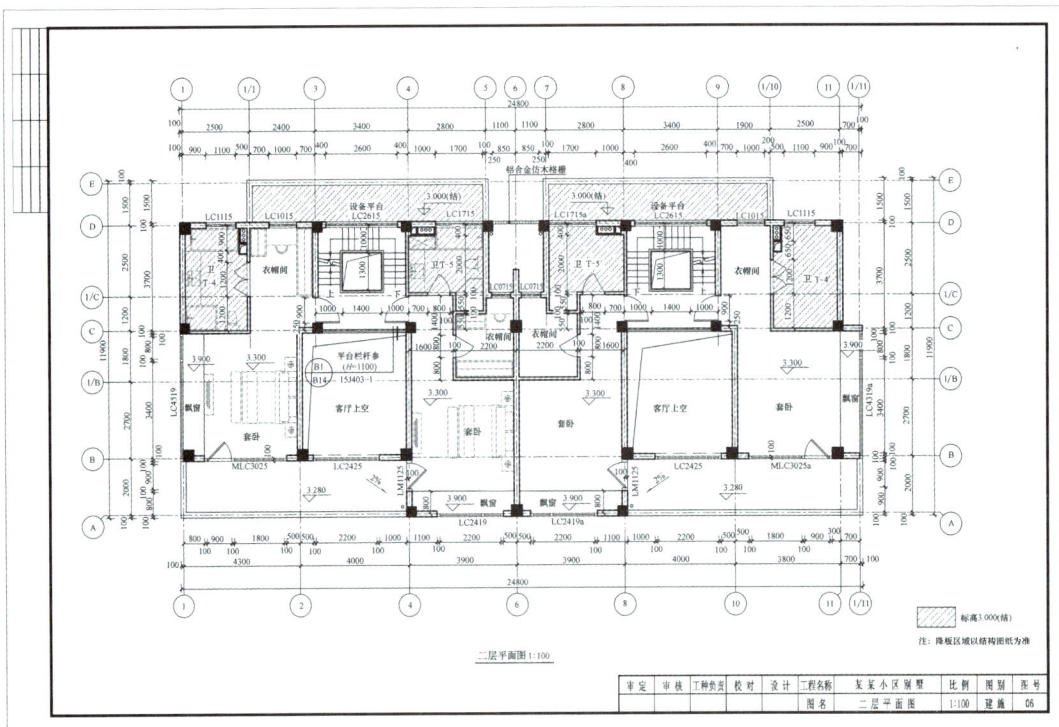

图 9-53　二层平面图

2. 方法与步骤

（1）编辑楼梯

首层楼梯修改为二层楼梯步骤，如图 9-54 所示。

1）删除：删除图 9-54（a）折断线，删除⑬轴线。

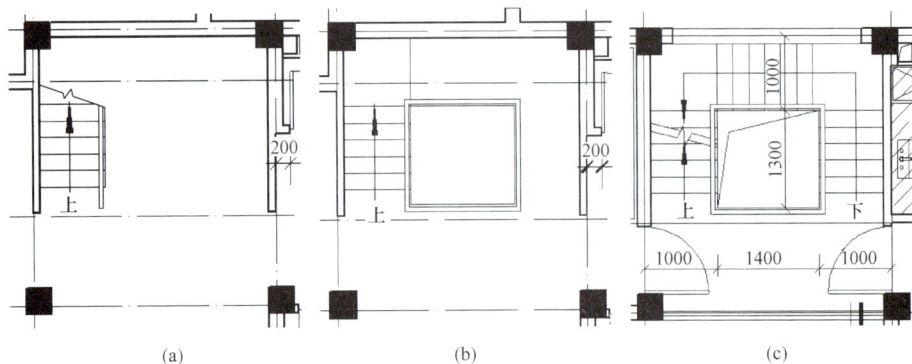

图 9-54　修改楼梯

2）绘制楼梯井：分析踏步数和踏步位置，并重新绘制三跑楼梯和完整梯井，梯井尺寸为 1300mm×1400mm，距离左边③轴为 1000mm，通过偏移（O）和剪切（TR）命令完成梯井绘制。梯井周围一圈栏杆，栏杆宽度为 60mm，内侧栏杆距离梯井宽度为30mm，同样可以利用偏移（O）完成梯井周围栏杆绘制，如图 9-54（b）所示。

3）绘制三跑楼梯：利用偏移（O）命令完成剩下 2 跑楼梯的绘制，并增加一道折断线，添加向下箭头和"下"文字注释，利用线性标注（DLI）命令和连续标注（DCO）命令对梯井和楼梯间梯段进行标注，绘制完成后，如图 9-54（c）图所示。

4）绘制其他楼梯：用同样的方法，将剩下的其他楼梯修改完毕。本项目图中 2 个楼梯完全一样，可以直接复制本楼梯做法，提高绘图速度。修改完毕后，如图 9-55 所示。

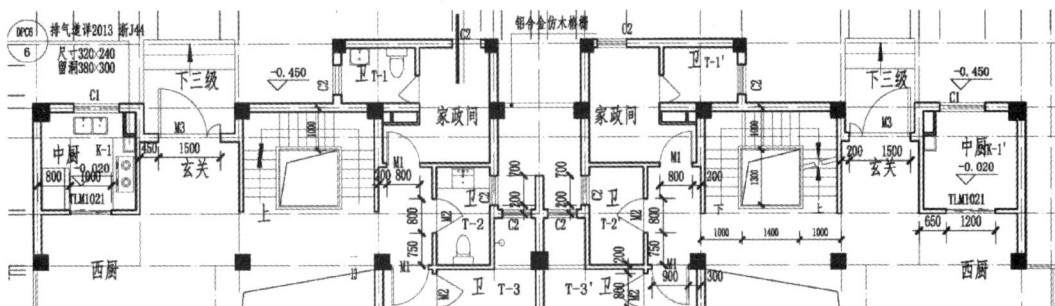

图 9-55　完成二层平面图楼梯绘制

（2）编辑台阶

因首层平面图周边有散水和室内外高差，而二层平面图并没有散水和室外台阶，因此，利用删除（E）命令，对室外台阶进行删除。

（3）编辑卫生间 T-1、家政间、㉖轴入口处门

二层平面图在①轴以上没有卫生间、家政间，故需要删除，注意删除后需延伸①轴上的墙体到⑤轴对应位置。㉖轴上两个入户门也要对应删除，通过延伸（EX）命令将其所在位置变为墙体，如图 9-56 所示。

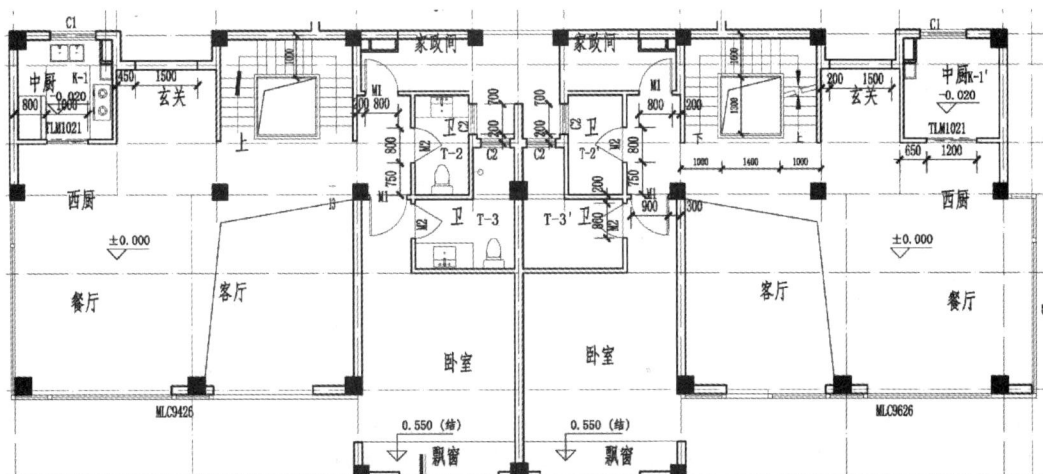

图 9-56　删除后的平面图

（4）编辑外墙门窗

以北侧①轴外墙为例，讲解外墙门窗的修改方法，原一层平面图外墙如图 9-57 所示，因主入口在①轴外墙处，因此本处外墙修改较大，对比二层平面图①轴外墙，可以发现主要是窗户尺寸和窗间墙发生了变化，考虑到逐个修改难度较大，采用将所有①轴外窗和外墙全部删除，保留轴线和柱子，然后采用 ML 多线画窗进行补绘。

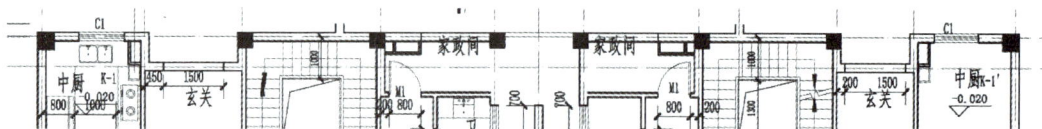

图 9-57　修改外墙门窗

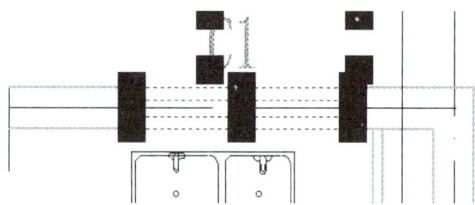

图 9-58　选择 C1

1）删除原有窗和外墙，补绘完整外墙

在命令栏输入删除命令快捷键 E→选择对象：从右上往左下框选，选中的图形呈虚线，将需要删除的外窗和外墙全部选中（图 9-58）→回车。全部删除后如图 9-59 所示（因平面图过长，截取完成部分示意）。

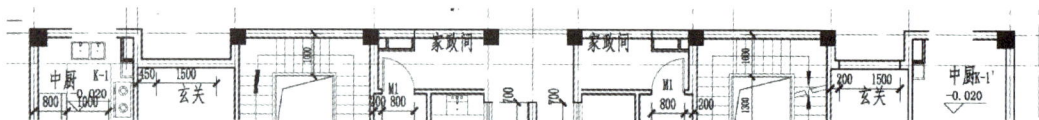

图 9-59　删除原一层平面的窗

切换到墙体图层，在命令栏输入多线命令快捷键 ML→输入 ST（样式）→墙→输入 J（对正）→输入 Z（无）→开始绘制。

完成①轴外墙的补绘，得到封闭完整的墙，如图 9-60 所示。

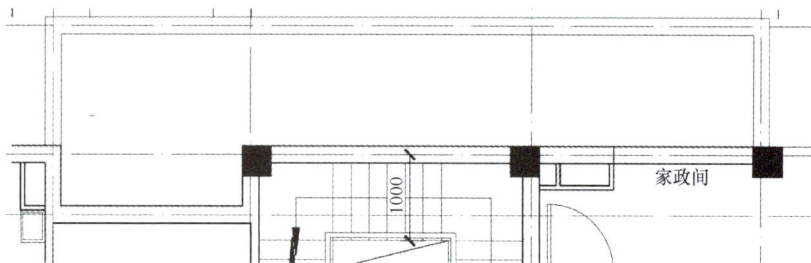

图 9-60　补绘①轴的墙

2）开外墙窗洞口

绘制辅助线：绘制的辅助线定位窗洞口，在命令栏输入偏移命令快捷键 O→指定偏移距离，输入"900"→选择要偏移对象，点击要偏移轴线①轴→指定要偏移那一侧上的点，在①轴右侧单击→回车。重复偏移命令，将所有①轴上的窗和窗间墙定位尺寸偏移完成，如图 9-61 所示。

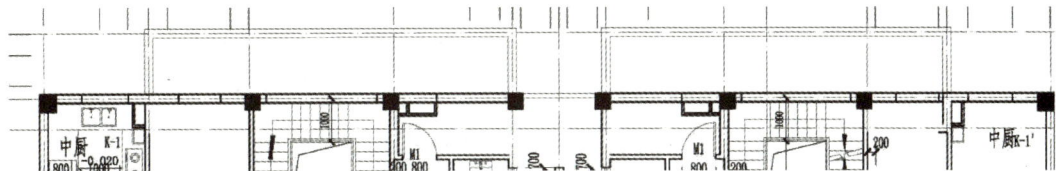

图 9-61　开外墙上窗洞口

修剪窗洞口：在命令栏输入修剪命令快捷键 TR→选择对象，选择绘制的辅助线→回车→选择要修剪的对象，选择①轴上的窗→回车，完成窗洞口修剪，如图 9-62 所示。

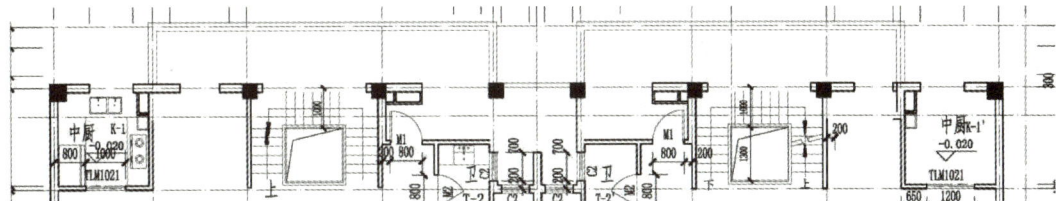

图 9-62　修建窗洞口

补绘窗：在命令栏输入多线命令快捷键 ML→输入 ST（样式）→窗→指定起点，指定修剪的窗洞口左边中点→指定下一点，指定修剪的窗洞口右边中点。重复多线（ML）命令，将①轴外墙的窗补绘完毕。绘制完毕后如图 9-63 所示。

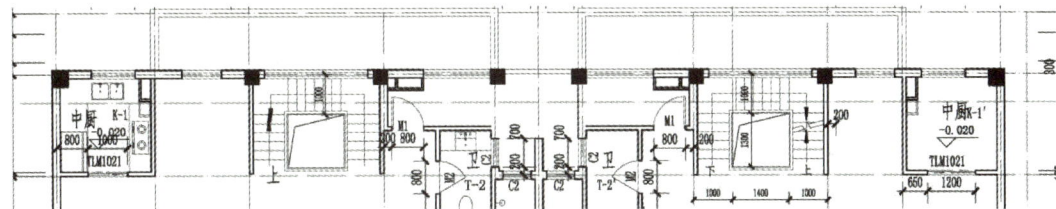

图 9-63　补绘二层平面窗

技巧

其余外墙用同样的方法将外窗和窗间墙绘制完毕，加上门窗编号，具体步骤和方法如前文。需要特别交代的是：外墙窗能复制的尽量复制，开间轴线一致的尽量去复制，这样可以提高绘图速度。外墙的窗编号也可以进行批量化添加，窗除了用多线绘制，也可以根据不同宽度做成块，编辑块的属性添加窗编号。

同理修改其他外墙，为了让图纸看起来更加清爽、整洁，门窗编号采用了 C、M 结合数字命名，可以减少平面图的拥挤感。

修改完外墙门窗的二层平面图如图 9-64 所示。

（5）编辑内部墙体

通过分析二层平面图内墙，可以发现首层平面图与二层平面图存在多处不同，需要调整和修改。从左到右依次为：①ⓒ轴处墙体移动到ⓒ轴，采用拉伸（S）命令即可实现；②轴处需要在Ⓑ和ⓒ轴间加墙体，用多线（ML）命令绘制墙体；④和⑥轴处卫生间调整

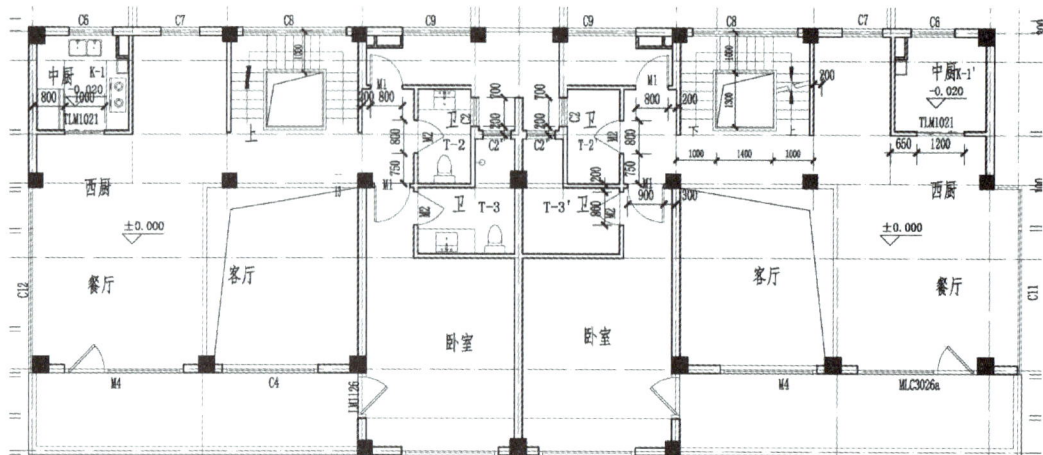

图 9-64　改完外墙门窗的二层平面图

比较大，需要将 T2 和 T3 卫生间处改成衣帽间，并将原有家政间处改成卫生间，可以删除墙体后重新绘制。因一层和二层户型不同，入户门位置也进行调整，③、④轴和⑦、⑧轴处增加进入卧室入室门，其余内墙不用调整，因本图中④～⑧轴之间处是完全对称的，因此可以完成一个户型的内墙修改，另外一个镜像完成。

删除原卫生间处墙体后如图 9-65 所示。

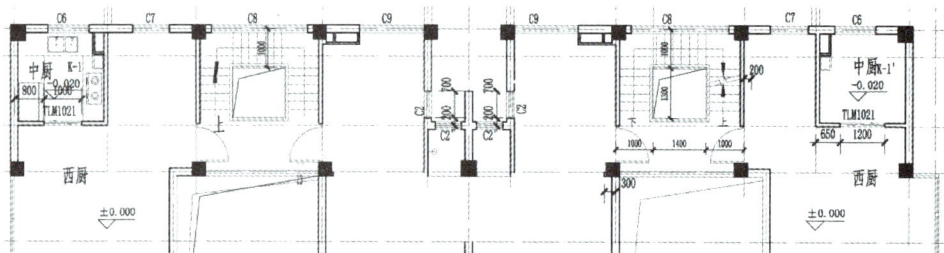

图 9-65　删除卫生间墙体后的二层局部平面图

1）绘制①～⑥轴卫生间墙体和门：用多线（ML）命令重新绘制墙体和门，完成①～⑥轴处卫生间后如图 9-66 所示。

2）绘制⑥～⑪轴卫生间墙体和门：用镜像（MI）命令选中需要镜像部分，以⑥轴为镜像轴线，得到⑥～⑪轴卫生间，如图 9-67 所示。

3）绘制二层其他内墙和门窗：同理完成二层平面图全部内部墙体的修改和门窗绘制，完成后如图 9-68 所示。

（6）编辑文字、尺寸标注

1）编辑房间文字：删除二层平面图上没有的文字；需要修改房间名称的直接双击文字，输入对应名称；缺少房间名称的复制其他文字，再双击修改成所需名称。

2）编辑图名：将"首层平面图"改为"二层平面图"，可将图名下粗实线用拉伸（S）命令拉长或缩短。

3）编辑标高：删除室外标高，将首层标高改为二层标高，增加室外平台标高。

4）编辑门窗编号：在首层基础上进行门窗编号，要保持门窗编号的一致性。

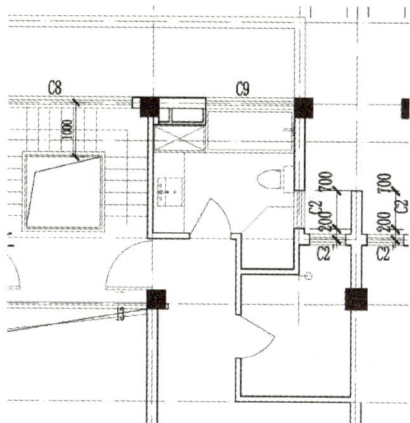

图 9-66　绘制完成的卫生间平面

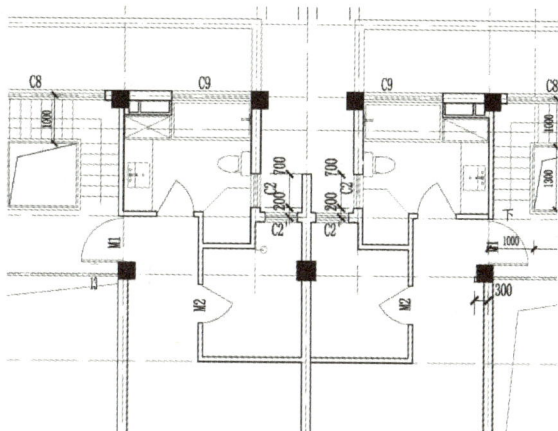

图 9-67　镜像后得到⑥～⑪轴卫生间平面图

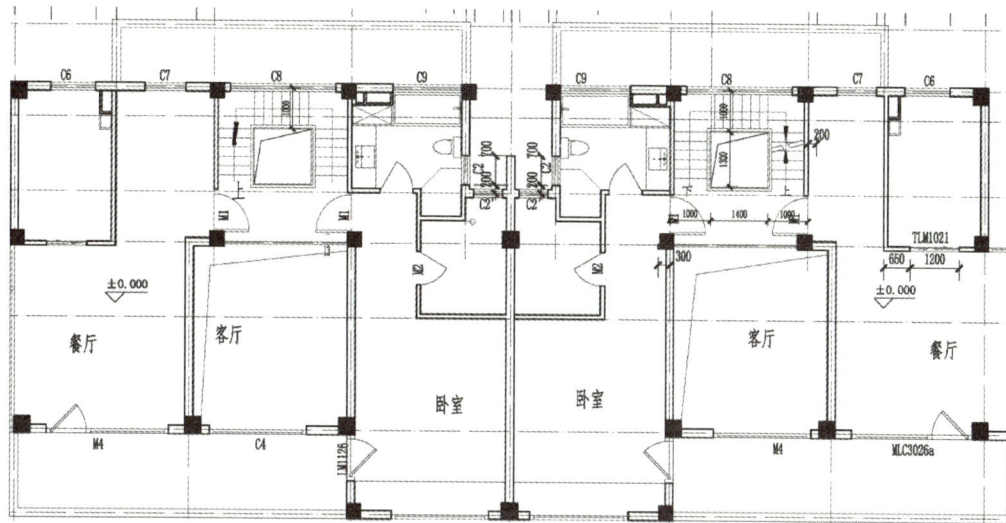

图 9-68　修改内墙和门窗后的二层平面图

5）编辑尺寸标注：根据修改后的外墙窗和内墙定位尺寸，重新修改第三道尺寸线。同时根据内墙修改部分，对其进行尺寸标注。

（7）编辑符号

根据房屋建筑制图统一标准，首层平面图需要绘制剖切符号、指北针、散水等，但是二层平面不需要绘制，因此要全部删除。与首层平面图相同的索引符号可以省略，不要重复标注，新增加的可以复制、修改。

根据上述步骤进行修改，修改后的二层平面图如附录建施 06 所示。

任务 9.3　绘制屋顶平面图

1. 任务描述与分析

屋顶平面图一般采用 1∶100 比例绘制，简单的屋顶平面图可以采用 1∶150 或 1∶200

绘制。屋面标高不同时，屋顶平面可以按照不同标高绘制，在下一层平面上表达过的屋面，不应再绘制在上层平面；也可以将标高不同的屋面画在一起，但应注明不同标高（均注结构面）。屋顶平面图需要绘制屋顶的平面形状、两端及主要轴线、详图索引符号、标高、分水线、汇水线、坡向符号、雨水口位置等，还需绘制上屋面的上人孔或爬梯、挑檐、女儿墙、楼梯间、机房、设备基础、排烟道、排风道、天窗、挡风板、变形缝等并标注尺寸。

而本项目需要完成的别墅屋顶平面图（图 9-69），属于平屋面加坡屋檐。根据需要绘制内容，绘图步骤如下：

（1）复制并编辑标准层轴线。

（2）绘制女儿墙。

（3）绘制屋檐、檐沟。

（4）绘制分水线、雨水管。

（5）尺寸标注、文字注释。

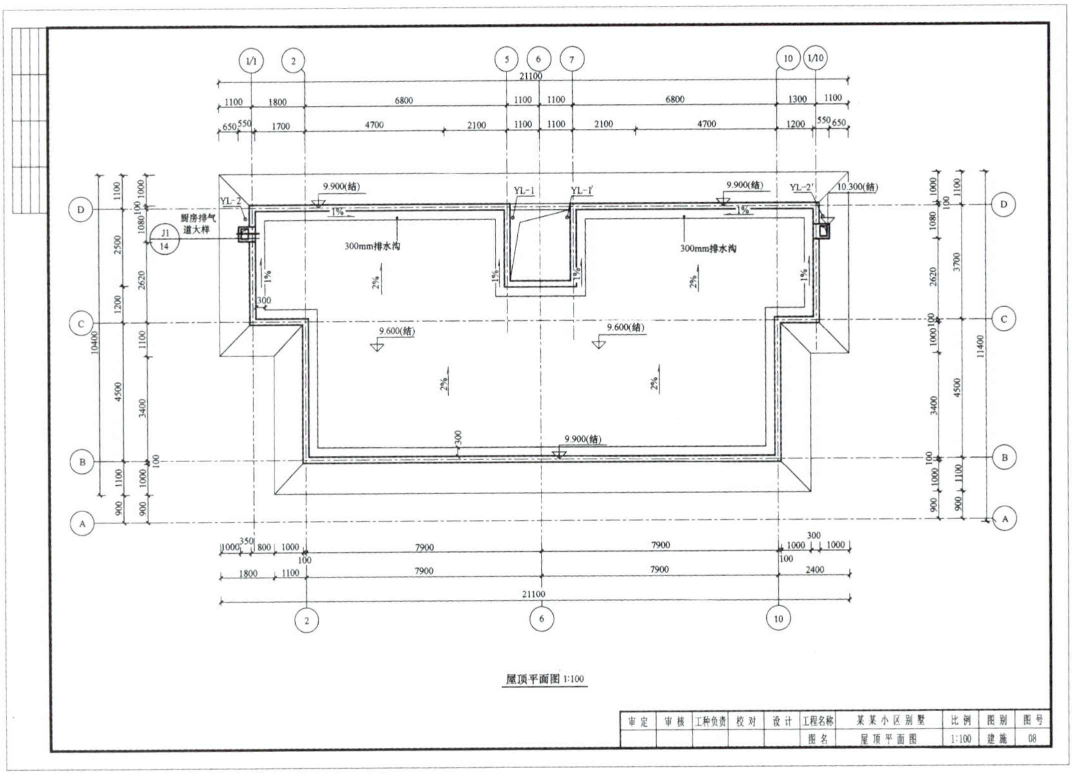

图 9-69　屋顶平面图

2. 方法与步骤

（1）编辑二层轴线

1）复制轴线：冻结除轴线以外的其他图层（图 9-70），复制二层平面图轴线，复制轴线放在合适的位置。

2）修改轴线：根据屋顶平面对轴网进行修改。为了便于绘图，保留轴线编号，删除多余的轴线和对应编号，完成后如图 9-71 所示。

图 9-70　冻结图层

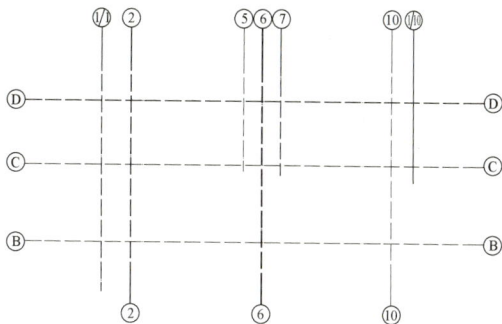

图 9-71　修改轴网

（2）绘制女儿墙

实际工程项目的绘制过程，一般从底层向上绘制，因此在绘制屋顶平面时，下部所有建筑平面图已绘制完成，故可以直接复制三层平面图的外墙（图 9-72），在其基础上修改。编辑三层平面图的外墙，其上带有窗和装饰构件，删除原有外墙的窗，用 EX 延伸命令将外墙延伸封闭或者用多线（ML）命令补绘部分女儿墙。需要特别注意的是，因三层平面图的外墙是剖到的，应用粗实线绘制，而女儿墙只是看见的轮廓线，用细实线表示，需更改女儿墙的线型。修改完成后如图 9-73 所示。

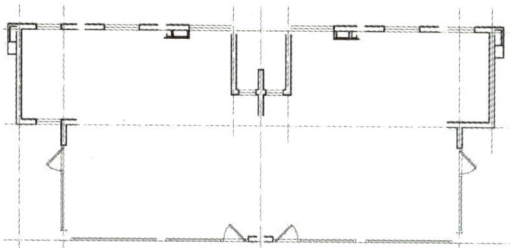

图 9-72　复制外墙

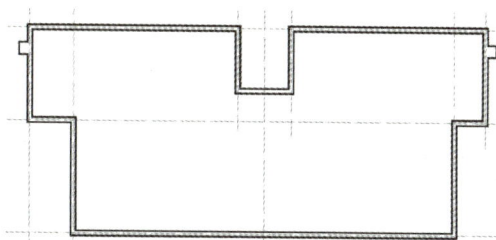

图 9-73　编辑后女儿墙

（3）绘制屋檐、檐沟

主要用到多段线（PL）命令、偏移（O）命令、直线（L）命令、剪切（TR）命令等，全部修改完毕如图 9-74 所示。

1）绘制屋檐线

在命令栏输入多段线命令快捷键 PL→沿着女儿墙内轮廓线绘制闭合的线→在命令栏输入偏移命令快捷键 O→输入"1200"→选择女儿墙内轮廓线向外偏移→在命令栏输入直线命令快捷键 L→绘制 45°坡面交线。

2）绘制檐沟线

在命令栏输入偏移命令快捷键 O→输入"300"→选择女儿墙内轮廓线向内偏移。

（4）绘制分水线、雨水管

屋顶平面图屋顶部分需要绘制分水线，主要用到直线（L）命令和圆（C）命令，绘制完成后如图 9-75 所示。

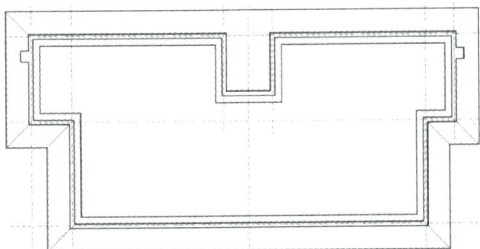

图 9-74　绘制屋檐、檐沟

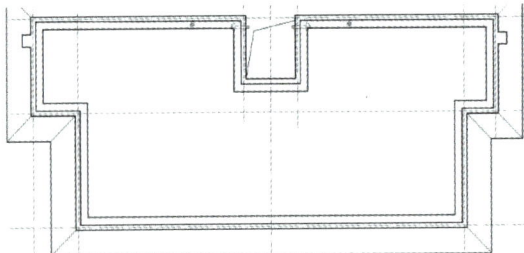

图 9-75　绘制分水线和雨水管

（5）文字、尺寸标注

1）编辑标高和索引符号

添加屋面结构标高，建筑图上标高一般为"完成面标高"，而屋顶平面标高为"结构标高"，这里标注标高时需要加上"结构标高"。从其他层平面图复制标高、索引符号到屋顶层，双击文字进行修改即可。

2）添加文字说明

复制其他层的文字到屋顶，双击文字进行修改即可。

3）添加和修改图形的尺寸标注

需要删除或者修改尺寸线，最后调整图中各部分的位置、间距，屋顶平面图的尺寸、符号、标高等注释修改和增加添加完毕后如图 9-69 所示（附录建施 08）。

项目总结

　　首先掌握建筑平面图的基础知识，然后学习建筑平面图的绘图步骤，再通过任务训练，学习绘图环境的设置，掌握绘制步骤，添加标注、文字说明、图名、添加图框等知识，从而真正掌握建筑平面图的绘制方法与技巧。重点培养学生规范的画图习惯，养成耐心细致的工作态度和正确的绘图顺序。难点是绘图前基础环境的设置比如图层的建立、文字样式和标注样式的建立，这直接影响到能否规范画图。本教材采用《房屋建筑制图统一标准》GB/T 50001—2017 设置基础环境，需要多看规范，理解后熟练掌握设置技巧。

提升演练

1. 选择题

（1）出图比例为 1∶100 的图形内一般文字高度为（　　）。

A. 350　　　　　　B. 300　　　　　　C. 35　　　　　　D. 30

（2）文字编辑命令的快捷键为（　　）。

A. ED　　　　　　B. DE　　　　　　C. RE　　　　　　D. ML

（3）新建标注样式对话框中，主单位选项内的测量因子为 1 时，如果线长为

1000mm，标出的尺寸为（　　）mm。

　　A. 1600　　　　　　B. 1000　　　　　　C. 2000　　　　　　D. 1

（4）为了便于使用，通常将单扇门图块的尺寸定为（　　）mm。

　　A. 750　　　　　　B. 900　　　　　　C. 1000　　　　　　D. 800

（5）标注墙段长度和洞口宽度时，第一道尺寸线的第一个尺寸应使用（　　）标注命令来标注。

　　A. 对齐　　　　　　B. 线性　　　　　　C. 连续　　　　　　D. 基线

2. 绘图题

（1）绘制某某小区别墅一层平面图，详见附录建施-05。

（2）绘制某某小区别墅二层平面图，详见附录建施-06。

（3）绘制某某小区别墅屋顶平面图，详见附录建施-08。

立面图的绘制

三维教学目标

目标内容	教学目标
知识与技能	通过建筑立面图的绘制学习,了解立面图与平面图的关系,熟悉建筑立面图的基本知识,掌握建筑立面图的绘制步骤。掌握带有属性块的定义和调用命令的使用技巧,综合应用涉及的基本绘图命令和编辑命令,并能绘制带有属性的标高符号。
过程与方法	立面图的绘制步骤与平面图的绘制步骤一样,小组内先自主查阅规范,掌握立面图中不同线型规范,思考不同线型应用什么命令完成,参照平面图的绘图步骤,自主合作探究完成立面图的绘制,培养学生运用快捷命令完成图形绘制的能力。
情感态度与价值观	本项目在进行立面图绘制练习时,在课后作业布置"天安门城楼"立面图的绘制,讲解天安门被设计进国徽后的特殊含义。让学生在练习绘图的同时,对天安门城楼这个有象征性意义的伟大建筑有更深的了解,对国家的历史有更深刻的认识。

思维导图

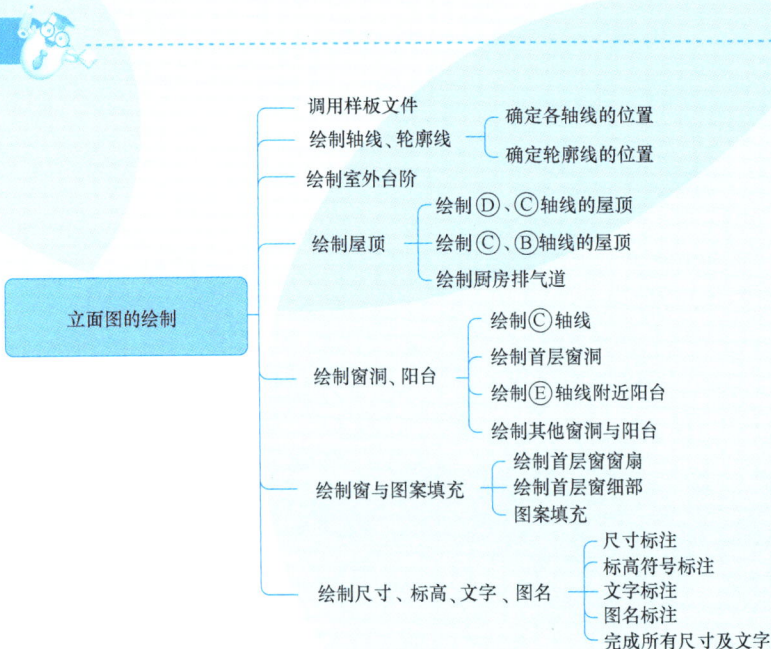

建筑立面图是与建筑物立面平行的铅垂投影面上所做的投影图。建筑立面图主要反映建筑物的外装效果，一般会表明装饰物的材质，面砖的颜色大小、装饰线条、檐沟大样等。反映一栋建筑物主要出入口或者房屋外貌显著特征的那一面称为正立面图，其余立面称为背立图和侧立面。

可按建筑物的朝向来命名，如南立面图、北立面图、东立面图、西立面图等；也可按轴线号来命名，如Ⓔ～Ⓐ立面图。建筑立面图绘制内容，一般包括左右两根轴线、墙、门窗、檐口等构件的位置、形状和材料、尺寸与文字标注等内容，有时还可能要绘制平面详图。建筑立面图所绘制的构件和内容较多，为了便于绘制、编辑管理，对每一类构件应建立对应的图层。

在绘制建筑立面图时，应根据建筑立面图与建筑平面图的位置关系，建筑立面图的一般绘制步骤如下：

（1）调用样板文件：包括图形界限、图层、线型设置。

（2）绘制轴线、轮廓线：轴线一般只绘制起止轴线 2 根，地坪线用 1.4b 宽、外轮廓线用 1b 宽。

（3）绘制室外台阶。

（4）绘制屋顶。

（5）绘制窗洞、阳台。

（6）绘制窗与图案填充。

（7）绘制尺寸、标高、文字、图名。

任务 10.1　绘制Ⓔ～Ⓐ轴立面图

1. 任务描述与分析

绘制某某小区别墅建施 11 中的Ⓔ～Ⓐ轴立面图，如图 10-1 所示。该图的图例主要由地坪线、外轮廓线、立面门窗、立面装饰装修等组成。线条比较复杂，主要用到直线（L）命令、多段线（PL）命令、复制（CO）命令、偏移（O）命令、修剪（TR）命令、图案填充（H）命令、分解（X）命令等。先绘制轴线、地坪线、层高线，再绘制轮廓线、外墙边线、屋檐线，其次绘制门窗、阳台、台阶可见轮廓，再绘制墙体、阳台、门窗内分隔线，然后文字注释、尺寸标注等，最后整理立面图。

2. 方法与步骤

（1）调用样板文件

1）单击【文件】→新建→弹出【选择样板】对话框，如图 10-2 所示。

2）在文件类型中，选择"图形样板（*.dwt）"，在名称中选中"样板一"，单击打开，如图 10-3 所示。

3）打开后即可显示所需要的图框，如图 10-4 所示。

10-1
立面图
外轮廓
的绘制

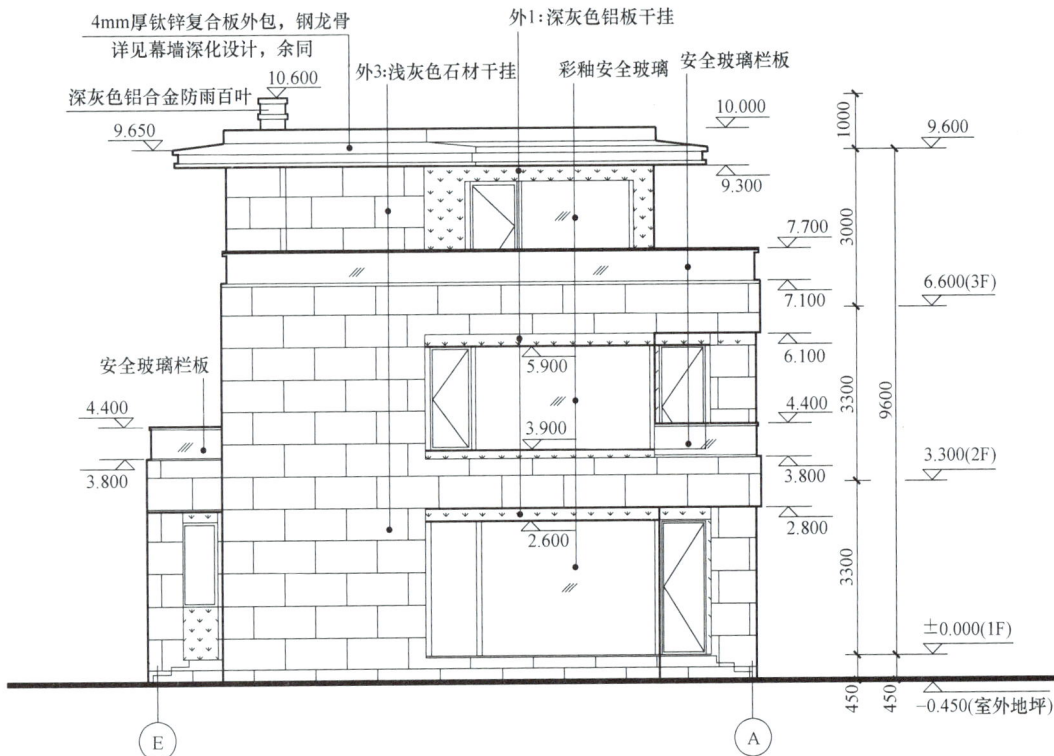

4mm厚钛锌复合板外包,钢龙骨
详见幕墙深化设计,余同
深灰色铝合金防雨百叶
外3:浅灰色石材干挂
外1:深灰色铝板干挂
彩釉安全玻璃
安全玻璃栏板
安全玻璃栏板

图 10-1　E～A轴立面图

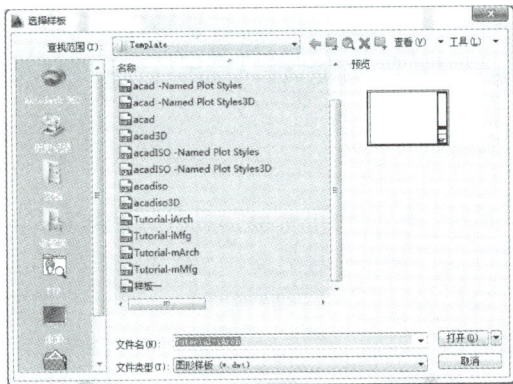

图 10-2　样板对话框

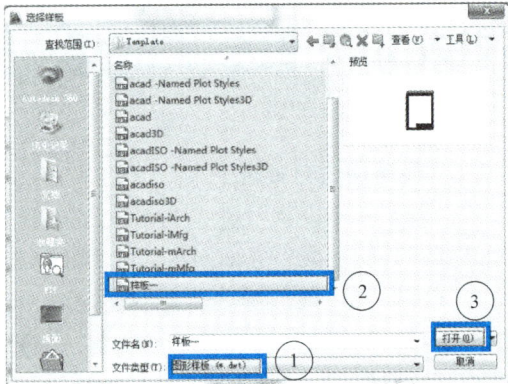

图 10-3　选择样板

技巧

为节省时间,可根据需要选择样板文件,使用不同的图框。

样板文件是软件自带的图框的格式,也可将自己建立需要的图框保存为样板文件,还可以调用已制作的样板文件。

图 10-4 图框

（2）绘制轴线、轮廓线

1）确定各轴线的位置

① 将轴线图层设为当前图层，如图 10-5 所示。

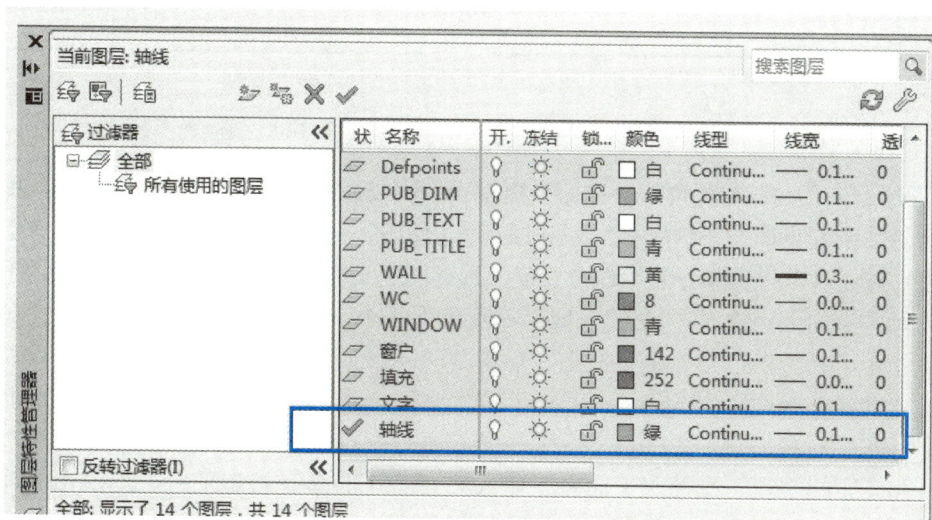

图 10-5 图层对话框

② 绘制轴线：在命令栏输入直线命令快捷键 L→指定第一个点：在适当位置单击→指定下一个点：输入"1200"→回车，确定Ⓔ轴线；在命令栏输入偏移命令快捷键 O→指定偏移距离，输入"11700"→回车→选择Ⓔ轴线，在Ⓔ轴线右侧单击，确定完成Ⓐ轴线绘制，如图 10-6 所示。

2）确定轮廓线的位置

① 将墙线图层设为当前图层。

② 绘制室外地坪线：在命令栏输入多段线命令快捷键 PL→在Ⓔ轴线左侧适当位置单击确定地坪线的起点→输入 W（线宽）→输入"40"→输入"40"→在Ⓐ轴线右侧适当位置单击确定地坪线的终点（地坪线的宽度根据 1.4b 确定）→回车→完成地坪线的绘制，如图 10-7 所示。

图 10-6　轴线绘制

③ 绘制Ⓓ、Ⓑ轴线：命令栏输入复制命令快捷键 CO→选择对象：选择Ⓔ轴线及轴线号→回车→指定基点，在Ⓔ轴线附近单击→指定第二个点：输入"1500"→回车，完成Ⓓ轴线的绘制；同理完成Ⓑ轴线的绘制。

④ 绘制屋顶与各层轮廓线：室内、室外的高差为"450"。在命令栏输入偏移命令快捷键 O→指定偏移距离，输入"10050"→回车→选择室外地坪线向上单击，完成屋顶轮廓线的绘制。利用延伸命名，把Ⓓ、Ⓑ轴线延伸到屋顶轮廓线，以同样的方法完成室外地坪线以上"4850"和"8150"各层轮廓线的绘制，如图 10-8 所示。

图 10-7　地坪线绘制

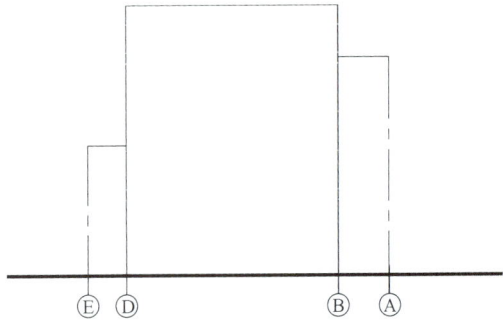

图 10-8　屋顶轮廓线的绘制

⑤ 绘制墙体与阳台轮廓线：在命令栏输入多段线命令快捷键 PL→指定起点，追踪Ⓔ轴与地坪线的交点向左，输入"200"→回车→指定下一个点，输入"W"→回车→指定起点宽度，输入"30"回车→指定端点宽度（选择刚定义的起点宽度）→回车→指定下一个点，光标垂直向上，输入"4250"→回车→指定下一个点，光标水平向右，输入"100"→回车→指定下一个点，光标垂直向上，输入"550"→回车→指定下一个点，光标水平向左，输入"100"→回车→指定下一个点，光标垂直向上，输入"50"→回车→指定下一个点，光标水平向右，输入"1450"→回车→指定下一个点，光标垂直向上，输入"2700"→回车→指定下一个点，光标水平向右，输入"100"→回车→指定下一个点，光标垂直向上，输入"550"→回车→指定下一个点，光标水平向左，输入"50"→回车→指定下一个点，光标垂直向上，输入"50"→回车→指定下一个点，光标水平向右，输入"50"→回车→指定下一个点，光标垂直向上，输入"1600"→回车。同理完成其他外轮廓线的绘制，如图 10-9 所示。

（3）绘制室外台阶

绘制室外台阶：命令栏输入直线命令快捷键 L→回车→指定第一个点，追踪地坪线与

B轴的交点向上，输入"450"→回车→指定下一个点，光标水平向右，输入"1100"→回车→指定下一点，光标垂直向下，输入"150"→回车→光标水平向右，输入"350"→回车→指定下一点，光标垂直向下，输入"150"→回车→光标水平向右，输入"350"→回车→指定下一点，光标垂直向下，输入"150"，如图 10-10 所示。同理完成另外台阶的绘制。

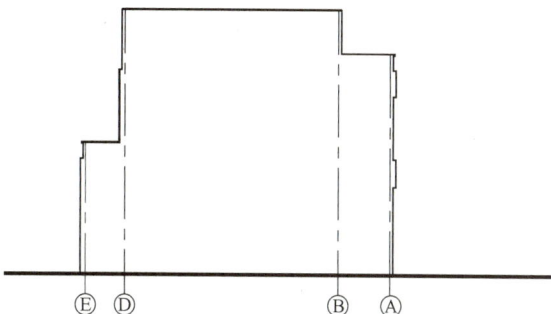

图 10-9　墙体与阳台轮廓线的绘制

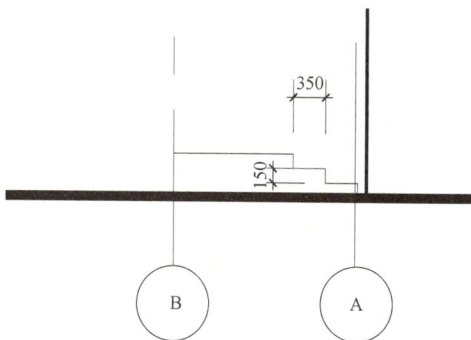

图 10-10　室外台阶的绘制

（4）绘制屋顶

1）绘制①、©轴线的屋顶：在命令栏输入多段线命令快捷键 PL→回车→指定起点，单击①轴线附近与屋顶轮廓线的交点→指定下一点，输入"W"→回车→指定起点宽度，输入"30"→回车→指定端点宽度→回车→指定下一点，输入"1000"（向右）→输入"80"（向上）→输入"50"（向右）→输入"170"（向上）→输入"100"（向左）→输入"100"（向上）→连接屋面向下"250"点绘制完成。通过镜像（MI）命令完成对称挑出屋檐的绘制。

2）绘制©、B轴线的屋顶：在命令栏输入复制命令快捷键 CO→回车→选择©轴线屋顶→移动B轴线处→用直线连接各点，完成©、B轴线间屋顶的绘制。

3）绘制厨房排气道：在命令栏输入直线命令快捷键 L→回车→指定第一个点，追踪左外墙线与屋面相交点向右，输入"750"→回车→指定下一点，输入"200"（向上）→输入"50"（向左）→输入"100"（向上）→输入"50"（向右）→输入"200"（向上）→输入"50"（向左）→输入"100"（向上）→输入"290"（向右）→回车，利用镜像（MI）命令完成右边部分。完成后效果如图 10-11 所示。

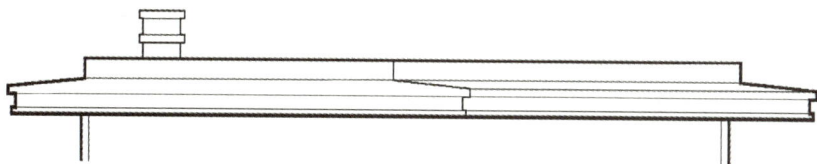

图 10-11　屋顶部分的绘制

（5）绘制窗洞、阳台

1）绘制©轴线：命令栏输入复制命令快捷键 CO→选择对象，选择①轴线及轴线号→回车→指定基点，在①轴线附近单击→指定第二个点，输入"3700"→回车，完成©轴线的绘制。

10-2
立面图窗洞与阳台的绘制

2）绘制首层窗洞：在命令栏输入偏移命令快捷键 O→指定偏移距离，输入"100"→回车→选择ⓒ轴线向右单击→回车→完成ⓒ轴线右侧窗洞垂直轮廓线的绘制。重复输入偏移命令快捷键 O→指定偏移距离，输入"200"→回车→选择ⓑ轴线向右单击→回车→完成ⓑ轴线右侧窗洞垂直轮廓线的绘制。重复输入偏移命令快捷键 O→指定偏移距离，输入"2800"→回车→选择室内地坪线向上单击→回车→修剪多余的线条→完成窗洞上端轮廓线的绘制。

3）绘制ⓔ轴线附近阳台：在命令栏输入复制命令快捷键 CO→选择室内地坪线→回车→指定基点，在室内地坪线附近单击→输入"3800"→回车→回车→输入"4400"→回车→完成ⓔ轴线附近阳台水平轮廓线的绘制。在命令栏输入偏移命令快捷键 O→输入"50"→回车→选择"标高 4.400"阳台水平轮廓线向下单击→回车→修剪多余的线条→完成ⓔ轴线附近阳台内侧线的绘制。

4）绘制其他窗洞与阳台：以同样的方法完成其他窗洞与阳台的绘制，如图 10-12 所示。

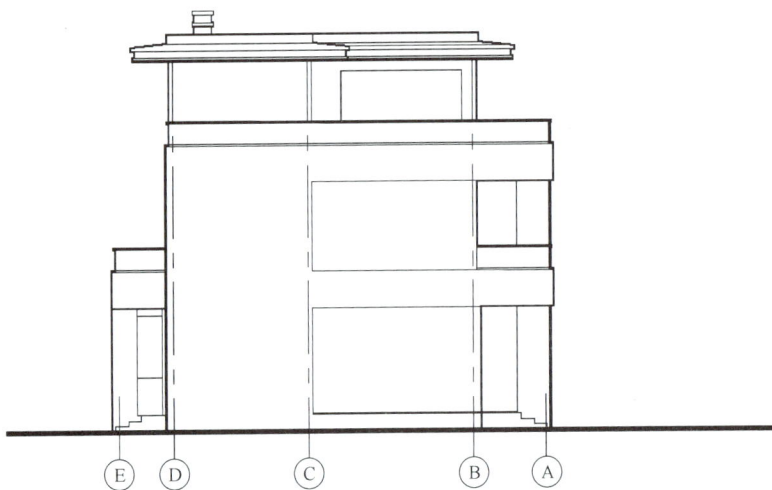

图 10-12　窗洞与阳台的绘制

（6）绘制窗与图案填充

1）绘制首层窗窗扇：在命令栏输入偏移命令快捷键 O→指定偏移距离，输入"200"→回车→选择窗洞上轮廓线向下单击→回车→重复输入偏移命令快捷键 O→指定偏移距离，输入"20"→回车→选择刚刚偏移的线向下单击→回车→完成首层窗上部水平线的绘制。在命令栏输入偏移命令快捷键 O→指定偏移距离，输入"100"→回车→选择窗洞左侧轮廓线向右单击→回车→重复输入偏移命令快捷键 O→指定偏移距离，输入"900"→回车→选择刚刚偏移的线向右单击→回车→重复输入偏移命令快捷键 O→指定偏移距离，输入"100"→回车→选择刚刚偏移的线向右单击→回车→完成首层窗左侧小窗的绘制。以同样的方法完成

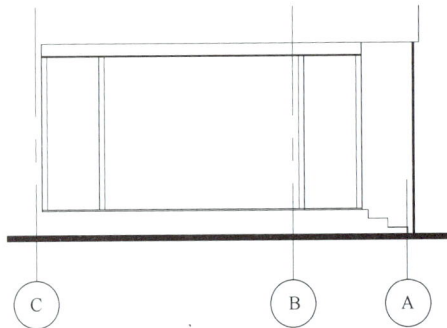

图 10-13　首层窗窗扇的绘制

成首层窗右侧小窗的绘制，利用修剪（TR）命令修剪多余的线条，如图 10-13 所示。

2）绘制首层窗细部：在命令栏输入偏移命令快捷键 O→指定偏移距离，输入"50"→回车→选择首层窗右侧小窗轮廓线向内单击→回车→在命令栏输入直线命令快捷键 L→指定第一个点：在首层窗右侧小窗轮廓线右上角交点单击→指定下一个点：在首层窗右侧小窗左侧轮廓线中点单击→指定下一个点：在首层窗右侧小窗轮廓线右下角交点单击→回车，确定Ⓔ轴线完成首层窗右侧小窗细部的绘制。在命令栏输入直线命令快捷键 L→指定第一个点，在首层窗中间适当位置单击→指定下一个点，利用极轴45°在第一点右上角适当位置单击→回车→在命令栏输入偏移命令快捷键 O→指定偏移距离，输入"35"→回车→选择首层窗中间直线向右单击→回车→选择刚偏移出的直线向右单击→回车→完成首层窗中间细部的绘制。以同样的方法完成其他窗细部的绘制。

3）图案填充：在命令栏输入图案填充

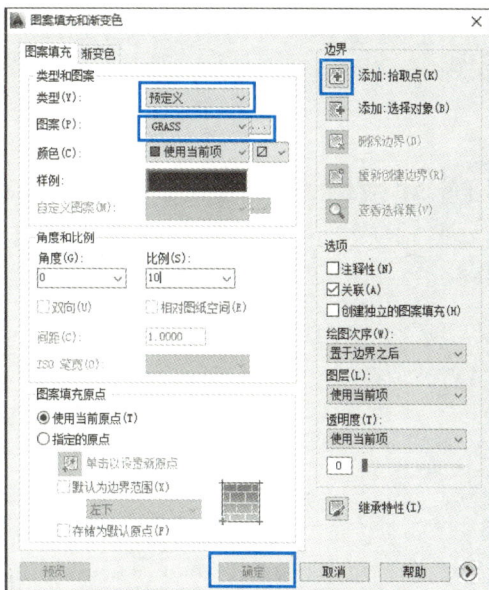

图 10-14　图案填充对话框

命令快捷键 H→回车→弹出【图案填充和渐变色】对话框（图 10-14）→类型选择"预定义"，图案选择"GRASS"→添加：拾取点→在需要图案填充的位置点击→然后右击【确定】完成图案填充。不同的位置依据不同的要求选择不同的图案，如图 10-15 所示。

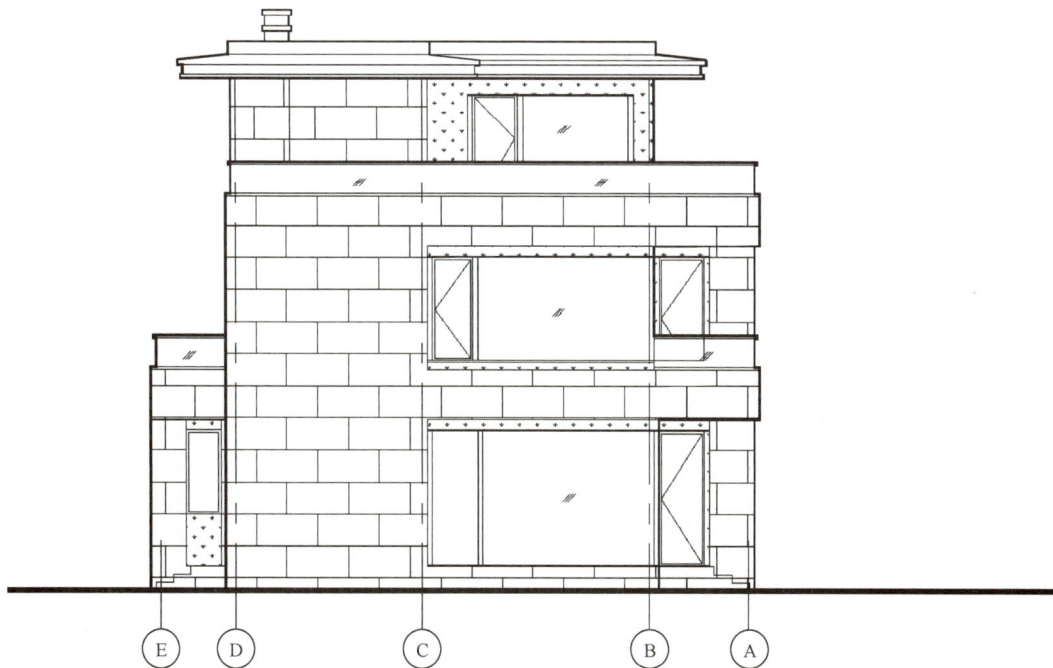

图 10-15　窗与图案填充等细部的绘制

技巧

　　一般在建筑立面图中没有尺寸标注，可依照给定的图样和平面图绘制。一般门窗分隔线从中轴线开始分隔。

知识链接

　　《建筑制图标准》GB/T 50104—2010 中对图线做出了以下规定：
　　① 地坪线应用 $1.4b$。
　　② 建筑平、立、剖面图中建筑构配件的轮廓线用中粗线。

10-3
立面图
尺寸的
绘制

　　（7）绘制尺寸、标高、文字、图名
　　1）尺寸标注
　　① 第一道尺寸标注：在命令栏输入线性标注命令快捷键 DLI→回车→指定第一个尺寸界线原点，按图点击标注第一点→点击第二点→完成室内外高差的标注"450"，在命令栏输入连续标注命令快捷键 DCO→点击第三点→完成首层层高的标注"3300"，依次完成其他标注，如图 10-16 所示。

图 10-16　第一道尺寸标注

　　② 第二道尺寸标注：在命令栏输入线性标注命令快捷键 DLI→回车→点击标注第一点→点击第二点→完成室内外高差的标注"450"，在命令栏输入连续标注命令快捷键 DCO→点击第三点→完成第二道尺寸的标注"9600"，顺序依次完成标高的标注，如图 10-17 所示。

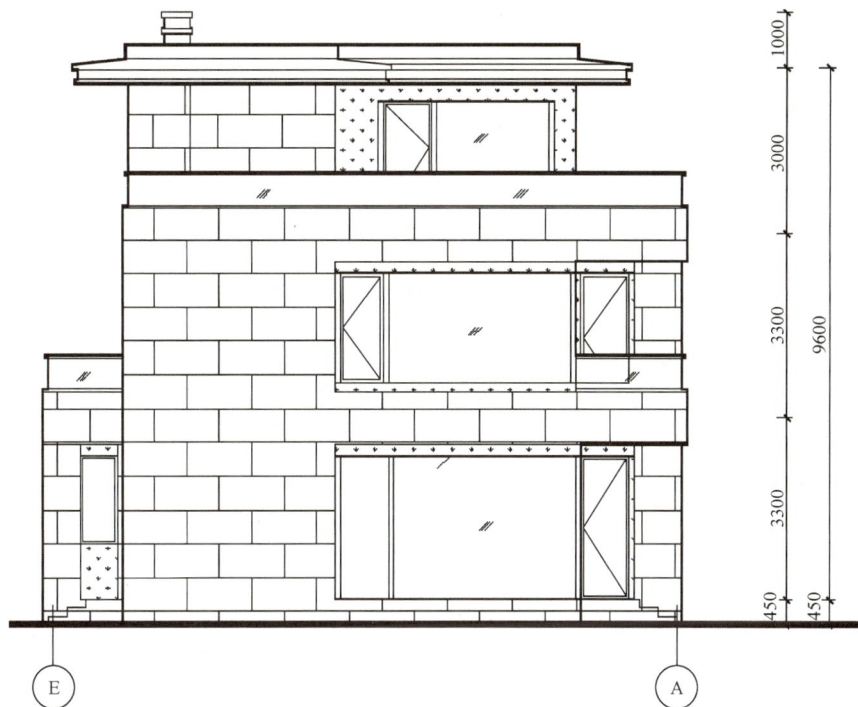

图 10-17　第二道尺寸标注

2）标高符号标注

① 室外地坪和楼层标高符号标注：设置极轴，右键单击极轴→单击设置→弹出【草图设置】对话框→选择增量角中的"45"，如图 10-18 所示→单击【确定】。

绘制标高引线，在命令栏输入直线命令快捷键 L→回车→指定第一个点，单击室内外高差标高尺寸标注处的端点→指定下一点，输入"1000"→回车；绘制等腰直角三角形的标高符号，在命令栏输入直线命令快捷键 L→回车→指定第一个点，追踪标高引线右端点，输入"300"→指定下一点，

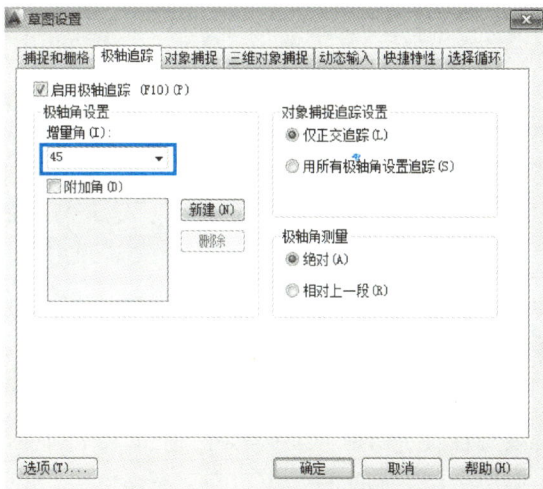

图 10-18　极轴追踪设置图

光标出现在"135°"方向输入"400"→输入约"1300"（根据文字长度调整长度）→回车。同理绘制"45°"方向的直线；数字标注，在命令栏输入单行文本命令快捷键 DT→回车→指定文字的起点，在标高符号的上方适当位置处单击→指定文字高度，输入"300"→回车→指定文字旋转角度，输入"0"→回车→输入"±0.000（1F）"→回车；利用复制（CO）命令，复制标注的标高符号到对应的位置，编辑修改文字，完成其他楼层的标高标注；利用镜像（MI）命令，绘制"−0.450"处标高符号，镜像后编辑修改文字。

② 门窗等其他地方的标高符号标注：利用复制（CO）、镜像（MI）、文字编辑命令，完成其他地方标高符号的标注，如图 10-19 所示。

图 10-19　标高符号标注

3）文字标注

① 引出线绘制：在命令栏输入直线命令快捷键 L→回车→指定第一个点，按照立面图绘制Ⓐ轴线附近的引出线，在合适的位置单击→指定下一点，在对应屋顶垂直处单击→指定下一点，向右在合适位置单击→回车。在立面图引出线对应的位置上，利用圆（C）的命令绘制两个小圆圈，再利用图案填充（H）命令图案填充两个小圆圈。

② 文字标注：在命令栏输入单行文本命令快捷键 DT→回车→指定文字起点，在引出线需要标注文字的适当位置单击→指定文字高度，输入"350"→回车→指定文字的旋转角度，输入"0"→回车→输入"安全玻璃栏板"→回车。完成文字的输入，用同样的方法完成其他位置文字的输入。

③ 同理，完成其他引出线绘制和文字标注。

4）图名标注

在命令栏输入多段线命令快捷键 PL→回车→在图形下方合适位置单击→输入"W"→回车→输入"60"→回车→输入"60"→回车→输入"7000"→回车；在命令栏输入复制命令快捷键 CO→回车→选择刚绘制的多段线→在多段线下方合适位置单击→回车；在命令栏输入分解命令快捷键 X→选择刚复制的多段线→回车；在命令栏输入单行文本命令快捷

键 DT→回车→指定文字起点，在多段线上方合适位置单击→输入"700"→回车→输入"0"→回车→输入" E-A 轴立面图"→回车，同理输入"1∶100"，文字高度"350"。

5）完成所有尺寸及文字后最终图形，如图 10-1 所示。

技巧

① 绘制建筑立面图的时候，一定要充分利用已有的建筑平面图来进行辅助作图。由于建筑立面图上的水平尺寸均来自建筑平面图，因此借助建筑平面图与建筑立面图的对应关系，可以快速定位建筑立面图上的水平尺寸，从而快速、精准地找到建筑立面图上各个构件的水平位置。例如，利用建筑平面图的门窗边线向上作辅助线，可以直接确定建筑立面图的门窗洞口以及阳台的左右边线位置。

② 建筑立面图中的轴线轴号、图名、标高符号等，均可从已经绘制完成的建筑平面图中进行复制和编辑，从而节约绘图的时间，减少绘图工作量。对于标高符号，只需要继续利用带有属性的块来插入新块即可。轴线、轴号同样也可以使用带有属性块的方法。

知识链接

在插入带有属性的块时，通过调整比例的正负号来确定图形块的正反向以及是否颠倒。例如现有如图 10-20 所示标高标注，需要进行反向调整。

此时需要在插入块的对话框中，将 X 方向的比例调整为"—1"，如图 10-21 所示。

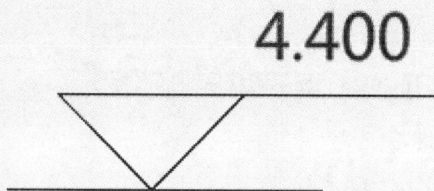

图 10-20　标高标注

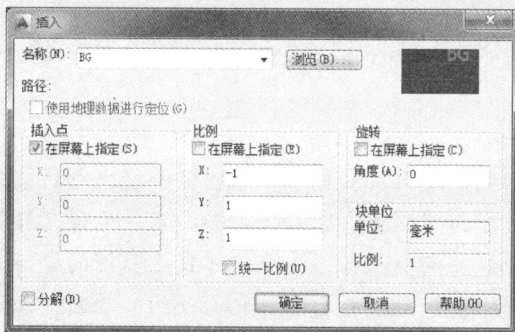

图 10-21　利用比例正负号调整方向

点击【确定】后，还需双击该标高标注图形块，在"文字选项"中勾选"反向"复选框，则标高符号反向的同时，标高数字不会反向。同时可以进行调整的还有文字的对正方式。为了让标高值处在标高符号的适当位置，可选择对正方式为"居中"，如图 10-22 所示。

设置完毕后，则标高标注如图 10-23 所示。

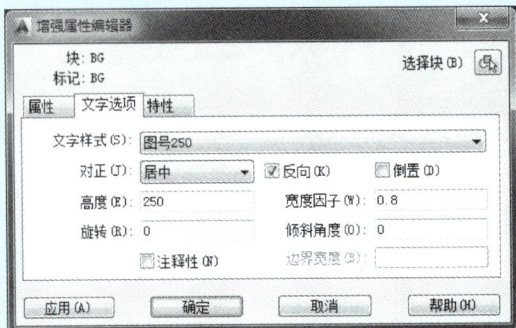

图 10-22　设置属性块"文字选项"

　　同理，当需要进行上下倒置时，则在插入带有属性的块时将 Y 方向比例设置为"—1"，同时在属性块的"文字选项"编辑中勾选"倒置"复选框，就可以做到标高符号倒置而标高值数字不变，如图 10-24 所示。

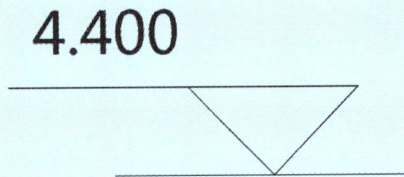

图 10-23　反向调整后的标高标注

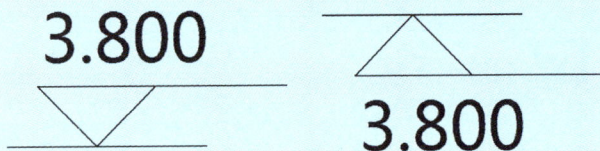

图 10-24　倒置调整后的标高标注

技巧

　　在绘制两个以上建筑立面图时，对于轴号顺序相反的建筑立面图，由于图形上的很多构件位置是对称的，往往可以使用镜像命令进行绘制。

项目总结

　　通过"长对正"的投影关系，我们可以从已经绘制完成的建筑平面图上直接确定建筑立面图的定位轴线、门窗位置、阳台位置等。不仅方便了绘图步骤，更保证了绘图的精确性。在绘制建筑立面图时，应当分析建筑立面图的轮廓，了解建筑物立面的形状，以及立面上可能出现的屋檐、台阶和阳台等细部构造。通过对建筑立面图的主次关系和主要定位线有了初步的分析之后，再开始绘制建筑立面图。

提升演练

1. 选择题

（1）地坪线用（　　　）线绘制。

A. 1.4*b*   B. *b*

C. 0.5*b*   D. 0.25*b*

（2）建筑立面图中看到的墙体轮廓线用（   ）线绘制。

A. 细实线   B. 中实线

C. 粗实线   D. 点画线

（3）标高符号用（   ）线绘制。

A. 细实线   B. 中实线

C. 粗实线   D. 点画线

（4）轴号的直径是（   ）mm。

A. 3～5   B. 5～6

C. 8～10   D. 11～12

（5）建筑立面图中看到的窗户用（   ）线绘制。

A. 细实线   B. 中实线

C. 粗实线   D. 点画线

2. 绘图题

（1）完成上海东方明珠电视塔立面图绘制，如图 10-25 所示，尺寸不要求，形状基本正确。

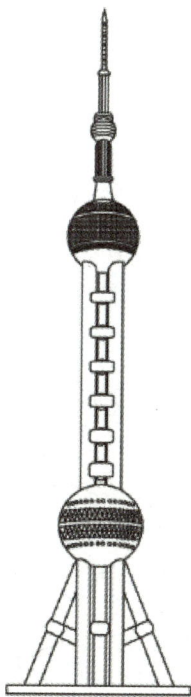

图 10-25   东方明珠电视塔立面图

（2）绘制某某小区别墅，正立面图详见附录建施 09；绘制某某小区别墅，背立面图详见附录建施 10。

Chapter 11

项目**11**

剖面图的绘制

三维教学目标

目标内容	教学目标
知识与技能	通过建筑剖面图的绘制学习,理解剖面图与平面图之间的关系,熟悉建筑剖面图的基本知识,掌握建筑剖面图的绘制步骤,灵活应用绘图命令和编辑命令。
过程与方法	小组内查阅剖面图制图规范,对照平面图上剖切的位置,熟悉剖面图中表达的建筑内容,思考楼板、地坪的绘制方法,比较用多段线绘制和用直线绘制并图案填充的优缺点。参照平面图的绘图步骤完成剖面图的绘制,培养学生综合分析图形、绘制图形的能力。
情感态度与价值观	依托真实的工程项目锻炼学生敢于质疑、敢于发现问题,用创新的思维去解决问题的创新精神;在完成项目的同时,依据行业、企业标准,精确绘制施工图纸,培养学生精益求精的大国工匠精神,潜移默化地帮助学生塑造正确的世界观、价值观和人生观。

思维导图

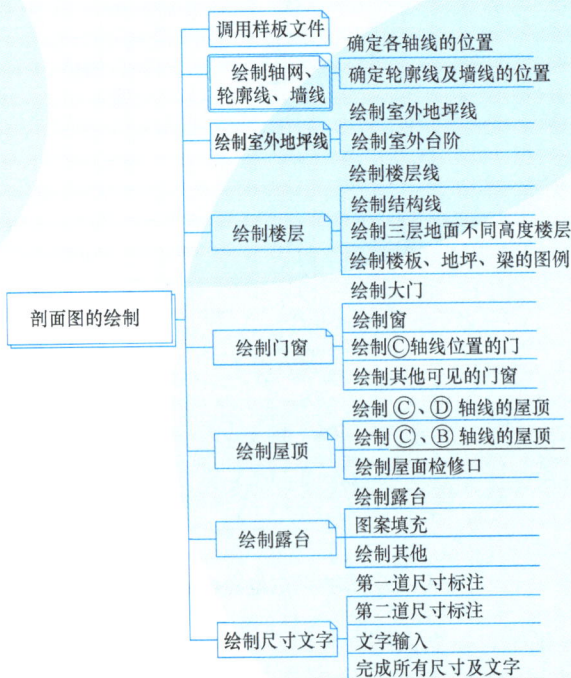

　　建筑剖面图是用剖切平面在建筑平面图的横向或纵向沿建筑物的主要入口、窗洞口、楼梯等位置上将建筑物假想地垂直剖开，移去不需要的部分，再把剩余的部分按某一水平方向进行投影而绘制的图形，主要是反映建筑内部层高、层数不同、内外空间比较复杂的部位，这是立面和平面无法表达清楚的。

任务 11.1　1-1 剖面图绘制

1. 任务描述与分析

　　绘制某某小区别墅建施 12 中的 1-1 剖面图，如图 11-1 所示。该图的图例主要由地坪线、外轮廓线、立面门窗、立面装饰装修等组成。线条比较复杂，主要用到直线（L）命令、多段线（PL）命令、复制（CO）命令、偏移（O）命令、修剪（TR）命令、矩形（REC）命令、图案填充（H）命令、镜像（MI）命令等。先绘制地坪线、轴线，然后绘制外轮廓线，再绘制门窗、屋顶、露台等，然后文字注释、尺寸标注等，最后整理剖面图。

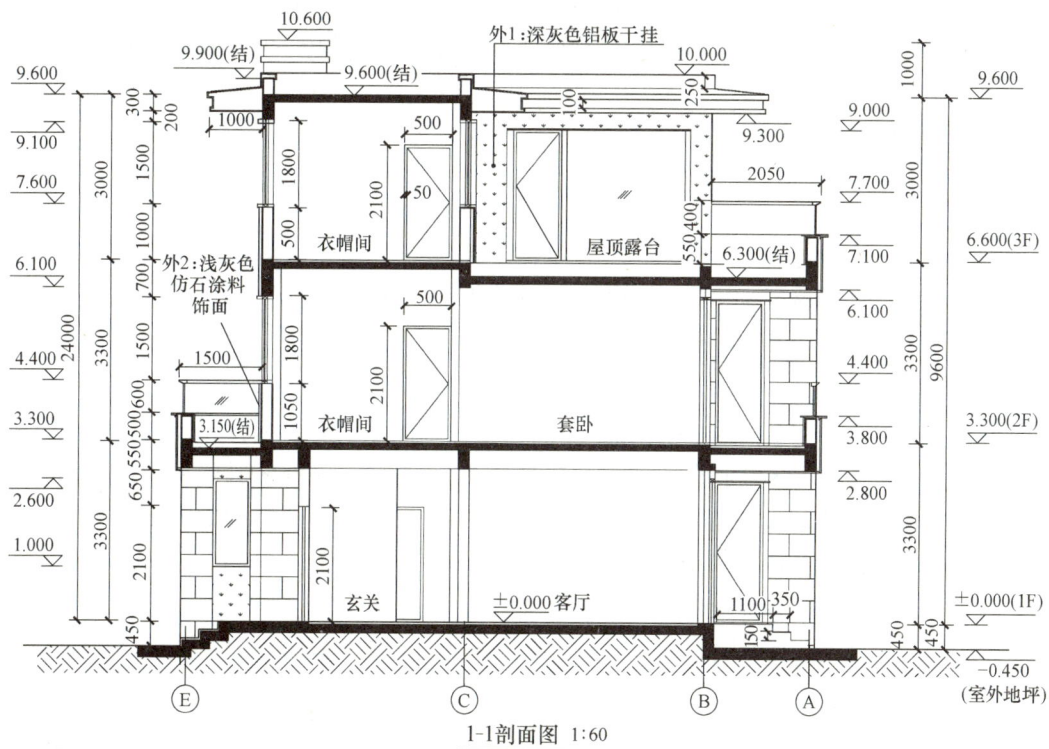

图 11-1　剖面图

2. 方法与步骤

（1）同"项目 10-任务 10.1-2"方法与步骤中的调用样板文件。

（2）绘制轴线、轮廓线、墙线

1）确定各轴线的位置

① 将轴线图层设为当前状态，如图 11-2 所示。

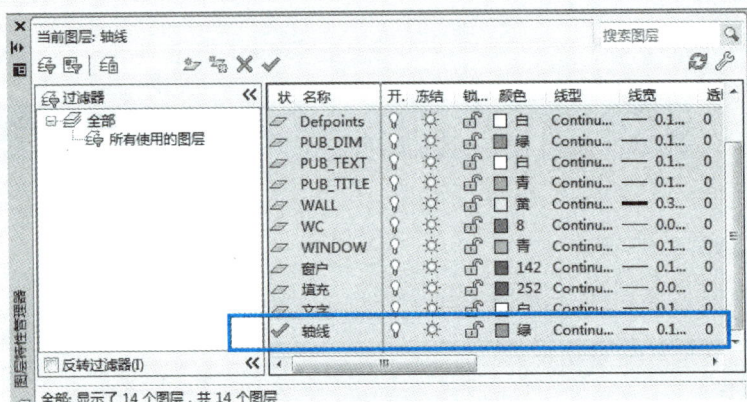

图 11-2　图层对话框

② 绘制轴线：在命令栏输入直线命令快捷键 L→指定第一个点：在适当位置单击→指定下一个点：输入"1200"→回车，确定Ⓔ轴线；在命令栏输入偏移命令快捷键 O→指定偏移距离，输入"11700"→回车→选择Ⓔ轴线，在Ⓔ轴线右侧单击，确定完成Ⓐ轴线绘制，如图 11-3 所示。

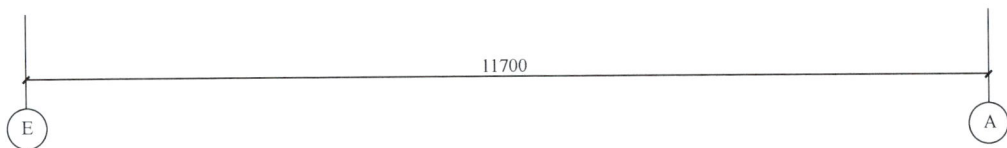

图 11-3　轴线绘制

2）确定轮廓线及墙线的位置

① 打开墙线图层。

② 绘制墙体：通过偏移命令（O），将Ⓔ轴线分别向左、右各偏移"100"，在命令栏输入偏移命令快捷键 O→指定偏移距离，输入"100"→回车→选择Ⓔ轴线分别在该轴线的左、右两侧单击，完成墙线的绘制；并修改该线的性质为墙线，以同样的方法完成Ⓐ轴线位置处墙线的绘制，如图 11-4 所示。

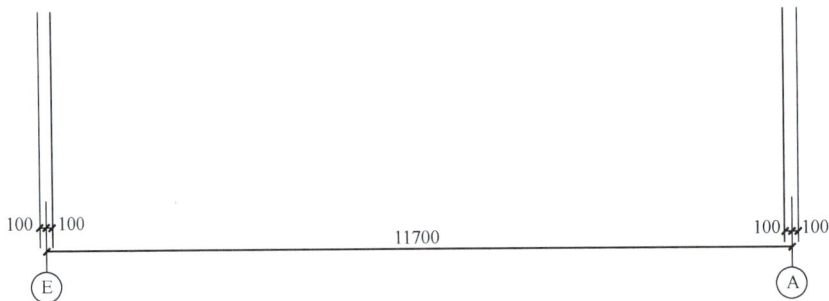

图 11-4　墙线绘制

③ 绘制室内地坪线：在命令栏输入直线命令快捷键 L→指定第一个点：在Ⓔ轴内墙线适当位置单击→指定下一点：输入"11500"→回车→完成地坪线的绘制，如图 11-5 所示。

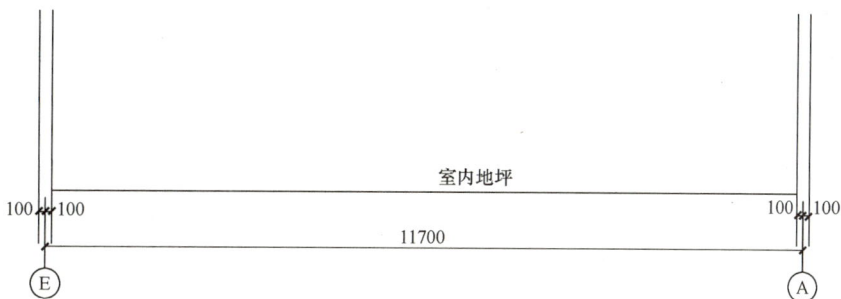

图 11-5　地坪线绘制

④ 绘制Ⓓ、Ⓑ轴线及墙体：命令栏输入复制命令快捷键 CO→选择对象：选择Ⓔ轴线及轴线号和Ⓔ轴线上对应的墙体→回车→指定基点，在Ⓔ轴线附近单击→指定第二个点：输入"1500"→回车，完成Ⓓ轴线及墙体绘制；同理完成Ⓑ轴线及墙体绘制。绘制屋顶轮廓线，在命令栏输入偏移命令快捷键 O→指定偏移距离，输入"9600"→回车→选择室内地坪线向上单击，完成屋顶轮廓线的绘制。利用延伸命名把Ⓓ、Ⓑ轴线及墙体延伸到屋顶轮廓线，如图 11-6 所示。

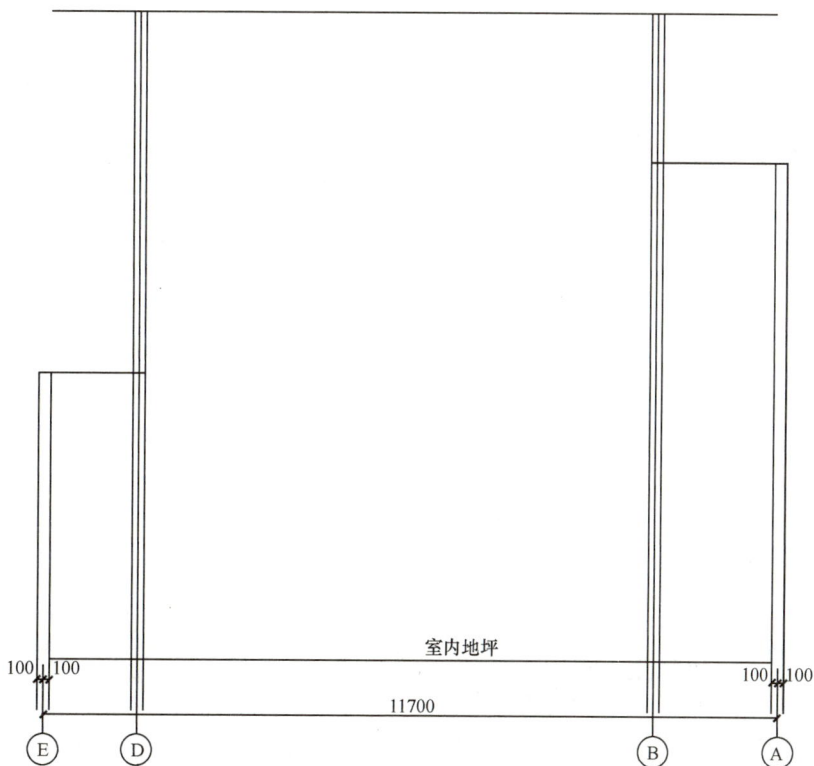

图 11-6　轮廓线绘制

技巧

① 绘制剖面图时应先明确剖视方向，确定剖到的轴线名称。

② 轴线绘制完成后，先绘制剖到的墙体用粗实线表示，后绘制看到构件的轮廓线用中实线表示。

③ 剖到的梁、楼板、过梁等混凝土构件可涂黑表示。

（3）绘制室外地坪线

1）绘制室外地坪线：室内、室外的高差为"450"。在命令栏输入偏移命令快捷键 O→回车→指定偏移距离，输入"450"→回车→选择室内地坪线→向下单击并向两侧拉伸该线段→在命令栏输入修剪命令快捷键 TR→回车→选择Ⓐ、Ⓔ轴内墙线为修剪边界→右击鼠标确定→单击Ⓐ、Ⓔ轴间线段完成修剪。如图 11-7 所示。

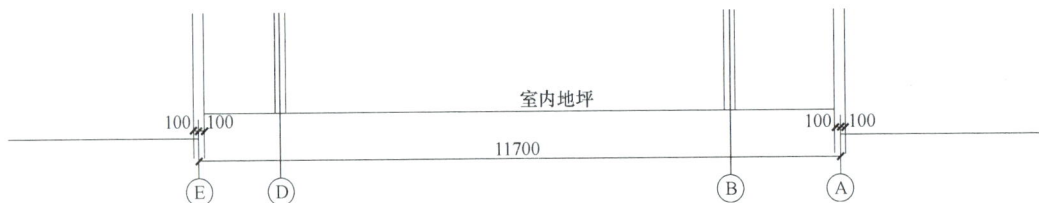

图 11-7　室外高差

2）绘制室外台阶：用修剪命名把Ⓐ、Ⓑ轴线间墙体之间的室内地坪线剪掉，命令栏输入直线命令快捷键 L→回车→指定第一个点：在Ⓑ轴线右侧连接室内地坪处单击→指定下一点：光标向右水平，输入"1100"→回车→光标向下垂直，输入"150"→回车→光标向右水平，输入"350"→回车，同理完成另外台阶的绘制，如图 11-8 所示。

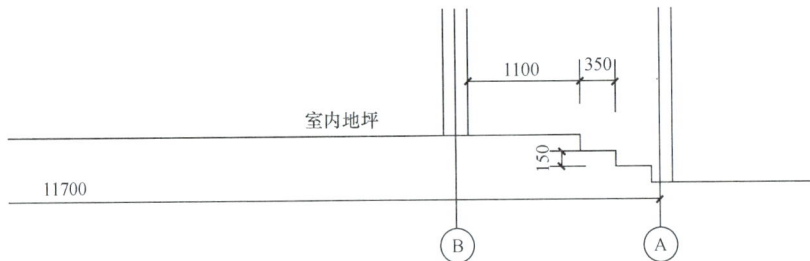

图 11-8　室外地坪

技巧

① 剖面图两侧的地坪线都依据室内地坪线来偏移。

② 室外台阶的绘制要按规范的要求进行。

③ 图形绘制的过程中注意保存。

④ 室外平台与台阶的宽度要依据平面图的参数来确定。

（4）绘制楼层

1）绘制楼层线：在命令栏输入偏移命令快捷键 O→回车→指定偏移距离，输入"3300"→回车→选择室内地坪线→在地坪线上方单击，同理完成三层楼层线，如图 11-9 所示。

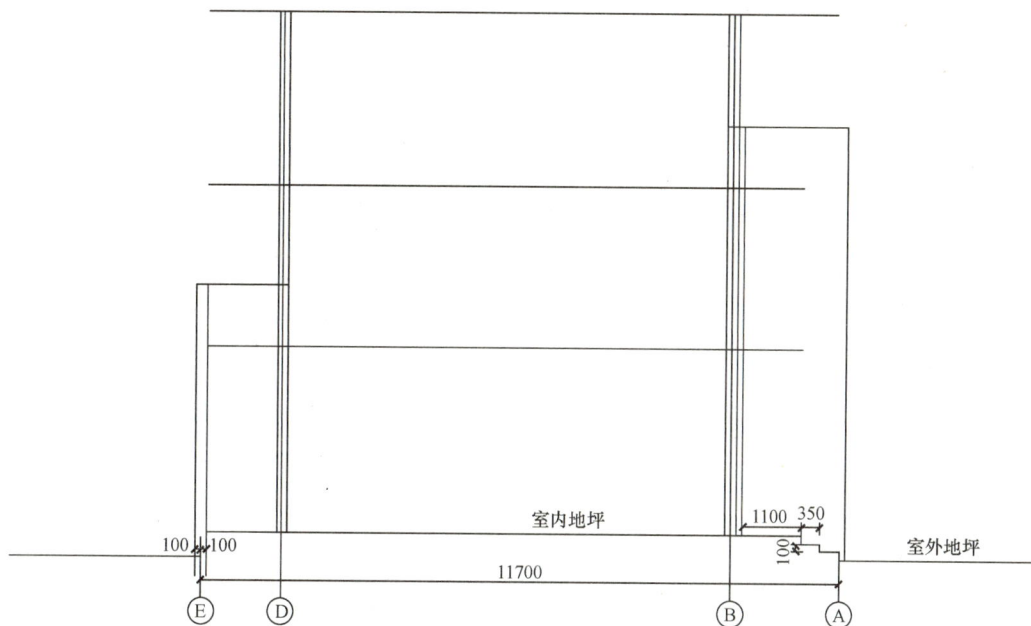

图 11-9　楼层线绘制

2）绘制结构层：在命令栏输入偏移命令快捷键 O→回车→指定偏移距离，输入"150"→回车→选择楼层线→在楼层线下方单击，如图 11-10 所示。

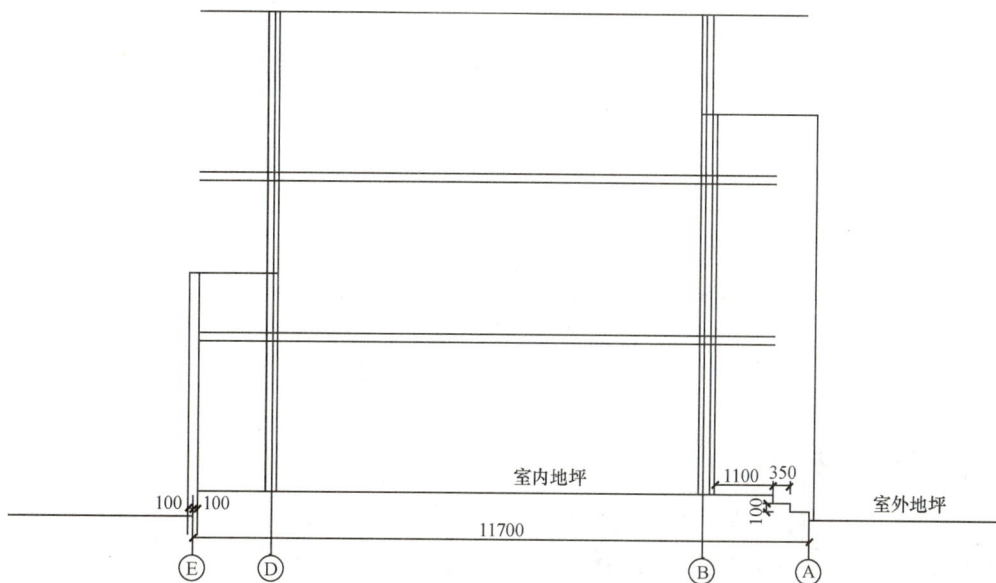

图 11-10　结构层绘制

3）绘制三层楼面不同高度楼层：ⓒ轴线的绘制，在命令栏输入偏移命令快捷键 O→回车→指定偏移距离，输入"4500"→回车→选择ⓑ轴线→在ⓑ轴线左方单击。在命令栏输入偏移命令快捷键 O→回车→指定偏移距离，输入"300"→回车→选择楼面线→在楼面线上方单击，完成不等高处楼面的绘制。同理完成三层楼面高低处板的绘制，板厚度分别为 120mm 和 150mm，如图 11-11 所示。

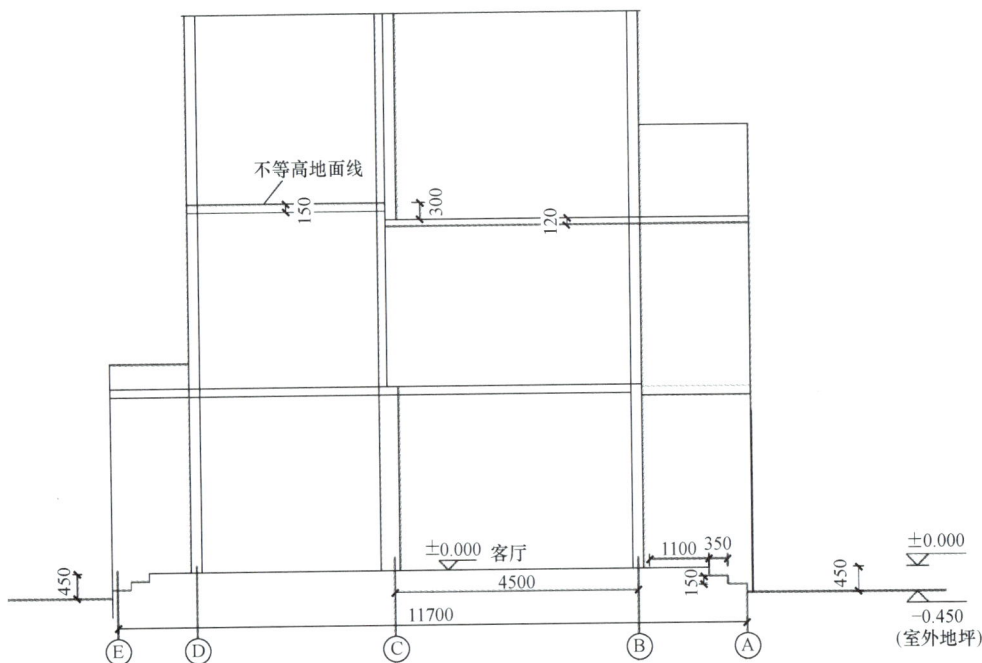

图 11-11　三层楼层线绘制

4）绘制楼板、地坪、梁的图例：图案填充楼板、地坪及梁，梁按构造尺寸绘出梁的高、宽，并修剪多余的线段，室内外地坪线向下偏移 200mm。在命令栏输入图案填充的快捷键 H→选择类型（预定义）→样例 SOLID→单击添加：拾取点→在需要图案填充图形的内部单击→出现虚线边框，右击确认→弹出图案填充对话框单击确定完成图案填充，如图 11-12 所示。

11-2 剖面图的填充

技巧

①【偏移】命令多次执行时注意方法，直接回车重复上一次命令。如果偏移距离相同则可以连续偏移需要的条数。

②图案填充命令使用时，可以分段图案填充便于修改。

知识链接

①室外地坪线以特粗实线表示，地面以下的做法不用绘制。

②楼面是剖到的构件，应以粗实线绘制。

③楼层是混凝土构件可用涂黑来表示。

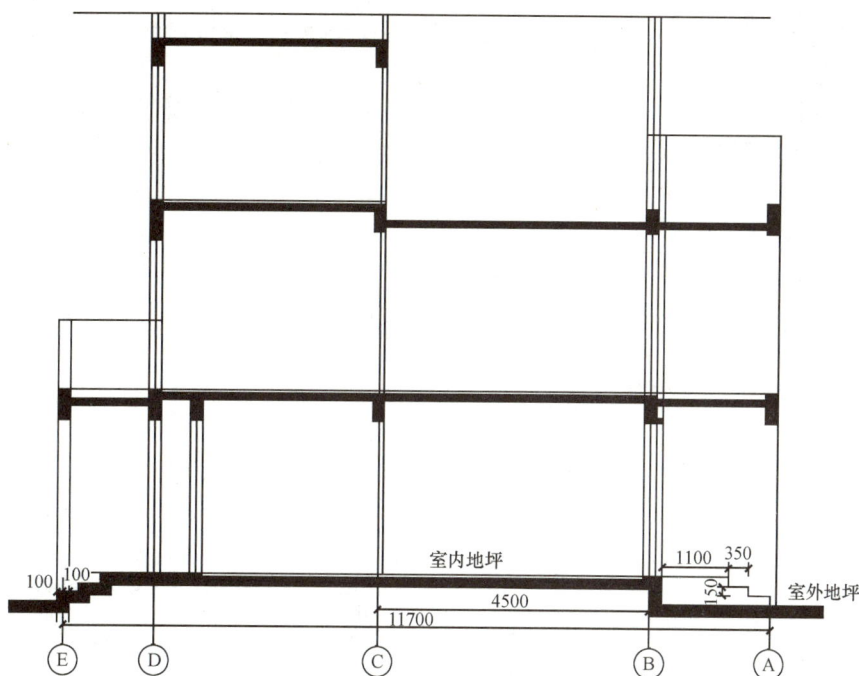

图 11-12　梁图例的绘制

（5）绘制门窗

1）绘制大门：将门窗图层置为当前层，在命令栏输入偏移命令快捷键 O→回车→指定偏移距离，输入"2100"（门的高度）→回车→选择室内地坪线→在地坪线上方单击。通过【修剪】命令修剪多余线段，在命令栏输入偏移命令快捷键 O→回车→指定偏移距离，输入"80"→回车→选择大门外边线→依次向右单击，完成门厅位置大门的绘制，如图 11-13 所示。

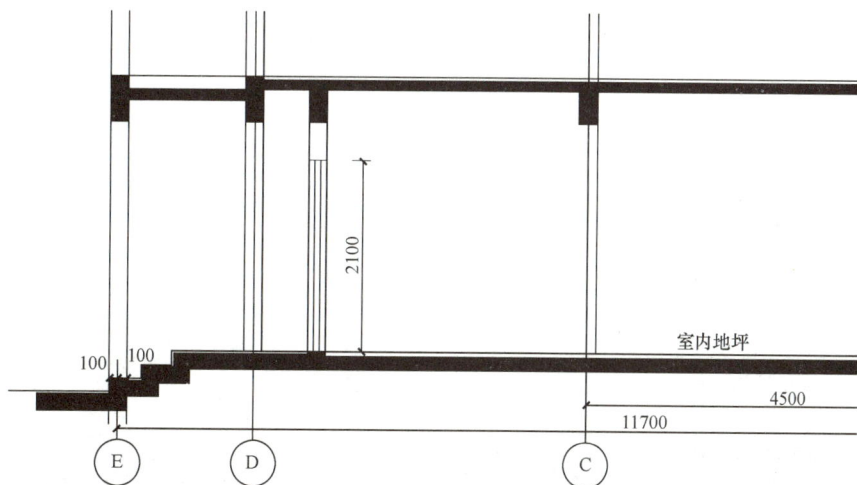

图 11-13　门厅大门的绘制

2）绘制窗：在命令栏输入偏移命令快捷键 O→回车→指定偏移距离，输入"1050"（窗台高度）→回车→选择二层楼面线→在二层楼面线上方单击→回车（重复偏移命令）→指定偏移距离，输入"1600"→回车→选择刚偏移的窗台线→在窗台线上方单击。利用偏移绘制窗台板的线条，用直线命令完成其他地方的绘制，按窗的形状进行修剪。同理完成其他窗的绘制，如图 11-14 所示。

3）绘制ⓒ轴线位置的门（图 11-15）：在命令栏输入矩形命令快捷键 REC→回车→指定一个角点：追踪二层楼面线和ⓒ轴的交点，向右出现虚线，输入"250"（门距离ⓒ轴线的距离）→回车→指定另一个角点，输入"@－900，2100"→回车。在命令栏输入偏移命令快捷键 O→回车→指定偏移距离，输入"50"→回车→选择外门框→在门框内单击→利用直线（L）命令绘制开启线→利用复制命令完成三层门的绘制，如图 11-15 所示。

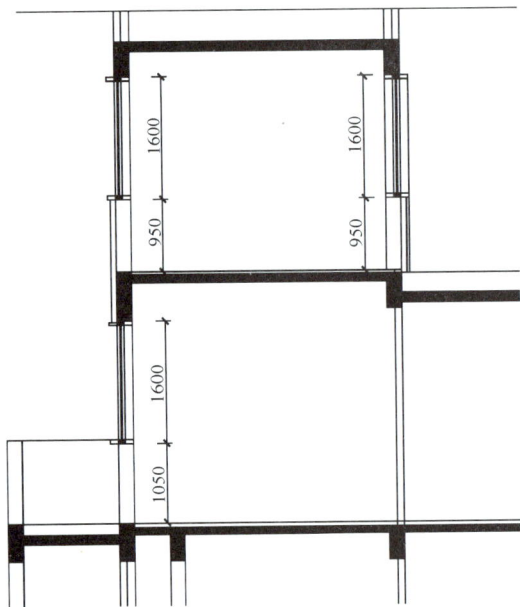

图 11-14 窗台的绘制

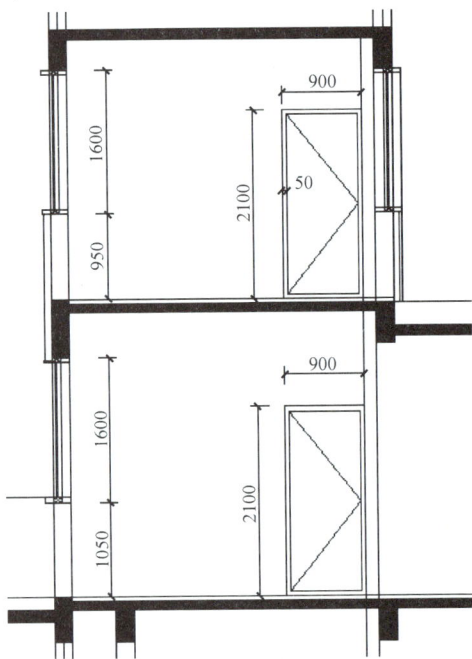

图 11-15 ⓒ轴线位置门的绘制

4）绘制其他可见的门：方法同以上步骤，先确定位置，再通过矩形（REC）、直线（L）、复制（CO）等命令来绘制，如图 11-16 所示。

技巧

① 绘制门窗时要设置门窗图层为当前图层。

② 定位时可用偏移命令，也可用追踪，追踪可以减少修剪操作。

③ 图形绘制的过程中应注意保存，避免出现死机、停电等情况而造成未保存的图形丢失。

知识链接

① 门窗在剖面图的绘制过程中用细实线完成，方法与平面图中门窗的绘制相同。

② 门窗绘制在平面图中用"多线"命令绘制较方便，但在剖面图中以直线绘制再修改也很方便。因为在剖面图中门窗的类型相对较少，绘制完成一个标准图形后，可通过复制（CO）命令完成其他图形。

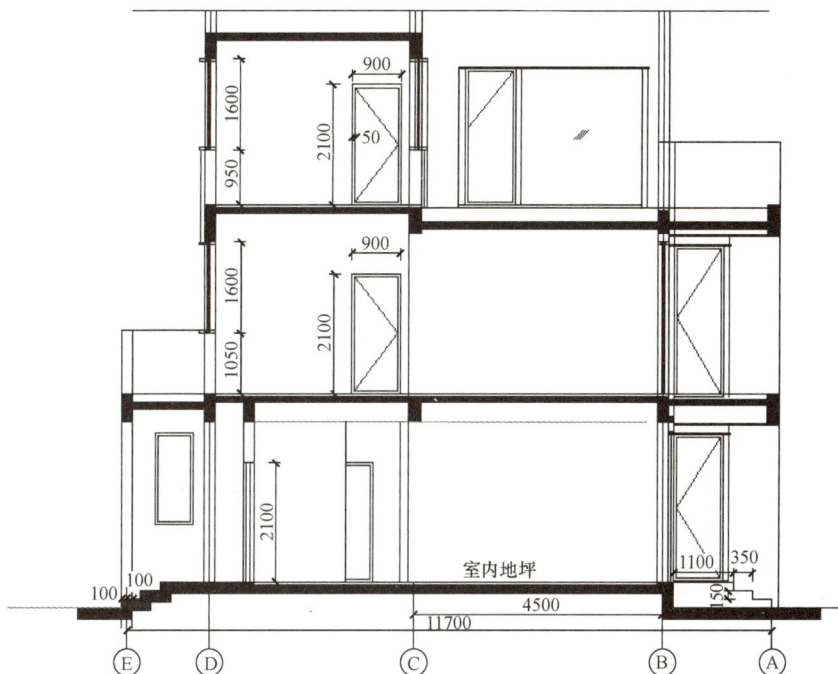

图 11-16 其他门的绘制

（6）绘制屋顶

1）绘制ⓒ、ⓓ轴线的屋顶：在命令栏输入多线命令快捷键 PL→回车→第一点（窗口向上 150）→输入"1000"（向右）→输入"80"（向上）→输入"50"（向右）→输入"150"（向上）→输入"100"（向左）→输入"100"（向上）→连接屋面向下"250"点绘制完成。利用偏移（O）命令将刚绘制的线向内偏移"50"。通过镜像（MI）命令完成对称挑出屋檐的绘制，如图 11-17 所示。

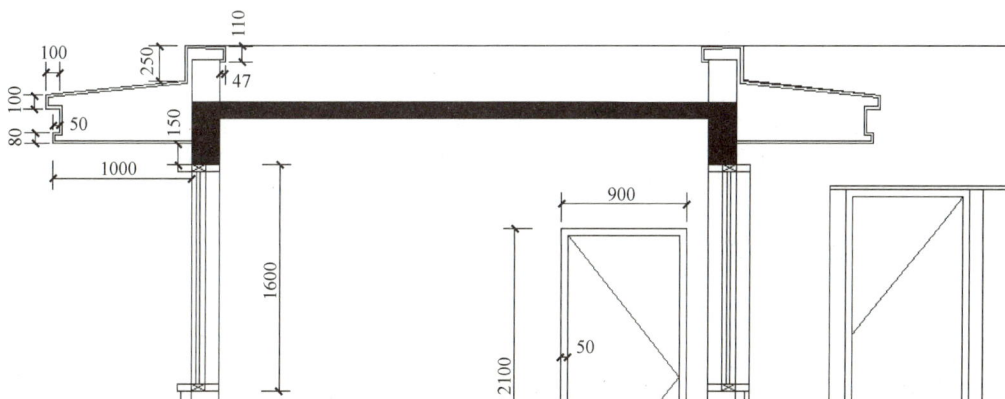

图 11-17 屋顶挑檐的绘制

2）绘制ⓒ、ⓑ轴线的屋顶：在命令栏输入复制命令快捷键 CO→回车→选择ⓒ轴线屋顶→移动到ⓑ轴线处→用直线连接各点，如图 11-18 所示。

3）绘制屋面检修口：在命令栏输入直线命令快捷键 L→回车→第一点（外墙线与屋

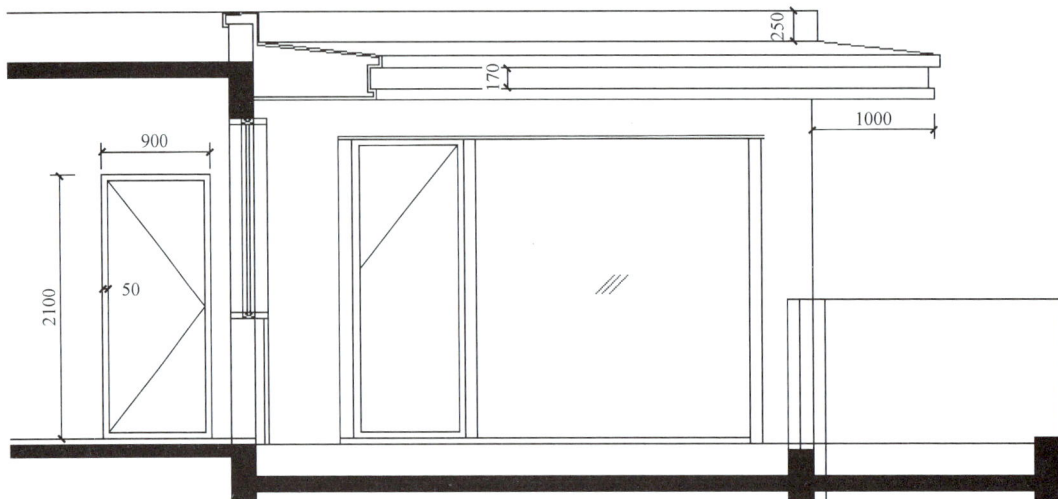

图 11-18　其他屋顶的绘制

面相交点)→输入"200"(第二点)→输入"50"(第三点),按参数要求依次绘制完成,如图 11-19 所示。

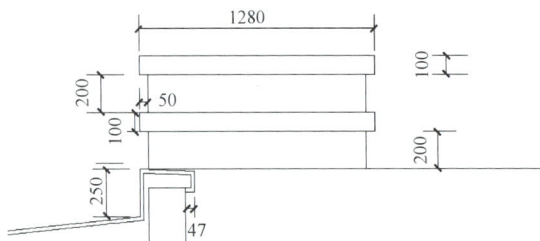

图 11-19　检修口的绘制

技巧

① 绘制坡度时确定排水高、低点位后连线完成并标明数值。

② 女儿墙剖到的部分及看到的部分绘制要有区分。

屋顶分两部分绘制,Ⓓ、Ⓒ轴线间与Ⓒ、Ⓑ轴线间。这两部分的标高有所不同在绘制时应注意。

(7) 绘制露台

1) 绘制露台:在命令栏输入偏移命令快捷键 O→回车→指定偏移距离,输入"70"→回车→选择墙线→在墙线的左侧单击→回车(重复偏移命令)→输入"30"→回车→选择刚完成偏移的直线→在偏移直线左侧单击,执行直线(L)命令连接各点并绘制可见轮廓线,修剪多余线条,如图 11-20 所示。

2) 图案填充:在命令栏输入图案填充命令快捷键 H→回车→弹出【图案填充和渐变色】对话框(图 11-21)→类型选择预定义,图案选择 AR-B816→添加:拾取点→在需要图案填充的位置点击→然后单击【确定】完成图案填充。不同的位置依据不同的要求选择不

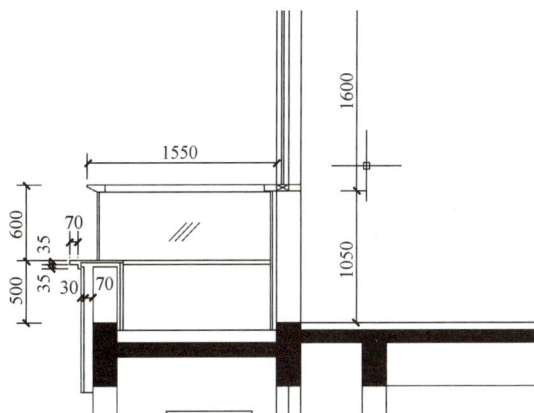

图 11-20　露台绘制

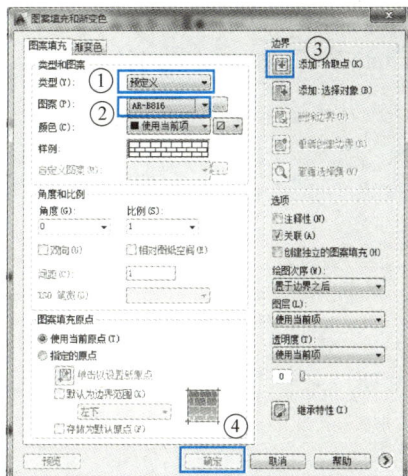

图 11-21　图案填充对话框

同的图案，如图 11-22 所示。

　　3）绘制其他：梁底线的绘制，在命令栏输入直线命令快捷键 L→回车→选择Ⓓ轴线处右侧梁底为第一点，向右移动鼠标选择Ⓑ轴线处梁底为第二点→完成梁底的直线绘制。

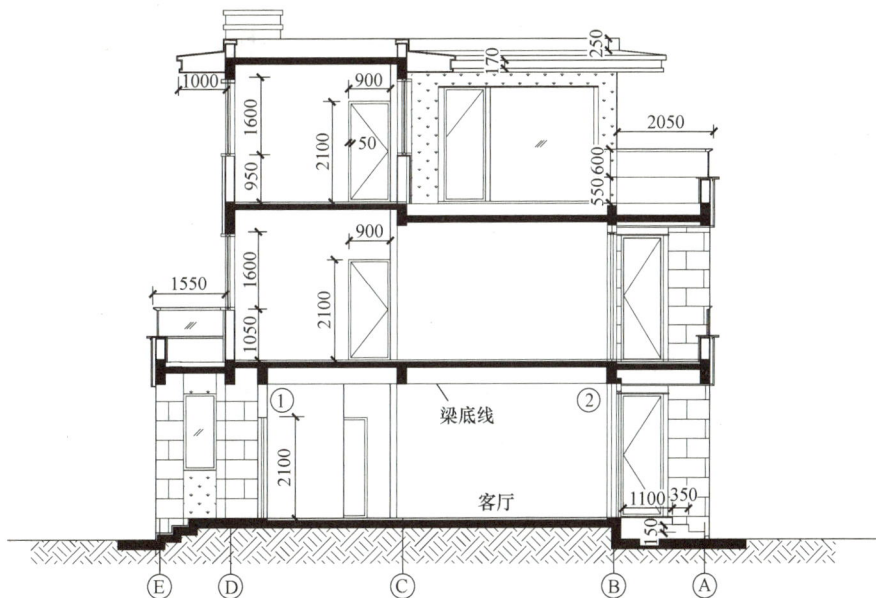

图 11-22　图案填充

 技巧

　　① 直线（L）命令是绘图运用最多的，注意直线的长度、角度的应用。
　　② 执行复制（CO）命令时注意基点的选择，选择明确插入点作为基点。
　　③ 执行图案填充（H）命令时，图案填充图形一定要封闭。

知识链接

① 细部构件的绘制要注意定位。

② 绘制【偏移】与【直线】命令结合使用，效果更好。

（8）绘制尺寸、文字

1）第一道尺寸标注：在命令栏输入线性标注命令快捷键 DLI→回车→点击标注第一点→点击第二点→完成室内外高差的标注"450"，在命令栏输入连续标注命令快捷键 DCO→点击第三点→完成①轴线门的标注"2100"，依次完成其他标注，如图 11-23 所示。

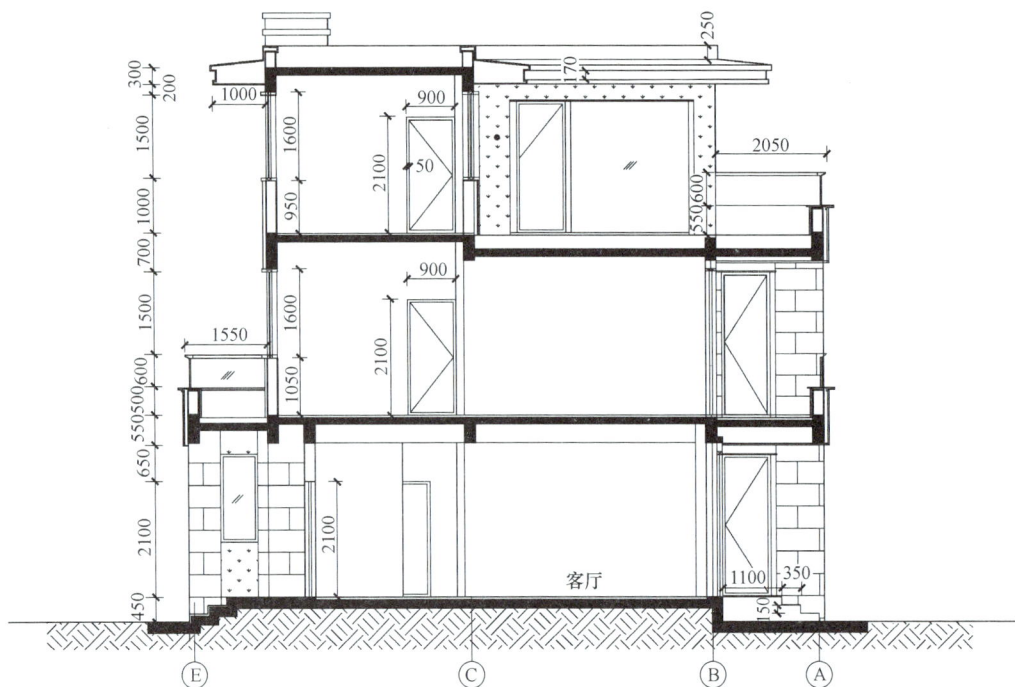

图 11-23　标注一

2）第二道尺寸标注：在命令栏输入线性标注命令快捷键 DLI→回车→点击第一点一层室内地面→点击第二点二层室内地面→完成"3300"的标注，在命令栏输入连续标注命令快捷键 DCO→点击第三点三层地面→完成"3300"的标注，顺序依次完成其他尺寸标注、总尺寸标注及标高的标注，如图 11-24 所示。

3）文字输入：在命令栏输入多行文本命令快捷键 MT→回车→文字高度处输入"350"，输入"客厅"→回车，完成文字的输入，用同样的方法可完成其他位置文字的输入，如图 11-25 所示。

4）完成所有尺寸及文字后最终图形，如图 11-1 所示。

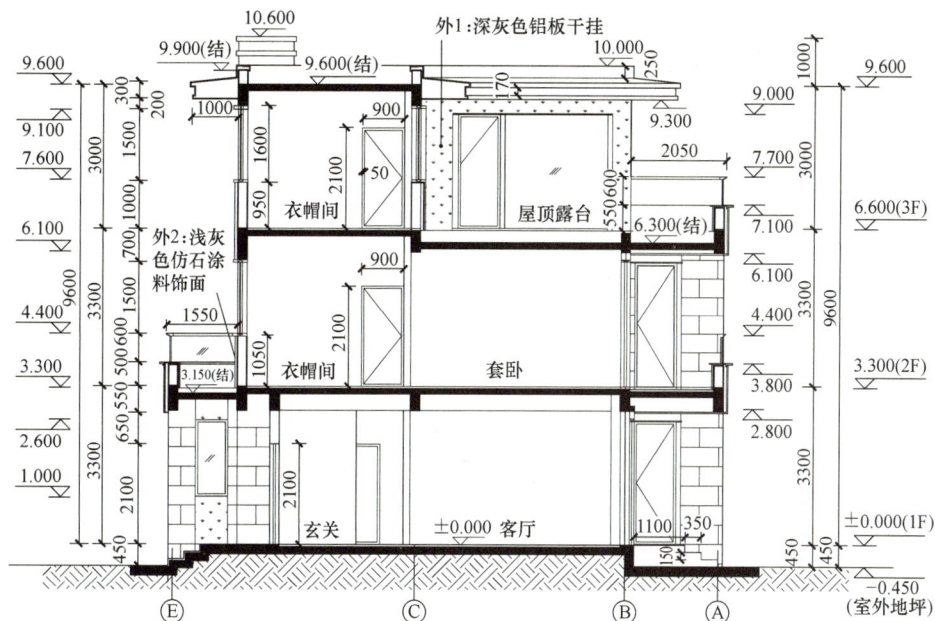

图 11-24　标注二

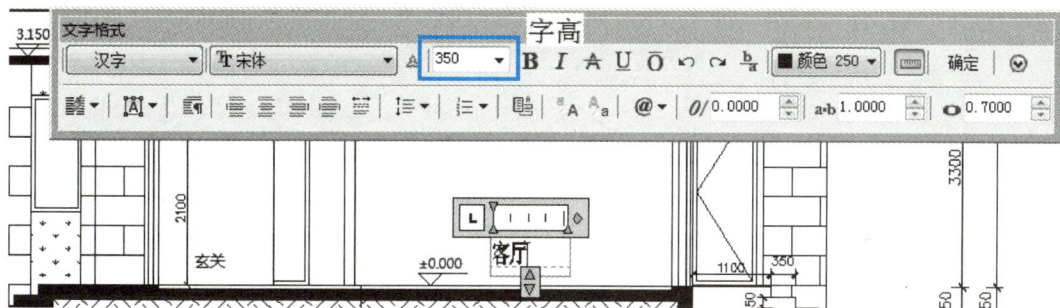

图 11-25　文字

技巧

① 尺寸标注以三道为准，由内向外依次标注。

② 标高符号可执行【复制】命令后修改完成，同时注意点位要上下对齐。

③ 图名及比例的书写要满足规范的要求。

知识链接

① 剖面图尺寸要有三道标注，第一道表示门窗尺寸，第二道表示楼层尺寸，第三道表示总尺寸。标注尺寸前先打开标注样式设置尺寸线、尺寸界线、箭头、文字大小等，如图 11-26 所示。

② 规范要求：第一道尺寸线距图样外轮廓不宜小于 10mm，相互平行尺寸线的间距宜为 7～10mm。

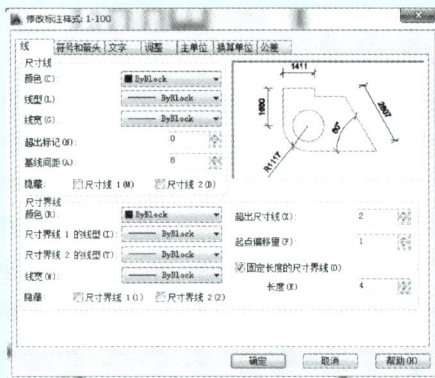

图 11-26　标注样式对话框

③ 文字标注前打开文字样式设置文字字体名、样式、高度等，如图 11-27 所示。

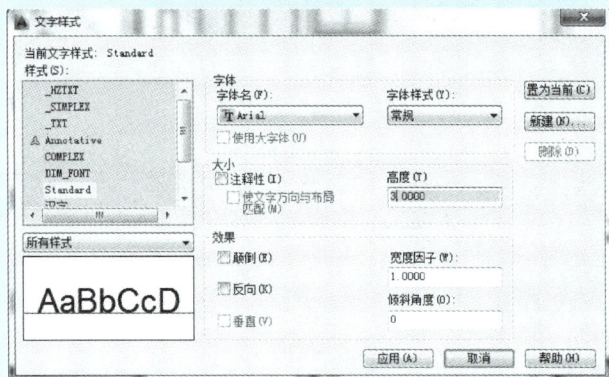

图 11-27　文字样式对话框

项目总结

　　剖面图是用假想平面剖开建筑物后投影所得的图形，剖开建筑物后剖到的构件用粗实线绘制，并用图例图案填充或者涂黑，可见的构件用细实线绘制，为了清晰地表达建筑物内部构造，主要剖切门窗、墙体、楼板、檐口、楼梯等，剖面图的绘制要参照建筑平面图。

提升演练

1. 选择题

（1）建筑剖面图中，被剖到的墙身、楼板、楼梯段等轮廓线用（　　）线表示。

A. 细实线　　　　　　　B. 中实线　　　　　　　C. 粗实线　　　　　　　D. 点画线

（2）建筑剖面图中，剖切符号标注在（　　）平面图上。

A. 一层　　　　　　　　B. 二层　　　　　　　　C. 标准层　　　　　　　D. 顶层

（3）剖切符号由剖切位置线和投射方向线组成，均应以（　　　）线绘制。

A. 细实线　　　　　　　B. 中实线　　　　　　C. 粗实线　　　　　　D. 点画线

（4）剖切位置线的长度宜为（　　　）mm。

A. 1～3　　　　　　　　B. 2～5　　　　　　　C. 4～6　　　　　　　D. 6～10

（5）剖切方向线的长度宜为（　　　）mm。

A. 1～3　　　　　　　　B. 2～5　　　　　　　C. 4～6　　　　　　　D. 6～10

2. 绘图题

绘制图 11-28 和图 11-29。绘制某某小区别墅的 A-A 剖面，详见附录建施 13 中。

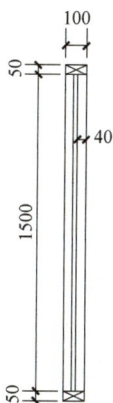

图 11-28　窗

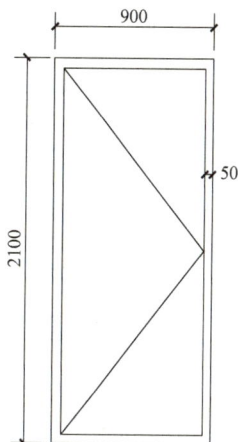

图 11-29　门

图形输出

三维教学目标

目标内容	教学目标
知识与技能	通过本项目的学习,学生能掌握模型空间的打印设置、输出以及布局空间的应用。
过程与方法	依托前面绘制的图形,按照课本图形输出的步骤,同学们分组完成图形输出任务,培养学生独立思考、互助互爱和敢于尝试的创新思维能力。
情感态度与价值观	通过将绘制的图形按比例要求准确输出,培养学生有始有终的精神,将绘制的作品输出展示给同学欣赏,从中体验成功的喜悦,增强自信、培养责任感。

思维导图

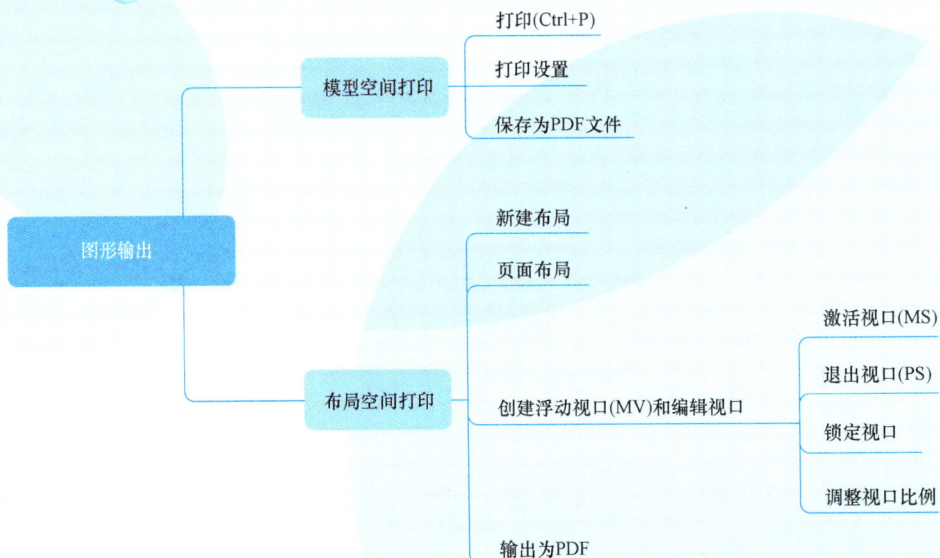

任务 12.1　模型空间单比例输出一层平面图

1. 任务描述与分析

在模型空间打印某某小区别墅建施 05 中的一层平面图，同时生成一个 PDF 文件。

2. 方法与步骤

12-1 模型空间单比例输出

（1）打印的执行方式：

1）命令行：PLOT。

2）菜单栏：文件→打印。

3）工具栏：标准工具栏中的打印按钮。

4）功能区：输出选项卡，打印面板中的打印按钮。

（2）操作步骤：

1）打开“某某小区别墅-建施 . dwg”文件。

2）执行上述命令打开【打印-模型】对话框，在该对话框中添加页面设置名称：“一层平面图”，设置打印机/绘图仪名称“DWG to PDF. pc3”→点击【特性】→弹出【绘图仪配置编辑】对话框，设置如图 12-1 所示，设置完成以后点击【完成】→点击【确定】→返回【打印-模型】对话框，如图 12-2 所示，选择图纸尺寸为“ISO A3（420. 00×297. 00 毫米）”→打印范围设置为“窗口”→选择一层平面图的两角点（选择外框）→勾选“布满图纸”复选框→选择图纸方向为“横向”→打印样式表选择“monochrome. ctb”，其他采用默认。

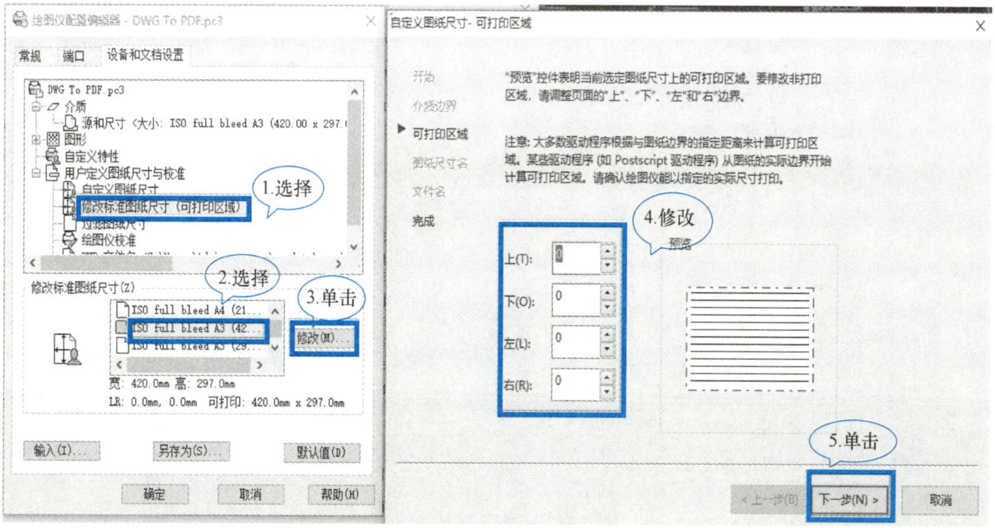

图 12-1　绘图仪配置编辑对话框

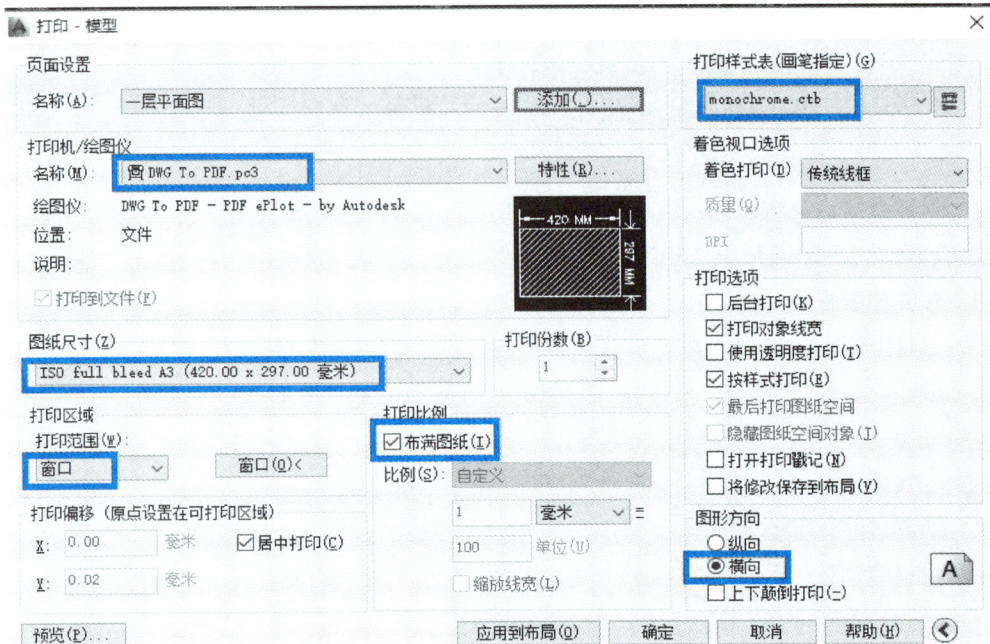

图 12-2　打印-模型对话框

3）完成所有设置之后，点击【确定】，打开【浏览打印文件】对话框，将图纸保存到指定的位置，然后点击【保存】，如图 12-3 所示。

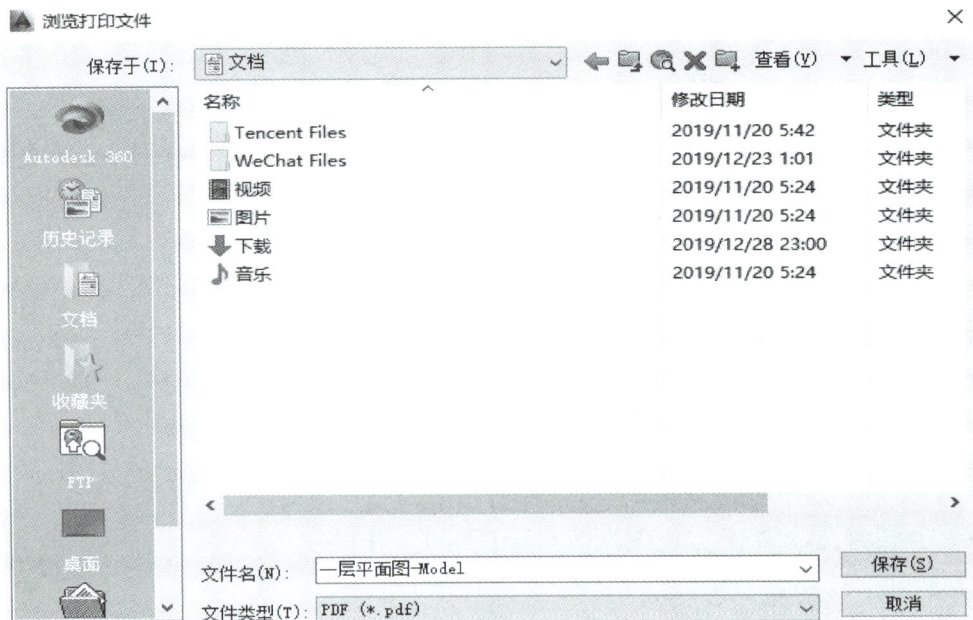

图 12-3　浏览打印文件

4）生成的效果图，如图 12-4 所示。

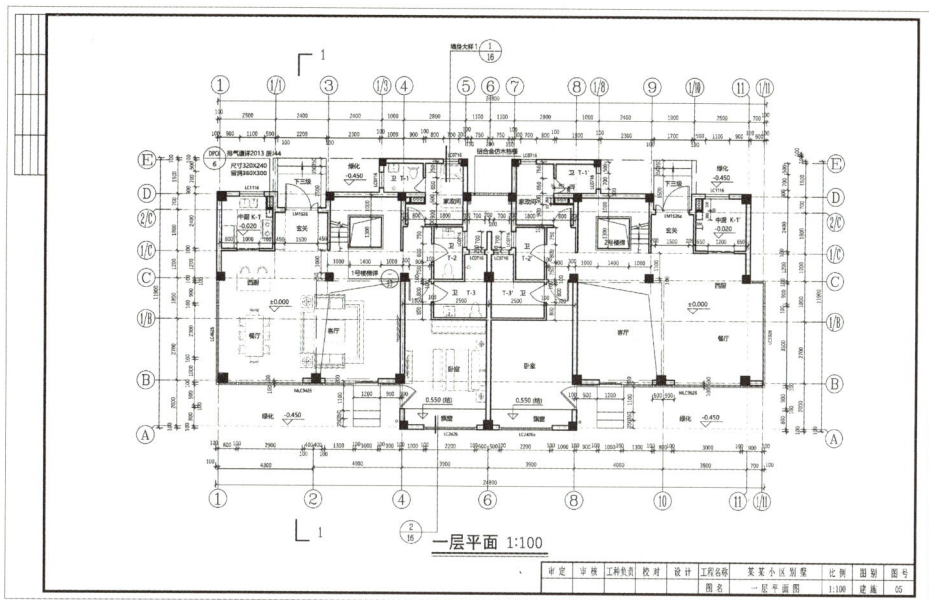

图 12-4　一层平面图 PDF 图

技巧

① 打印区域：打印范围可根据图纸要求选择。"窗口"即打印设定的打印区域，用户可以设置需要打印的区域的两个角点；"范围"即打印当前图样中所有已经绘制的图形；"显示"即打印当前窗口显示的图形；"布局"是在布局空间里进行页面设置所特有的。

② 除了此任务介绍的输出格式外，还有其他输出格式文件也是经常会用到，设置的方法基本与任务中的方法相似，只是应用范围不同。

③ 打印样式表中"monochrome.ctb"代表将所有颜色打印为黑色（常用）。

④ 若在模型空间有很多张图纸需要打印，只需在"名称"下拉菜单里选择上一次打印，拾取打印窗口即可，如图 12-5 所示。

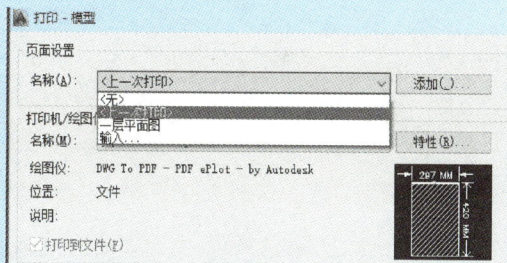

图 12-5　按"上一次打印"

任务 12.2　布局空间多比例输出一层平面图、楼梯详图

1. 任务描述与分析

要求创建名为"建筑施工图"的新布局，幅面大小为 A2 图纸，横向放置，并在该布

局中建立多个视口，分别为一层平面图 1∶100，楼梯详图 1∶60。

　　本任务需要在一个幅面上布置多种比例的对象，需要在布局空间完成，不同的视口设置不同的比例。

2. 方法与步骤

（1）新建布局

系统默认有两个布局，如果想要增加新的布局可以用以下方法：

1）插入→布局→新建布局。

2）在布局上右击→在快捷菜单中选择新建布局。

3）菜单栏：工具→向导→创建布局。

（2）操作步骤

1）打开"某某小区别墅-建施.dwg"和"A2.dwg"文件。

2）点击【布局 1】切换到图纸空间，如图 12-6 所示。利用复制/粘贴功能将 A2 图幅图框复制到布局 1 上，再调整其位置，如图 12-7 所示。

12-2
布局空间
多比例
输出

图 12-6　切换到图纸空间"布局 1"

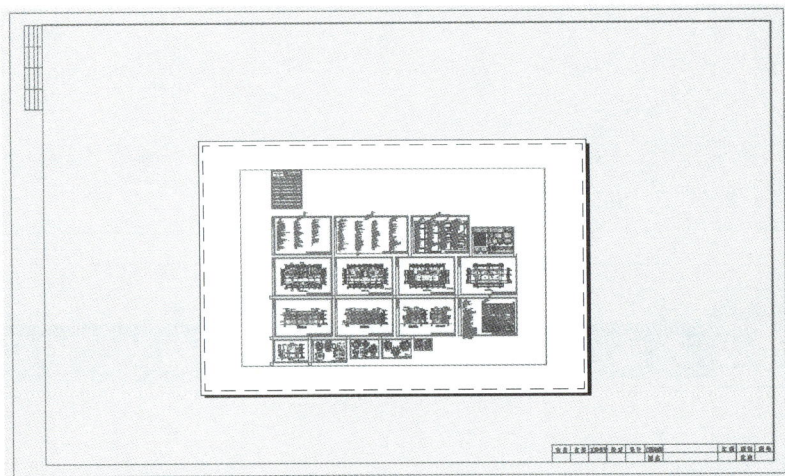

图 12-7　插入图幅图框

3）点击【布局1】→单击右键，弹出快捷菜单，选择【页面设置管理器】→打开【页面设置管理器】对话框→点击【修改】按钮→弹出【页面设置】对话框，并完成以下设置，如图 12-8 所示。

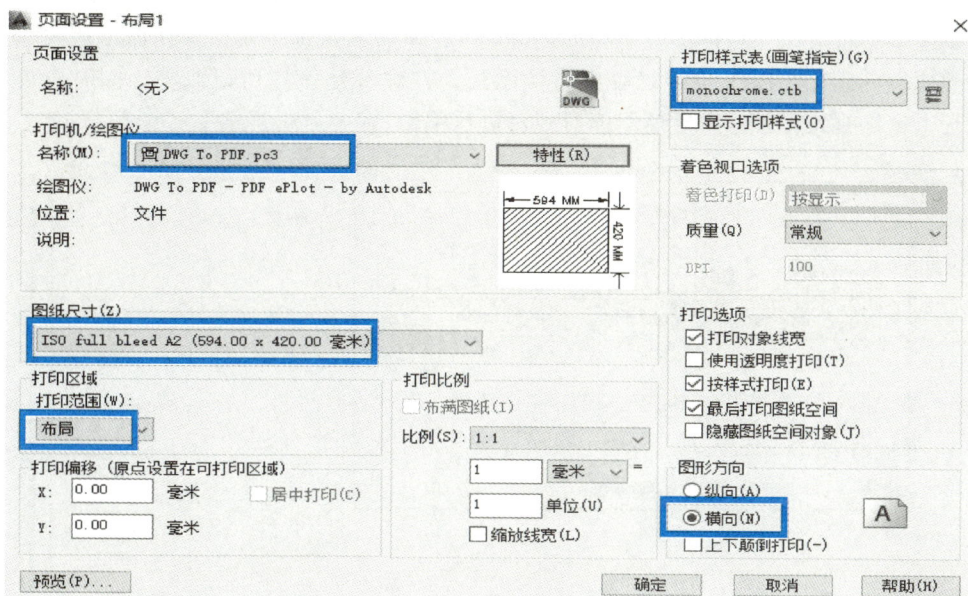

图 12-8 页面设置对话框

4）点击【确定】按钮，关闭页面设置管理器对话框，屏幕上出现一张 A2 的图纸，图框中的小矩形，是系统自带的浮动视口，通过这个视口显示模型空间中的图形，如图 12-9所示。

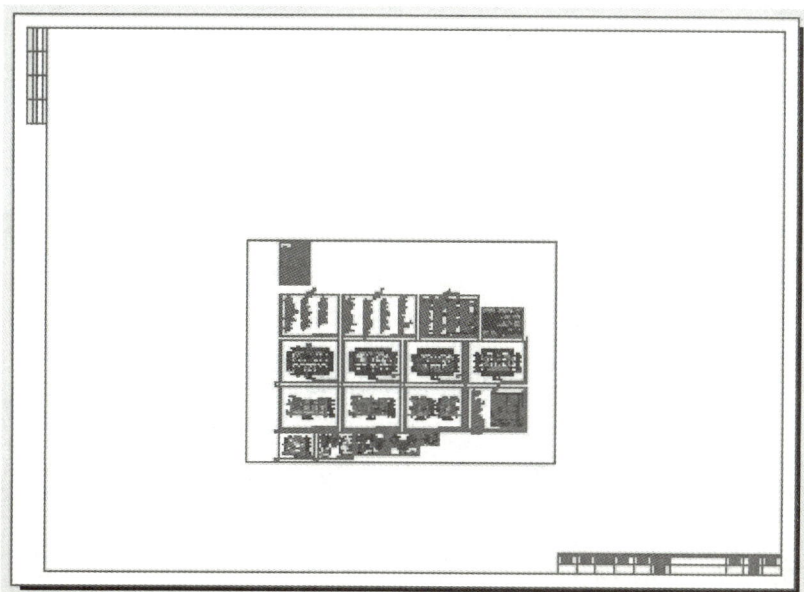

图 12-9 设置图框

5）双击矩形视口内任意位置，即激活视口，点击状态栏上的视口比例按钮，调整视口比例为"1∶100"，进入视口模型空间，按住鼠标滚轮平移视图，双击视口外部，退出模型空间，调整视口大小，使一层平面图完全显示在视口中，注意不要缩放视图，否则将改变视口的缩放比例，点击状态栏上的锁按钮，锁定视口缩放比例，如图 12-10 所示。视口比例的调整也可以在特性面板中完成，如图 12-11 所示，选中视口，在命令栏中输入显示对象属性（CH 或 PR）命令，弹出特性面板，在注释比例栏可以调整，同时也可以在该面板上锁定视口，锁定之后就不能对视口进行编辑。

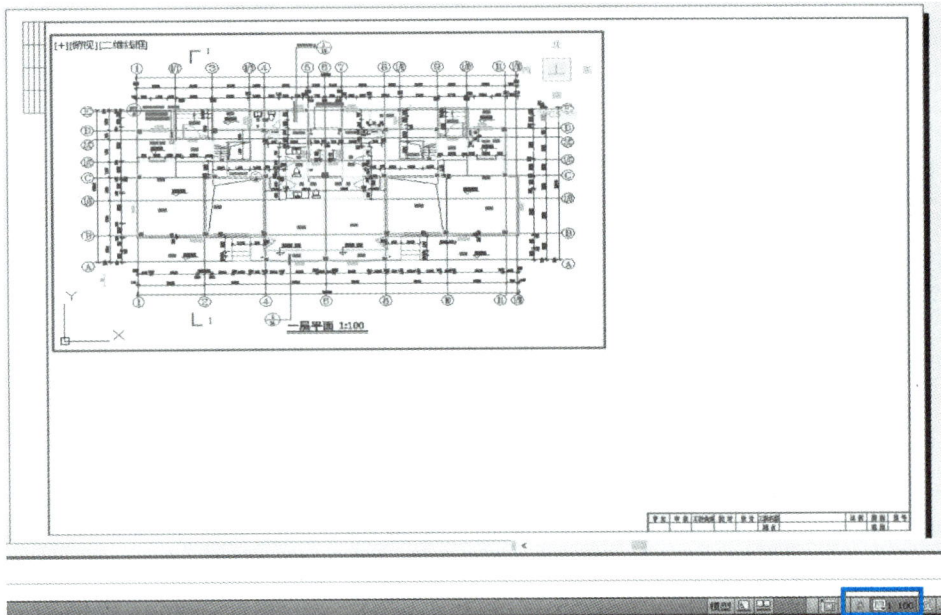

图 12-10　一层平面图

图 12-11　特性面板

6）新建视口，设定该视口缩放比例为"1∶60"，这里我们需要添加自定义比例，如图 12-12 所示。激活新的视口，进入视口模型空间，调整视图位置，使其显示楼梯大样图，如图 12-13 所示。按同样的方法，布置楼梯剖面图，如图 12-14 所示。

7）右键【布局 1】，重命名为"建筑施工图"。最后输出为 PDF 文件，如图 12-15 所示，点击【AutoCAD图标】→点击【输出】→选择【PDF】→输入文件名"建筑施工图.pdf"→选择保存路径→点击【确定】。

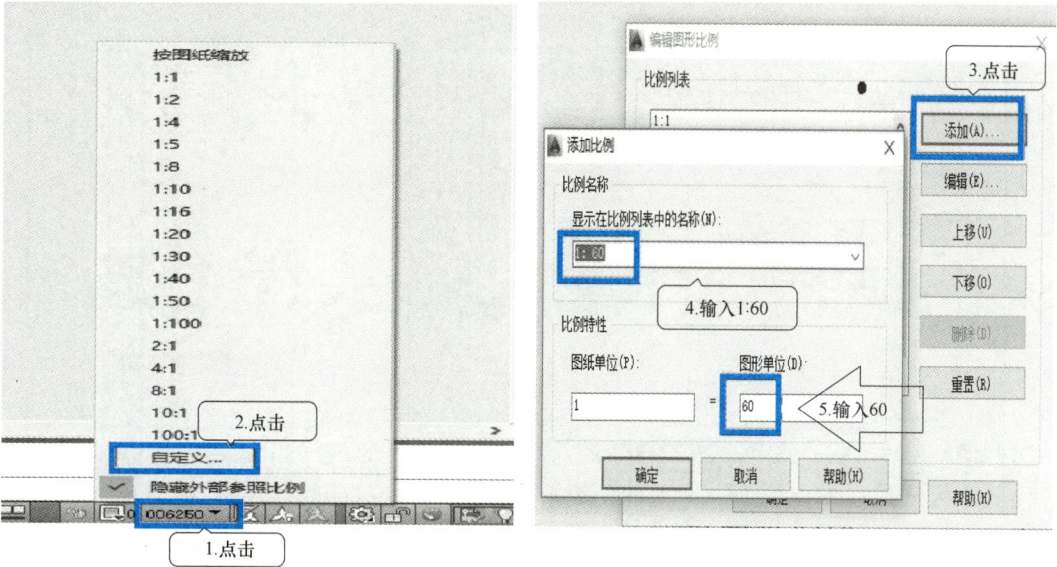

图 12-12　添加自定义比例

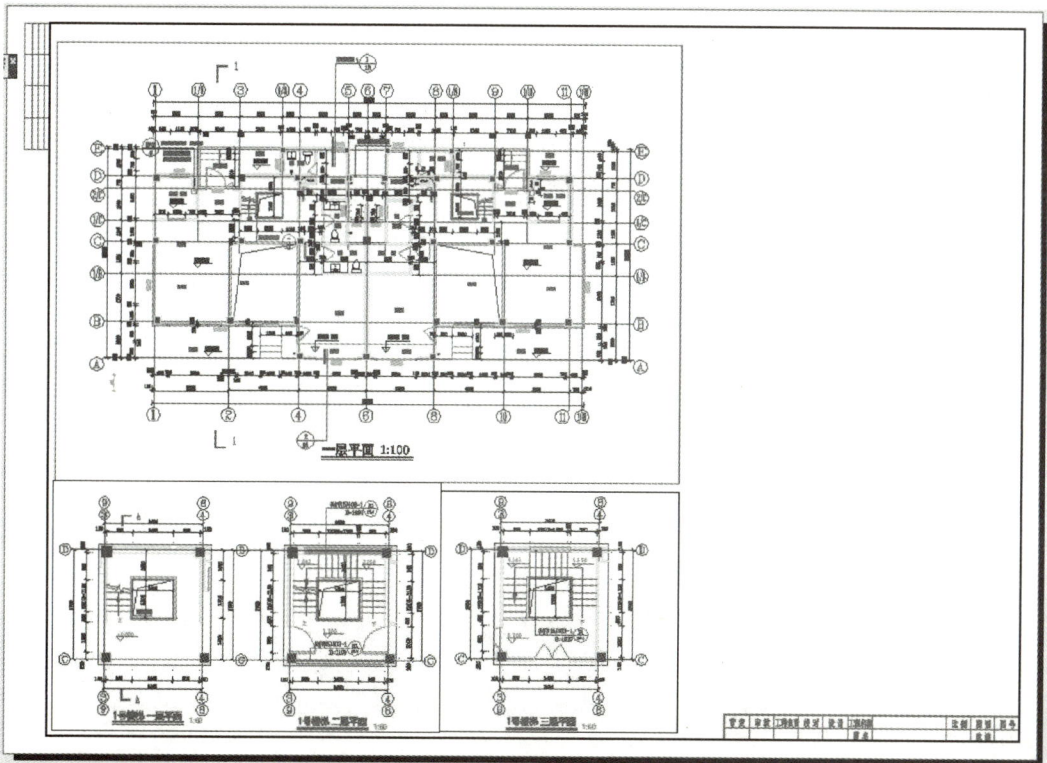

图 12-13　布置楼梯大样图

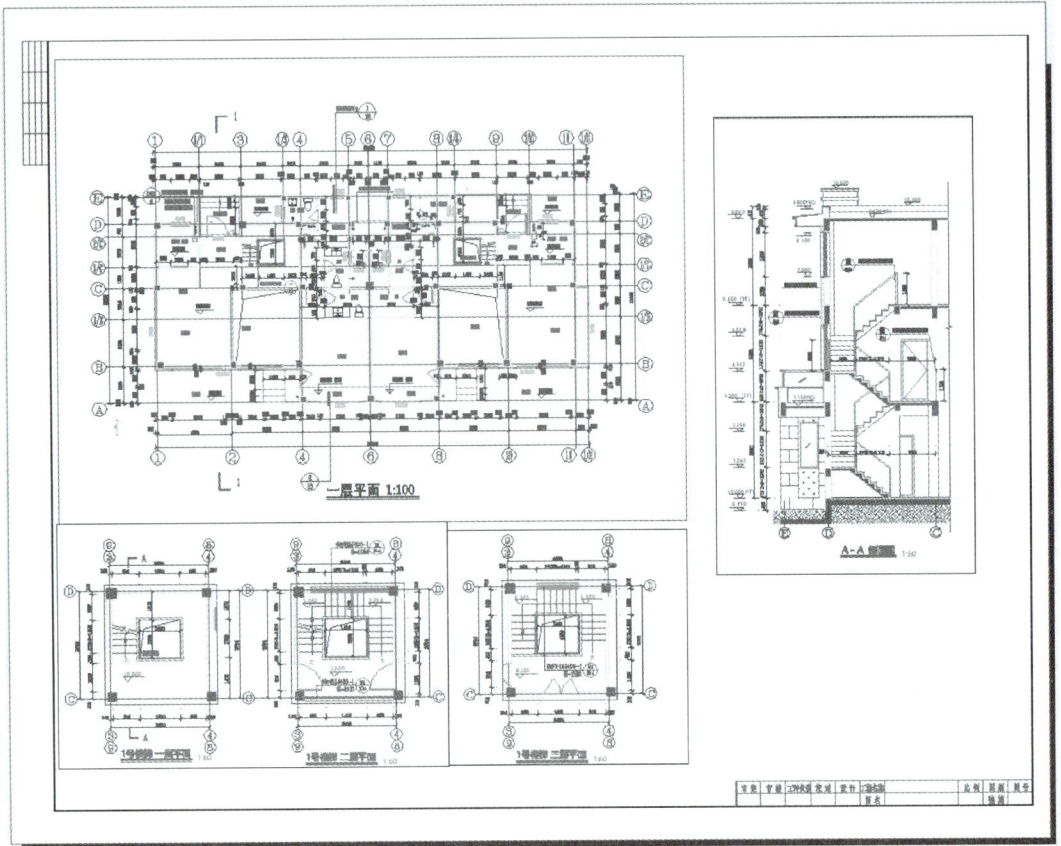

图 12-14 布置楼梯剖面图

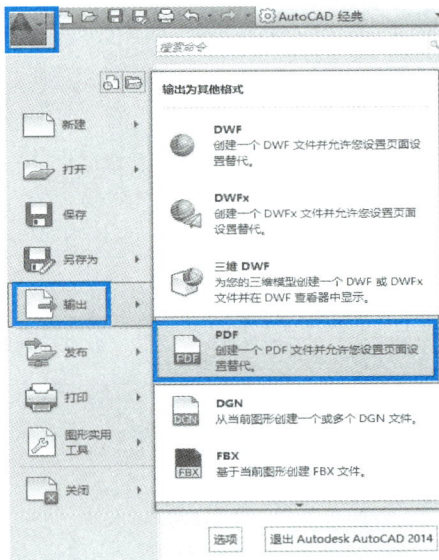

图 12-15 输出为 PDF 文件

技巧

　　① 视口可以调整其位置、大小，并能进行复制操作。双击视口内部，可激活它，进入视口模型空间，可对其进行编辑，双击视口外部，退出模型空间，返回图纸空间。

　　② 通常用户不希望将浮动视口的边框打印出来，可以专门针对浮动视口新建一个图层，将该图层设为不可打印，或者在图层管理器中将该图层关闭。

　　③ 在最后出图阶段，一般有两种选择：一种是把图纸打印在纸上，另一种是不打印文件，而是转换为不同的格式，以便其他程序所用，本任务选择输出为 PDF 文件。

项目总结

　　在图形绘制完成以后，需要将其打印在图纸上或输出为其他格式电子文档。模型空间是 AutoCAD 图形处理的主要环境，可以直接从模型空间打印相应的图纸，图纸都在一个幅面上，若图的张数比较多会看上去很直观。布局出图时，说明性文字的高度始终为 3mm；若一张图出多种幅面的图，若要保证文字高度一致，只需改一个比例值；若一张图中有某部件要局部放大 4 倍，只需再建个视口，不用再去复制原图并放大 4 倍，只要增加个标注样式把标注测量比例缩小即可（比如：原比例是 1，只要改成 1/4），并勾选仅应用到布局，比例值很容易得到。打印时选用布局，不用任何的捕捉定位。

提升演练

1. 选择题

（1）图形以 1∶1 的比例绘制，而打印时打印比例设置为"按图纸空间缩放"，输出图形时将（　　）。

　　A. 以 1∶1 的比例输出　　　　　　B. 缩放以适合指定的图纸

　　C. 以样板比例输出　　　　　　　D. 以上都不是

（2）为什么画出的虚线，打印后变成实线？（　　）

　　A. 打印设备无法提供　　　　　　B. 您没有正确地设置线型比例命令

　　C. 图面线型没有配合　　　　　　D. 以上皆是

（3）AutoCAD 允许在以下哪种模式下打印图形？（　　）

　　A. 模型空间　　B. 图纸空间　　　C. 布局　　　D. 以上都是

（4）下面哪一项决定了图形中对象的尺寸与打印到图纸后的尺寸两者之间的关系？（　　）

　　A. AutoCAD 图形中对象的尺寸　　B. 图纸上打印对象的尺寸

　　C. 打印比例　　　　　　　　　　D. 以上皆是

（5）在打开一张新图形时，AutoCAD 创建的默认布局数是（　　）。

　　A. 0　　　　　　　B. 1　　　　　　　C. 2　　　　　　D. 无限制

2. 绘图题

（1）在模型空间打印某某小区别墅一层平面图，详见附录建施 05。A3 图纸、横向，并进行打印预览。

（2）分别为某某小区别墅建施 14 中的卫生间详图 1：50（图 12-16）、建施 13 中的楼梯大样图 1：60（图 12-17）。创建新的布局，幅面大小为 A3 图纸，横向放置，并在该布局中建立多个视口。

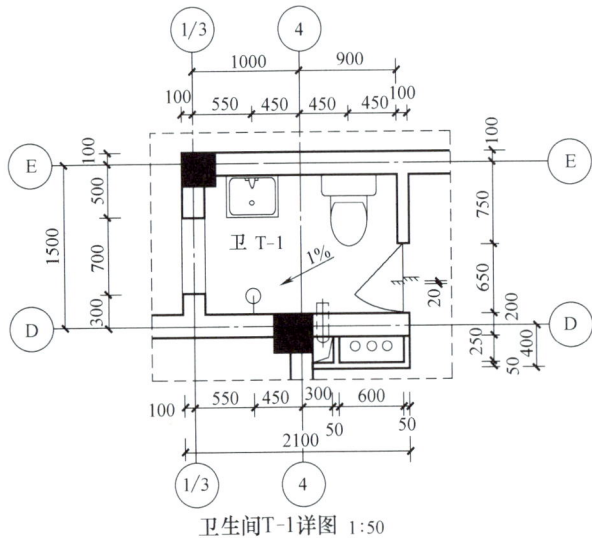

卫生间T-1详图 1：50

图 12-16 卫生间 T-1 详图

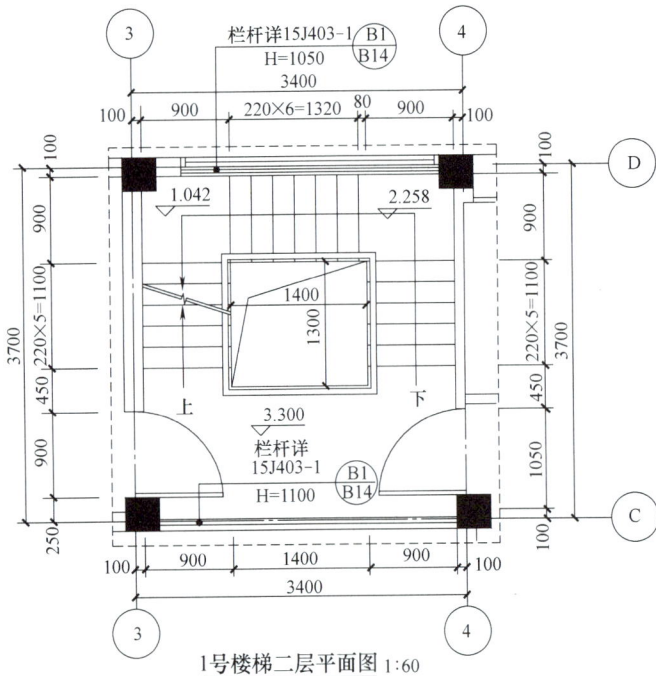

1号楼梯二层平面图 1：60

图 12-17 1 号楼梯二层平面图

附录A

项目提升演练表

▶▶

《建筑 CAD》项目提升演练表

附表 1

组名				项目名称	
组员				项目负责人	
		评分点		分数	实际得分
情感态度与价值观		有项目负责人		+1 分	
		全组上课上交手机		+1.5 分	
		全组无迟到早退等违纪行为		+2 分	
		全组任务按时完成		+3 分	
评分细则	知识与技能	成员 1	内容完成	满分 1 分	
			制图规范	满分 1 分	
			幅面整齐	满分 0.5 分	
		成员 2	内容完成	满分 1 分	
			制图规范	满分 1 分	
			幅面整齐	满分 0.5 分	
		成员 3	内容完成	满分 1 分	
			制图规范	满分 1 分	
			幅面整齐	满分 0.5 分	
		成员 4	内容完成	满分 1 分	
			制图规范	满分 1 分	
			幅面整齐	满分 0.5 分	
		成员 5	内容完成	满分 1 分	
			制图规范	满分 1 分	
			幅面整齐	满分 0.5 分	
	合计	小组得分		满分 20 分	

《建筑 CAD》项目提升演练汇总表　　　　　　　　　　　附表 2

组名		项目负责人	
组员			
项目名称		满分	得分
项目 1　认识软件		20	
项目 2　台阶的绘制		20	
项目 3　窗户的绘制		20	
项目 4　门的绘制		20	
项目 5　详图的绘制		20	
项目 6　楼梯大样图的绘制		20	
项目 7　卫生间大样图的绘制		20	
项目 8　样板文件的绘制		20	
项目 9　平面图的绘制		20	
项目 10　立面图的绘制		20	
项目 11　剖面图的绘制		20	
项目 12　图形输出		20	
总分			

注：1. 各班同学自愿承担项目负责人（小组长），组员自由组合。

2. 各小组由 5 人组成，只要小组有 1 人没完成作业，此项目计分 0 分。

3. 学期结束将所有项目得分相加得到总和，将总和除以 5 得到小组成员个人平时成绩。

4. 各小组组长、任课教师组成评分小组，项目开始前由任课教师随机交叉安排监督检查评分。

5. 各组作业统一打包上交，以组名命名。

附录B

常用CAD操作快捷键

一、字母类

1. 对象特性

快捷键	全称	注释	快捷键	全称	注释
ADC	ADCENTER	设计中心"Ctrl+2"	CH,MO	PROPERTIES	修改特性"Ctrl+1"
MA	MATCHPROP	属性匹配	ST	STYLE	文字样式
LT	LINETYPE	线形	LTS	LTSCALE	线形比例
LW	LWEIGHT	线宽	UN	UNITS	图形单位
ATT	ATTDEF	属性定义	ATE	ATTEDIT	编辑属性
BO	BOUNDARY	边界创建,创建闭合多段线和面域	AL	ALIGN	对齐
EXIT	QUIT	退出	OP,PR	OPTIONS	自定义CAD设置
IMP	IMPORT	输入文件	PU	PURGE	清除垃圾
PLOT	PRINT	打印	REN	RENAME	重命名
R	REDRAW	重生成	DS	DSETTINGS	设置极轴追踪
SN	SNAP	捕捉栅格	PRE	PREVIEW	打印预览
OS	OSNAP	设置捕捉模式	V	VIEW	命名视图
TO	TOOLBAR	工具栏	DI	DIST	距离
AA	AREA	面积	COL	COLOR	设置颜色
LI	LIST	显示图形数据信息	LA	LAYER	图层操作

2. 绘图命令

快捷键	全称	注释	快捷键	全称	注释
PO	POINT	点	L	LINE	直线
XL	XLINE	射线	PL	PLINE	多段线
ML	MLINE	多线	SPL	SPLINE	样条曲线
POL	POLYGON	正多边形	REC	RECTANGLE	矩形

快捷键	全称	注释	快捷键	全称	注释
C	CIRCLE	圆	A	ARC	圆弧
DO	DONUT	圆环	EL	ELLIPSE	椭圆
REG	REGION	面域	MT	MTEXT	多行文本
T	MTEXT	多行文本	B	BLOCK	块定义
I	INSERT	插入块	W	WBLOCK	定义块文件
DIV	DIVIDE	等分	H	BHATCH	图案填充

3. 修改命令

快捷键	全称	注释	快捷键	全称	注释
CO	COPY	复制	O	OFFSET	偏移
AR	ARRAY	阵列	M	MOVE	移动
RO	ROTATE	旋转	X	EXPLODE	分解
E、DEL 键	ERASE	删除	EX	EXTEND	延伸
TR	TRIM	修剪	LEN	LENGTHEN	直线拉长
S	STRETCH	拉伸	BR	BREAK	打断
SC	SCALE	比例缩放	F	FILLET	倒圆角
CHA	CHAMFER	倒角	ED	DDEDIT	修改文本
PE	PEDIT	多段线编辑	Z+E	—	显示全图
P	PAN	平移	Z+空格+空格	—	实时缩放
Z	ZOOM	视窗缩放			
MI	MIRROR	镜像	Z+P	—	返回上一视图

4. 尺寸标注

快捷键	全称	注释	快捷键	全称	注释
DLI	DIMLINEAR	直线标注	DAL	DIMALIGNED	对齐标注
DRA	DIMRADIUS	半径标注	DDI	DIMDIAMETER	直径标注
DAN	DIMANGULAR	角度标注	DCE	DIMCENTER	中心标注
DOR	DIMORDINATE	点标注	TOL	TOLERANCE	标注形位公差
LE	QLEADER	快速引出标注	DBA	DIMBASELINE	基线标注
DCO	DIMCONTINUE	连续标注	D	DIMSTYLE	标注样式
DED	DIMEDIT	编辑标注	DOV	DIMOVERRIDE	替换标注系统变量

二、常用 Ctrl 快捷键

〈Ctrl〉+1　PROPERTIES(修改特性)	〈Ctrl〉+2　ADCENTER(设计中心)
〈Ctrl〉+O　OPEN(打开文件)	〈Ctrl〉+N　NEW(新建文件)

〈Ctrl〉＋P PRINT(打印文件)	〈Ctrl〉＋S SAVE(保存文件)
〈Ctrl〉＋Z UNDO(放弃)	〈Ctrl〉＋X CUTCLIP(剪切)
〈Ctrl〉＋C COPYCLIP(复制)	〈Ctrl〉＋V PASTECLIP(粘贴)
〈Ctrl〉＋B SNAP(栅格捕捉)	〈Ctrl〉＋F OSNAP(对象捕捉)
〈Ctrl〉＋G GRID(栅格)	〈Ctrl〉＋L ORTHO(正交)
〈Ctrl〉＋A (全选)	〈Ctrl〉＋U (极轴)

三、常用功能键

〈F1〉 HELP(帮助)	〈F2〉 (文本窗口)
〈F3〉 OSNAP(对象捕捉)	〈F7〉 GRIP(栅格)
〈F8〉 ORTHO(正交)	〈F11〉 (对象追踪)

附录C

某某小区别墅建筑施工图

	建设单位	××××有限公司		
××××建筑设计有限公司 图纸目录	项目名称	某某小区别墅	专业	建筑
	项目编号		阶段	施工图
	编制人		日期	

序号	图别图号	图纸名称	图幅	备注
1	建施-01	建筑设计说明(一)	A3	
2	建施-02	建筑设计说明(二)	A3＋1/4	
3	建施-03	建筑构造做法表	A3	
4	建施-04	门窗表、门窗详图	A3	
5	建施-05	一层平面图	A3	
6	建施-06	二层平面图	A3	
7	建施-07	三层平面图	A3	
8	建施-08	屋顶平面图	A3	
9	建施-09	①~⑪轴立面图	A3	
10	建施-10	⑪~①轴立面图	A3	
11	建施-11	Ⓔ~Ⓐ轴立面图、Ⓐ~Ⓔ轴立面图	A3	
12	建施-12	1-1剖面图	A3	
13	建施-13	1号楼梯详图(2号楼梯镜像)	A3	
14	建施-14	厨房、卫生间、节点详图	A3	
15	建施-15	卫生间详图(二)	A3	
16	建施-16	墙身大样图	A3	
17	建施-17	节能设计建筑专篇	A3	
18	建施-18	透视图	A3	

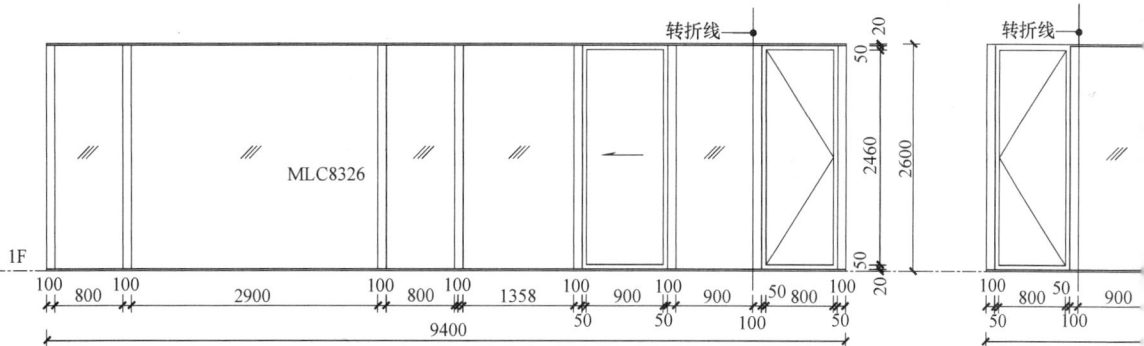

MLC9426 1:70

门窗表

类型	设计编号	洞口尺寸(mm)		樘数			选用型号	备注
		宽	高	一层	二层	三层		
门	LM1526	1500	2600	1			尺寸见详图	户门
	LM1526a	1500	2600	1			尺寸见详图	户门
	LM1125	1100	2500		2		尺寸见详图	铝合金平开门
门连窗	MLC9426	9400	2600	1			尺寸见详图	铝合金门连窗
	MLC9626	9600	2600	1			尺寸见详图	铝合金门连窗
	MLC3025	3000	2500		1		尺寸见详图	铝合金门连窗
	MLC3025a	3000	2500		1		尺寸见详图	铝合金门连窗
	MLC3325	3300	2500			2	尺寸见详图	铝合金门连窗
	MLC3325a	3300	2500			2	尺寸见详图	铝合金门连窗
窗	LC4626	4600	2600	1			尺寸见详图	铝合金平开窗
	LC5326	5300	2600	1			尺寸见详图	铝合金平开窗
	LC2426	2400	2600	1			尺寸见详图	铝合金平开窗
	LC2426a	2400	2600	1			尺寸见详图	铝合金平开窗
	LC1116	1100	1600	2			尺寸见详图	铝合金平开窗
	LC0716	700	1600	8			尺寸见详图	铝合金平开窗
	LC2419	2400	1900		1		尺寸见详图	铝合金平开窗
	LC2419a	2400	1900		1		尺寸见详图	铝合金平开窗
	LC2425	2400	2500		2		尺寸见详图	铝合金平开窗
	LC4319	4300	1900		1		尺寸见详图	铝合金平开窗
	LC4319a	4300	1900		1		尺寸见详图	铝合金平开窗
	LC1715	1700	1500		1	1	尺寸见详图	铝合金平开窗
	LC1715a	1700	1500		1	1	尺寸见详图	铝合金平开窗
	LC0715	700	1500		2	2	尺寸见详图	铝合金平开窗
	LC2615	2600	1500		2		尺寸见详图	铝合金平开窗
	LC1115	1100	1500		2	1	尺寸见详图	铝合金平开窗
	LC1015	1000	1500		2		尺寸见详图	铝合金平开窗
	LC3425	3400	2500			2	尺寸见详图	铝合金平开窗
	LC1415	1400	1500			2	尺寸见详图	铝合金平开窗

注:1.本工程门窗中的外开窗及固定窗玻璃均采用安全玻璃。
　　2.各种型号门窗的数量及洞口尺寸应与实际工程现场核对。
　　3.所有门窗开启方向以平面和立面示意为准,门窗的开启
　　　方式以大样为准,开启角度大于45°。

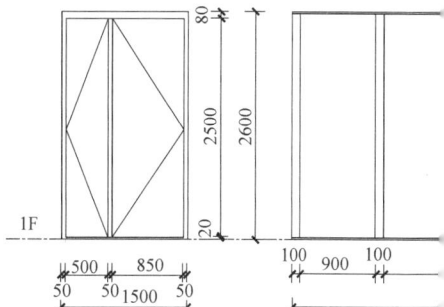

LM1526 1:70 (LM1526a为镜像关系)

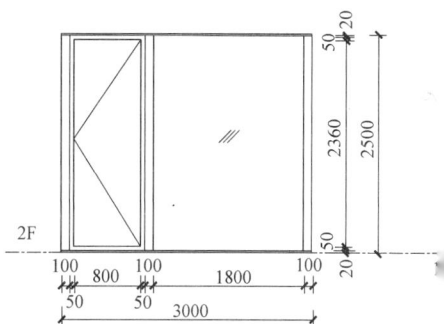

MLC3025 1:70 (MLC3025a为镜像关系)

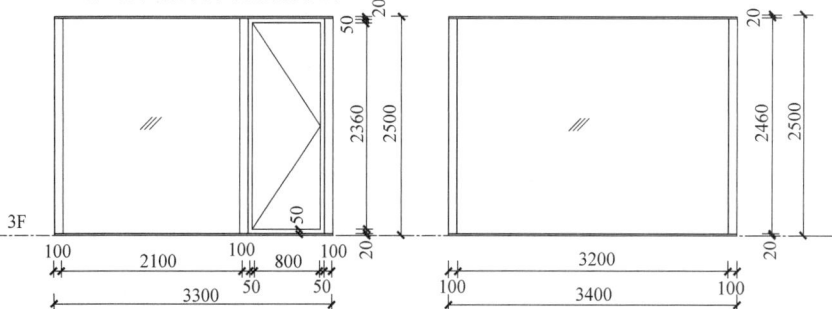

MLC3325 1:70 (MLC3325a为镜像关系)　　　　LC3425 1:70

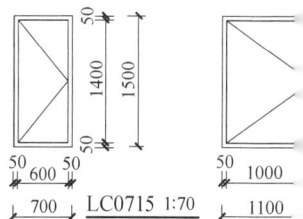

LC0715 1:70

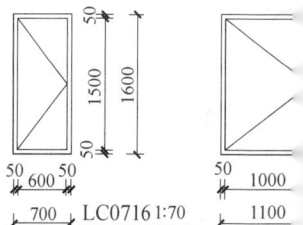

LC0716 1:70

（工程做法说明）

外墙3：干挂石材墙面（由外到内）	适用部位
6. 干挂25厚石材，中性耐候胶嵌缝（钢立柱、龙骨、固定件等详厂家设计） 5. 30～50等厚岩（矿）棉板（24h后塑料锚栓机械锚固，聚氨酯发泡嵌缝，具体厚度详节能计算书） 4. 1∶5专用砂浆粘结剂，专用界面剂一道 3. 5厚抗裂砂浆 2. 20厚聚合物水泥防水砂浆找平 1. 基层墙体（刷界面剂一道）	住宅外墙面

三、内墙做法

内墙1：防水砂浆内墙面	适用部位
4. 内墙面砖由精装修公司二次设计 3. 12厚聚合物水泥防水砂浆（Ⅰ型）分层抹平 2. 界面剂一道 1. 基层墙体（聚合物水泥砂浆修补平整）	卫生间、厨房等有防水或防潮的房间

内墙2：无机涂料内墙面	适用部位
4. 无机涂料面层 3. 15厚1∶1∶6水泥石灰膏砂浆分层抹平 2. 专用界面剂一道甩毛（甩前先将墙面充分润湿） 1. 基层墙体（聚合物水泥砂浆修补平整）	室内卧室、书房、客厅等其他房间

四、顶棚做法

顶棚1：室外非保温顶棚	适用部位
6. 外墙涂料（一底二面） 5. 满刮2厚防水腻子 4. 9.5厚防水石膏板，用自攻螺丝与龙骨固定，中距200 3. T形轻钢龙骨 TB24×38，中距600，找平后与吊杆固定 2. φ6钢筋吊杆，吊杆上部与预留钢筋吊环固定 1. 钢筋混凝土板修平，底刷界面剂一道	室外挑檐、雨棚、阳台顶棚

顶棚2：防水砂浆顶棚	适用部位
2. 12厚聚合物水泥防水砂浆（Ⅰ型）分层抹平 1. 钢筋混凝土板修平，底刷界面剂一道	卫生间顶棚

五、屋面做法

屋1：保温屋面（倒置式）	适用部位
8. 40厚C20细石混凝土（内配双向φ6@200钢筋，按6000×6000设分仓缝，缝宽20，缝内嵌填密封材料） 7. 土工布隔离层一道 6. 60厚挤塑聚苯板保温层（倒置式屋面在计算厚度基础上增加25%，具体详平面图、详图及节能计算书） 5. 3.0厚弹性体（APP）改性沥青防水卷材 4. 2.0厚喷涂速凝橡胶沥青防水涂料（非固化防水涂料） 3. 20厚1∶3水泥砂浆找平层 2. 泡沫混凝土2%找坡层最薄处30（找坡走向见屋面平面排水方向） 1. 钢筋混凝土屋面板	住宅屋面、屋顶露台、设备阳台等具体详平面及详图

六、踢脚做法

踢1：水泥砂浆踢脚（120高）	适用部位
3. 8厚1∶2水泥砂浆压实赶光 2. 12厚1∶3水泥砂浆打底（与墙面交界处嵌10宽塑料条） 1. 墙面基层（混凝土梁柱刷素水泥浆一道）	室内踢脚

七、油漆

漆1：溶剂型氟碳漆（金属面油漆）	适用部位
4. 氟碳金属面漆（颜色详大样） 3. 氟碳金属底漆 2. 刷专用防锈漆 1. 清理基层，除锈等级不应低于sa2.5或st3级	外露铁件

八、室外台阶

漆1：溶剂型氟碳漆（金属面油漆）	适用部位
7. 15～20厚碎拼青片石铺面（表面平整），1∶2水泥砂浆灌缝表面抹平 6. 撒素水泥面（洒适量清水） 5. 20厚1∶3干硬性水泥砂浆粘结层 4. 素水泥浆一道（内掺建筑胶） 3. 60厚C15混凝土，台阶面向外坡1% 2. 300厚3∶7灰土分两步夯实 1. 素土夯实	室外台阶

审定	审核	工种负责	校对	设计	工程名称	某某小区别墅	比例	图别	图号
					图名	建筑构造做法表		建施	03

一、楼地面做法

■ 地面1：复合木地板、抛光砖地面	适用部位
6. 复合木地板或抛光砖＋10厚水泥砂浆结合层 5. 30厚C20细石混凝土，随捣随抹平（内配双向 φ6@150 钢筋网片） 4. 10厚挤塑聚苯板保温层 3. 80厚C15混凝土层 2. 200厚碎石垫层 1. 素土夯实	一层门厅、客厅、餐厅、卧室地面

■ 地面2：防水地面1	适用部位
7. 8～10厚防滑地砖面层 6. 20厚1：3干硬性水泥砂浆结合层 5. 1.5厚 JS 复合防水涂料（2～3遍，四周上翻至楼面标高以上300） 4. 10厚1：3水泥砂浆打底 3. 80厚C15混凝土层 2. 200厚碎石垫层 1. 素土夯实	一层入口、厨房地面

■ 楼面1：复合木地板、抛光砖保温楼面	适用部位
4. 复合木地板或抛光砖＋10厚水泥砂浆结合层 3. 30厚C20细石混凝土，随捣随抹平（内配双向 φ6@150 钢筋网片） 2. 10厚挤塑聚苯板保温层 1. 钢筋混凝土板修平	二层、三层卧室、书房楼面，室内楼梯地面

■ 楼面2：防水楼面1	适用部位
5. 8～10厚防滑地砖面层 4. 20厚1：3干硬性水泥砂浆结合层，表面撒水泥粉 3. 1.5厚 JS 复合防水涂料（2～3遍，在地漏、阴阳角、穿板竖管等部位局部加强宽度300，翻起至楼面标高以上300，并沿门洞向无水房间扩出300 2. 最薄处30厚C20细石混凝土，表面撒1：1水泥砂子随打随抹光，找坡2％坡向排水沟 1. 现浇钢筋混凝土板抹平压光，与墙体交接处同墙厚、同强度等级素混凝土四周翻边，高于建筑完成面250，一次性浇捣	阳台楼面

■ 楼面3：防水楼面2	适用部位
7. 8～10厚防滑地砖面层 6. 20厚1：3干硬性水泥砂浆结合层，表面撒水泥粉 5. 30厚C20细石混凝土随捣随抹平面 4. 陶粒增强混凝土填料1％坡度坡向地漏（厚度根据实际高度定填） 3. 1.5厚JS复合防水涂料（2～3遍），在地漏、阴阳角、穿板竖管等部位局部加强宽度300，翻起至楼面标高以上300，并沿门洞向无水房间扩出300 2. 5厚聚合物水泥防水砂浆 1. 现浇钢筋混凝土板抹平压光，四周同墙厚、同强度等级素混凝土四周翻边，高于建筑完成面250，一次性浇捣	下沉式卫生间楼面

二、外墙做法

■ 外墙1：金属铝板墙面1（由外至内）	适用部位
6. 3厚铝板干挂（铝合金板对缝拼接，上覆防水透气膜，钢立柱、龙骨、固定件等详厂家）专业厂家深化设计 5. 30～50等厚岩（矿）棉板（24h后塑料锚栓机械锚固，聚氨酯发泡嵌缝，具体厚度详节能计算书） 4. 1：5专用砂浆粘结剂，专用界面剂一道 3. 5厚抗裂砂浆（压入复合耐碱玻纤网格布） 2. 20厚聚合物水泥防水砂浆找平 1. 基层墙体（刷界面剂一道）	住宅外墙面，岩棉具体厚度详节能计算书

■ 外墙2：仿石涂料墙面	适用部位
7. 仿石外墙涂料（深灰色高级涂料） 6. 满刮外墙腻子，打磨平整 5. 30（25）厚无机轻集料保温砂浆Ⅱ型＋5厚抗裂砂浆（内衬耐碱玻纤网格布） 4. 5厚聚合物水泥防水砂浆（干粉类）。防水层宜留分格缝，水平缝宜与窗口上、下沿齐平，垂直缝间距不大于6m，且宜与门窗框两边线对齐，缝宽8 3. 基层墙体（刷界面剂一道） 2. 20厚无机轻骨料保温砂浆Ⅰ型＋5厚抗裂砂浆（内衬耐碱玻纤网格布） 1. 5厚面层专用粉刷石膏罩面（或由精装修公司二次设计）	住宅局部外墙面

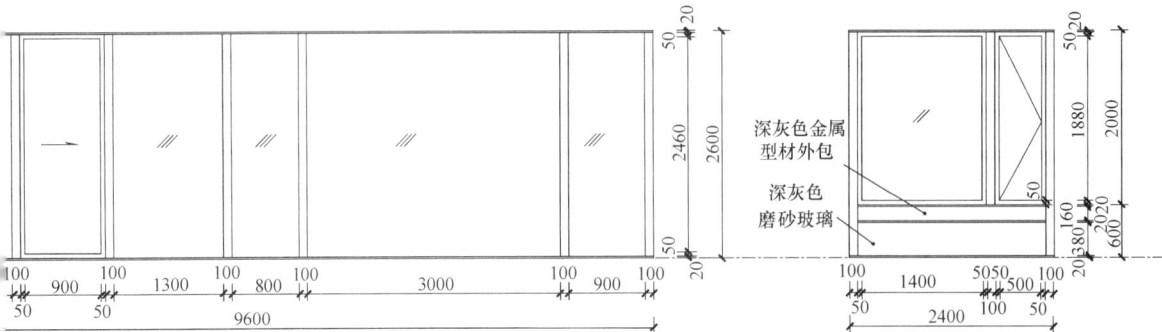

深灰色金属
型材外包

深灰色
磨砂玻璃

MLC9626 1:70

LC2426 1:70 (LC2426a为镜像关系)

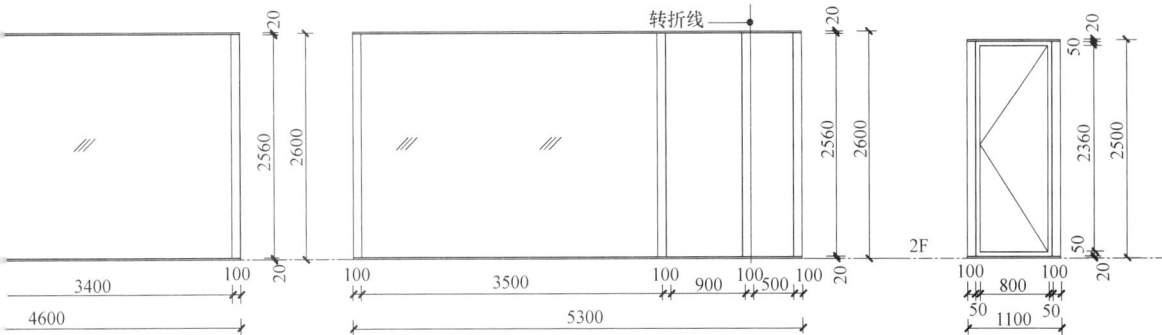

转折线

2F

LC4626 1:70

LC5326 1:70

LM1125 1:70

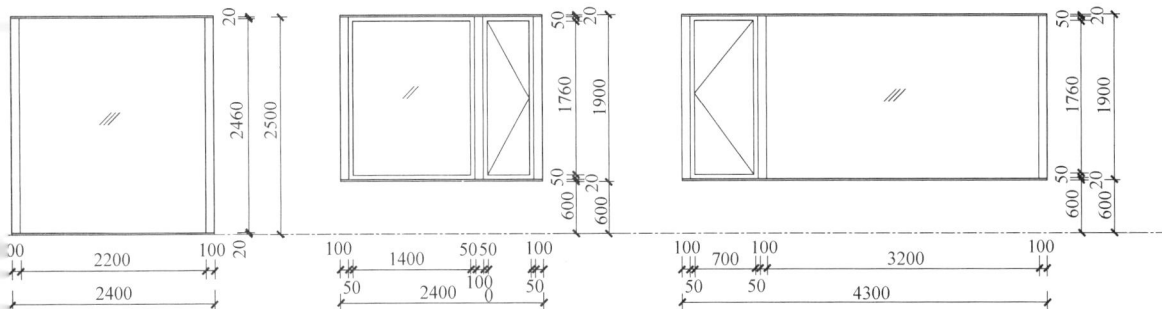

LC2425 1:70

LC2419 1:70 (LC2419a为镜像关系)

LC4319 1:70 (LC4319a为镜像关系)

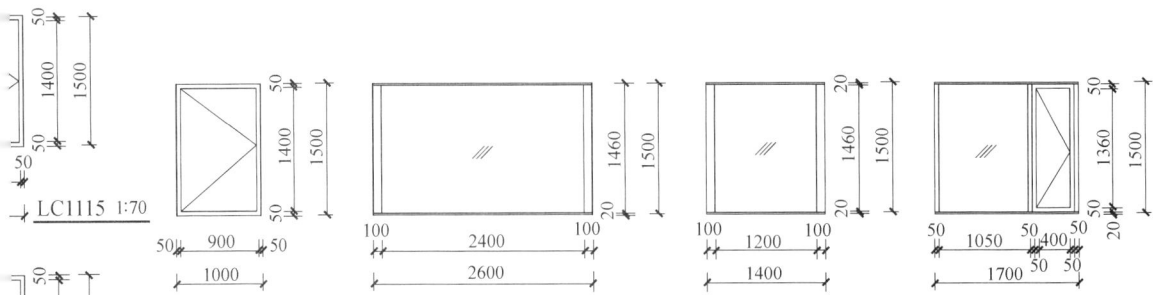

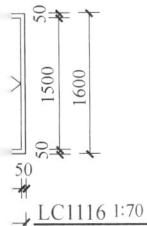

LC1115 1:70

LC1015 1:70

LC2615 1:70

LC1415 1:70

LC1715 1:70
(LC1715a为镜像关系)

LC1116 1:70

审定	审核	工种负责	校对	设计	工程名称	某某小区别墅	比例	图别	图号
					图名	门窗表、门窗详图	1：70	建施	04

参 考 文 献

［1］ 谌英娥. 建筑 CAD［M］. 北京：中国建筑工业出版社，2016.

［2］ 庞毅玲，李琪. 建筑 CAD［M］. 武汉：华中科技大学出版社，2014.

［3］ 史岩. 建筑 CAD［M］. 武汉：华中科技大学出版社，2020.

［4］ 陈娟. 建筑 CAD 制图［M］. 北京：中国铁道出版社，2017.

［5］ 汪耀武，易从艳，张雪梅. 建筑 CAD［M］. 安徽：合肥工业大学出版社，2018.

［6］ 施佩娟. 建筑 CAD［M］. 北京：机械工业出版社，2018.

［7］ 夏玲涛. 建筑 CAD［M］. 北京：中国建筑工业出版社，2018.

［8］ 中国建筑标准设计研究院. 建筑制图标准：GB/T 50104—2010［S］. 北京：中国建筑工业出版社，2011.

［9］ 中国建筑标准设计研究院有限公司. 民用建筑设计统一标准. GB 50352—2019［S］. 北京：中国建筑工业出版社，2019.

［10］ 中国建筑标准设计研究院有限公司. 房屋建筑制图统一标准：GB/T 50001—2017［S］. 北京：中国建筑工业出版社，2018.